2024'第十一届中国国际预拌砂浆生产应用技术研讨会

论文集

2024' The 11th China International Seminar on Production & Application Techniques of Ready-mixed Mortar

组编　中国建筑材料联合会预拌砂浆分会
北京市建设工程物资协会建筑砂浆专业委员会
德高（广州）建材有限公司

主编　郭晞　王培铭　张泳东　黄天勇

中国建材工业出版社
北　京

图书在版编目（CIP）数据

2024’第十一届中国国际预拌砂浆生产应用技术研讨会论文集/郭晞等主编．--北京：中国建材工业出版社，2024.4

ISBN 978-7-5160-4100-0

Ⅰ.①2… Ⅱ.①郭… Ⅲ.①混合砂浆－学术会议－文集 Ⅳ.①TQ177.6-53

中国国家版本馆 CIP 数据核字（2024）第 060846 号

2024’第十一届中国国际预拌砂浆生产应用技术研讨会论文集

2024’DI-SHIYI JIE ZHONGGUO GUOJI YUBAN SHAJIANG SHENGCHAN YINGYONG JISHU YANTAOHUI LUNWENJI

组编　中国建筑材料联合会预拌砂浆分会

　　　北京市建设工程物资协会建筑砂浆专业委员会

　　　德高（广州）建材有限公司

主编　郭　晞　王培铭　张泳东　黄天勇

出版发行：中国建材工业出版社

地　　址：北京市海淀区三里河路 11 号

邮　　编：100831

经　　销：全国各地新华书店

印　　刷：北京雁林吉兆印刷有限公司

开　　本：889mm×1194mm　1/16

印　　张：11

字　　数：300 千字

版　　次：2024 年 4 月第 1 版

印　　次：2024 年 4 月第 1 次

定　　价：268.00 元

本社网址：www.jccbs.com，微信公众号：zgjcgycbs

编 委 会

组编单位： 中国建筑材料联合会预拌砂浆分会

北京市建设工程物资协会建筑砂浆专业委员会

德高（广州）建材有限公司

主　　编： 郭　晞　王培铭　张泳东　黄天勇

副 主 编： 丁秀娟　叶文娟　苟洪珊　罗　恒　邢淑燕

目　　录

发展综述

试验研究

应用研究

技术解析

发 展 综 述

建筑内墙腻子技术发展趋势

张永进[1]　董峰亮[1]
1. 西卡德高（上海）建材有限公司　上海　200436

摘　要　内墙腻子作为一类具有特色的建筑装饰装修辅材产品，当前其技术领域尤其是耐水腻子领域还有进步的空间。本文就建筑内墙腻子的技术现状进行了综述，分析和提出内墙腻子随着需求的个性化和多样化，以及技术的进步，将向高性能化、环保化、功能化、装饰化、低碳化几个方向发展。
关键词　建筑腻子；内墙腻子；低碳；环保；耐水腻子

Development Trend Analysis of Building Interior Wall Putty

Yongjin Zhang[1]　Fengliang Dong[1]
1. Sika Davco（Shanghai）Building Materials Company　Shanghai　200436

Abstract　As a kind of characteristic building finish products，the performance of interior putty should be improving，especially for water-resistant putty. In this paper，the current technical status of interior wall putty was summarized and analyzed，the technical development trend of interior wall putty was put forward. With the personalized and diversified demand，as well as the progress of technology，the trend of interior putty will be in the direction of high performance，environmental protection，functional，decorative，low carbon development.
Keywords　Putty；Putty for interior；Low carbon；Environmental protection；Water-resistant putty

引言

建筑内墙腻子（简称腻子）作为一种墙体必备材料在我国的发展已经超过 40 年了。作为以“找平”为主要目的基层表面处理材料[1]，虽然其属于传统建筑材料，但近年来也出现了一些新的发展趋势。最典型的变化是从现场拌合材料逐步发展为成品腻子，其产品质量和功能也越来越受到重视。腻子最初主要的作用是墙面精找平，为后续的装饰层提供平整、均匀的基面，作为一类独立的技术型产品出现，标志性的产品为 821 腻子。它是 1982 年 1 月北京市建筑材料科学研究所（现北京建筑材料科学研究总院有限公司）研制成功的一种新型墙体找平材料，其以建筑石膏为主要原料，添加多种添加剂而成。目前 821 腻子的诞生已经超过了 40 年，过往的 40 年也基本完成了腻子从现场拌制到成品腻子的转变，腻子也越来越成为室内装修必不可少的墙体辅料。伴随着腻子应用得越来越广泛，其相应的产品标准也从 JG/T 3049—1998《建筑室内用腻子》发展到了 JG/T 298—

第一作者简介：张永进（1978—　　），博士，研发工程师，多年从事砂浆、腻子、涂料等建材领域的研究开发工作。E-mail：yongjin. zhang@davco. cn

2010《建筑室内用腻子》，在此期间腻子的功能扩展和性能表现也呈现出越来越多样化的特点。本文分析汇总了腻子的类型、技术现状，并对于腻子的技术发展趋势进行了探讨。

1 腻子分类

依照 JG/T 298—2010《建筑室内用腻子》，按腻子适用特点分为三类，即一般型（Y）、柔韧型（R）、耐水型（N）三类[1]，分别适用于一般室内装饰工程、有一定抗裂要求的室内装饰工程和要求耐水、高粘结强度场所的室内装饰工程。就当前国内的应用而言，一般型腻子居多，耐水型腻子其次，柔韧型腻子因为经济或适用性的原因应用极少。

腻子依据外观可分为干粉状腻子、膏状腻子以及双组分腻子。从目前应用的场景看，干粉状腻子占大多数，膏状腻子不同的区域接受度差别较大，如在西南区域膏状腻子的接受程度相对较高，而其他区域仍以干粉状腻子为主。而双组分腻子的应用较少，大多应用在一些特殊场合，或应用于体现特殊功能性的场景。

除此之外，在腻子领域还有一种通过找平厚度区分的腻子分类方法，如底层腻子和面层腻子的分类。其中底层腻子通常是含砂型产品，用于找平厚度 2mm 以上的墙面找平，面层腻子通常为不含砂产品，用于找平厚度小于 2mm 的墙面找平。本文中讨论的内墙腻子聚焦于面层腻子。

2 腻子技术现状

2.1 一般型腻子

一般型腻子在大多数市场上叫通用腻子、中性腻子。目前这类腻子以钙粉为主要成分，通过添加胶粉、预糊化淀粉等有机物作为胶结材料，以 CMC（羧甲基纤维素）、HPMC（羟丙基甲基纤维素）为保水剂，辅以膨润土、淀粉醚、瓜尔胶等流变特性助剂构成。

这类腻子的典型特点为施工轻松顺滑、易打磨与涂料兼容性好等。这类腻子也是目前市面上应用最广的一类腻子，适用于大部分墙面、天花板等基面，其主要缺陷在于表面强度较低，在潮温环境或遇水易粉化。本文选取了市场上具有代表性的七种一般型内墙腻子产品，对其进行通用性评估，具体测试结果见表 1。由表 1 可知，这七种一般型内墙腻子产品的粘结强度均远远高出 JG/T 298—2010《建筑室内用腻子》中对粘结强度的要求，当前这些类型的腻子能够满足大部分干区应用场景的需求。

表 1 一般型内墙腻子典型物理性能

性能指标	JG/T 298—2010《建筑室内用腻子》要求	样品 A	样品 B	样品 C	样品 D	样品 E	样品 F	样品 G
粘结强度/MPa	>0.30	0.97	1.07	0.87	0.76	0.73	0.69	0.67
pH 值	—	7～8	7～8	7～8	7～8	7～8	7～8	7～8

当然，从目前的标准要求看，标准中对于一般型腻子的主要物理性能要求只有粘结强度指标，而且要求偏低。后续标准修订时，从提高质量的角度可以考虑适当提高标准要求，以更适应该类型腻子的实际表现。

2.2 耐水型腻子

耐水型腻子以单组分粉状腻子为主，主要以水泥、石灰等无机胶凝材料为胶结料，以钙粉为填料，以纤维素醚等为保水剂，辅以膨润土、淀粉醚等作为流变助剂制备而成。该类腻子典型的特点为干固后表面强度高，不易掉粉，在潮湿环境下不易粉化等。其固有的缺陷为施工过程易起泡，完成面较难打磨，打磨后易出现分层、脱皮等问题。表 2 为市场上具有代表性的耐水型腻子典型物理性能。

表 2　耐水型内墙腻子典型物理性能

性能指标	JG/T 298—2010《建筑室内用腻子》要求	样品 NA	样品 NB	样品 NC	样品 ND	样品 NE	样品 NF	样品 NG
粘结强度（标准状态）/MPa	>0.50	0.68	0.97	0.61	1.03	0.64	0.69	0.69
粘结强度（浸水后）/MPa	>0.30	0.50	0.91	0.57	0.62	0.21	0.65	0.55
耐水性	48h 无起泡、开裂及明显掉粉	通过	通过	不通过	通过	不通过	通过	通过
pH 值	—	11～12	11～12	11～12	>12	9～10	11～12	>12

由表 2 可知，大部分耐水型内墙腻子产品可以满足 JG/T 298—2010《建筑室内用腻子》中对耐水型腻子的物理性能要求，但也有部分样品无法满足浸水后粘结强度或耐水性要求。测试结果在一定程度上可以说明该类型产品在实际应用中还存在部分性能无法满足标准要求的情况，即该类腻子在技术方面还有需要提升的空间。

2.3　柔韧型腻子

柔韧型腻子主要以水泥、石灰等无机材料和聚合物等有机材料为主要胶凝材料，以钙粉等为填料，以纤维素醚等为保水剂，辅以触变润滑剂等助剂制备而成。该类型腻子以良好的柔性、不易开裂为主要特点，通常而言该类腻子的成本较高，施工性不佳，干固后表面打磨困难。因此该类型腻子在实际工程应用推广时，会碰到较大的阻力，当前整体应用偏少。

3　腻子技术发展趋势

3.1　高性能

随着家装要求的提高，以及施工工具的升级，腻子的高性能化已经成为一个重要的发展趋势。这里的高性能主要指的是腻子物理性能的提高，如粘结强度、表面硬度等。首先，作为一种室内装修重要的辅材，腻子层能不能使用得更长久，室内装修重涂时是否能够保持其基本性能，减少装修时需要铲除腻子层重新施工造成的浪费，高性能是耐久性的基本保障。其次，近年来腻子机械打磨机具的应用范围越来越广泛，也倒逼腻子层需要具备更高的强度，以减少施工过程中出现的异常，如打磨透底的问题。最后，新型内墙装饰材料如壁布、仿石涂层、艺术涂料等装饰材料的应用也需要作为基底的腻子层具有更高的性能。

当然高性能腻子也有其需要突破的技术问题，典型的高性能腻子以水泥、石灰等为主要胶凝材料，较低强度的腻子在施工时存在易起泡，打磨时易产生分层、脱皮等缺陷，腻子层施工完成后如内墙乳胶漆质量不佳或未配套底涂，易产生涂料发花等问题，需要行业技术人员结合腻子施工工艺进行整体方案的创新。

3.2　环保性

作为一个室内大量使用的材料，人们对腻子的认知度越来越高，对于腻子的环保要求也越来越高，如腻子的 VOC（有机挥发物）、气味、甲醛、苯系物等可挥发成分的进一步降低成为一个主流发展趋势[2]。近年我们也可以明显看到腻子在环保方面的技术提升，如十环、法国 A+、德国蓝天使、莱茵等环保相关认证或测试的推广越来越受到重视。作为行业的从业人员，笔者深深感受到国内相关认证还有很大的发展空间，如何让国内的产品讲“中国话”，推广使用“中国认证”，也是从业人员共同努力的一个重要方向。一方面需要腻子相关技术人员在技术方面的进步，以促进腻子的环保技术升级；另一方面需要认证监管行业能够进一步加强相关管理，以促进腻子的环保化发展。

3.3　功能性

功能性腻子的发展作为一个差异化的发展趋势在近年来越来越火热，诸如防潮防霉型腻子、快干型腻子、保温型腻子、修补型腻子、吸甲醛型腻子、调湿型腻子[3]等。这类腻子的共同点为聚焦于解决某种特殊需求，虽然目前市场整体接受度较低，但不可否认的是，这类腻子在解决某些需求时可以体现出其独有的优异特性。

这类腻子目前的主要技术问题在于，由于品种繁多，且整体应用范围不广，大部分功能型腻子未形成行业性的产品标准，以至于不确定其功能性是否能达到预想的效果。

通常这类腻子以耐水型腻子为基点，在其中通过替换特种胶凝材料，或者添加一些功能型填料，从而构成具有特殊功能性的腻子。如通过将功能性填料硅藻土、蛭石、沸石、海泡石等矿物材料加入到腻子里，可以使其发挥出净化空气、吸附甲醛、调湿、保温等功能。

腻子功能性发展趋势中关键的问题是如何将其“功能”发挥出来。比如，无论是防霉、调湿、还是净化空气、吸附甲醛等，在腻子施工完成后，表面覆盖装饰层（如涂料）后还能不能发挥出其预期功能性特点是存疑的。如果腻子上层的装饰层透气性不好，那么腻子的所谓调湿吸甲醛等功能就只是一个噱头，而不是真正发挥了功能。所以这类腻子的最终发展必然需要与装饰材料统筹考虑，并不是腻子有某种功能，就能发挥出其相应的功效。

3.4 装饰性

腻子的装饰性方向发展，是一种多样化的趋势。典型的装饰性腻子如“钢化腻子”，该类型腻子过去在广大农村具有良好的应用，其主要特点是通过调整配方体系，使腻子除了具备基础的找平功能外，还具备一定的装饰性，从而达到降低墙面装修费用的目的，同时也不丧失墙面的基本装饰功能。当然，腻子未来的装饰性趋势是通过不同施工工具施涂，使其具备纹理特性，或者再配合涂料的颜色装饰特性，从而形成良好的纹理装饰效果。

随着生活水平的提高，人们对于室内墙面“美丽”的装饰性要求越来越高，随之而来的对于找平、装饰一体化腻子的需求也逐年提升，除了发展较为成熟的钢化腻子、抛光腻子外，诸如各类艺术造型腻子[4]也越来越受到欢迎。艺术腻子除保留腻子的精找平功能外，通过各种施工工序可以达到独特装饰效果。这里尤其要说明的是“微水泥”。“微水泥”作为一种新型的室内装饰产品，具有整体性好、耐酸耐碱、装饰风格化明显的优点，当前已逐步发展成为一个体系，甚至是一个全新的品类。从其基本功能和材料构成出发，可以将微水泥看作腻子装饰化发展趋势的一个成功案例。当然，“微水泥”当前也存在标准不健全、产品施工难度较高等一系列技术问题，但作为腻子装饰化的技术发展趋势，“微水泥”的进一步发展前景良好。

3.5 低碳化

建筑内墙腻子的低碳化在过去的一段时间受限于原材料及施工应用的方式问题，一直没有表现出较强的低碳化趋势。但随着国家“双碳”目标的提出，特别是 2021 年国务院提出的《2030 年前碳达峰行动方案》（国发〔2021〕23 号）的逐步落实，可以预期对于内墙腻子这一建材品类也将提出进一步绿色化、低碳化的需求。具体的措施为减少水泥、石灰等高 CO_2 排放原材料的应用，减少胶粉等石化产品的用量，增加固废利用，如工业副产石膏、机制砂粉、矿渣、粉煤灰等原材料的应用。采用这些措施以适应建材低碳化的需求，跟上国家有关减碳大政策的需要。崔丽霞等[5]使用脱硫石膏替代部分白水泥制备腻子粉；段德丹等[6]的研究表明，可以使用固废活性粉部分或全部替代水泥制备出满足 JG/T 298—2010《建筑室内用腻子》要求的腻子粉；杨兵等[7]的研究结果也表明，使用工业废弃物粉煤灰可以取代填料或部分水泥制备腻子。从标准的角度看，腻子低碳化方向也开始有一些指导，如 2019 年 11 月 1 日开始实施的建材标准 JC/T 2514—2019《石膏腻子》[8]，已经较为系统地规定了石膏腻子的组成，并系统地提出了该类腻子的具体技术要求。虽然，截至当前执行该标准的腻子产品尚少，但不影响该标准对于腻子低碳化发展趋势的示范性意义。

结语

作为室内装修系统的重要组成部分，腻子在一定程度上影响着墙体装修质量。当前的腻子以一般型和耐水型为主，然而随着腻子市场竞争的激烈程度增加，腻子作为一个技术品类也需要持续丰富和完善。同时，随着应用场景的进一步丰富和扩展，与腻子相关的产品标准、施工规程等也需要进一步完善和健全。

未来随着腻子产品的发展趋势，将以其精找平为基本功能出发点，向高性能、环保性、功能性、装饰化、低碳化的方向发展。

参考文献

[1] 中华人民共和国住房和城乡建设部．建筑室内用腻子：JG/T 298—2010［S］．北京：中国标准出版社，2011.

[2] 汪建平，张本山，屈哲辉，等．建筑内墙腻子研究现状［J］．广东化工，2014，41（21）：120-121.

[3] 王文潜．建筑内墙调湿腻子的制备及其性能研究［D］．长春：吉林建筑大学，2020.

[4] 王政潇，齐达，等．浅谈室内墙面腻子的装饰艺术［J］．艺术家，2021（3）：30-31.

[5] 崔丽霞，张铭柯，王佳娜，等．脱硫石膏基腻子粉的制备及其性能研究［J］．非金属矿，2022（4）：31-34.

[6] 段德丹，廖洪强，王佳娜，等．固废基建筑室内用腻子粉的制备及性能研究［J］．电镀与涂饰，2020，39（22）：1578-1582.

[7] 杨兵，梁杨，赵小军，等．粉煤灰在建筑内外墙腻子中的应用概述［J］．粉煤灰综合利用，2021，35（6）：86-89，130.

[8] 中华人民共和国工业和信息化部．石膏腻子：JC/T 2514—2019［S］．北京：中国建材工业出版社，2019.

水泥基瓷砖胶拉伸粘结强度影响因素的研究进展

戴　浩[1]
1. 湖北兆佳材料有限公司苏州分公司　苏州　215151

摘　要　瓷砖胶是瓷砖铺贴系统中重要的组成部分，拉伸粘结强度则是瓷砖胶最重要和最基本的性能。本文综述了水泥基瓷砖胶拉伸粘结强度的影响因素，包括原材料组成和外部条件等。最后，在此基础上，对进一步的研究方向提出了相应的建议。
关键词　瓷砖胶；拉伸粘结强度；浸水；冻融循环；热老化

Research Progress on Cementitious Tile Adhesive Tensile Adhesion Strength

Hao Dai[1]
1. Hubei Zhaojia Materials Co.，Ltd. Suzhou Branch　Suzhou　215151

Abstract　Tile adhesive is an important part of ceramic tile laying system，and tensile adhesion strength is the most important and basic performance of tile adhesive. This paper reviewed the influence factors on tensile adhesion strength of cementitious tile adhesive，including the composition of raw materials and some external factors. On this basis，corresponding proposals for further research were put forward at last.
Keywords　Tile adhesive；Tensile adhesion strength；Water-immersion；Freeze-thaw cycles；Heat-aging

1　引言

瓷砖胶具有粘结力强、施工便捷、耐候性好和绿色环保等诸多优点，在当前的瓷砖铺贴系统中起到极为重要的作用[1]。按照组成，瓷砖胶可分为水泥基瓷砖胶、膏状乳液瓷砖胶和反应型树脂瓷砖胶[2]。其中，水泥基瓷砖胶的使用量最大，应用领域最广泛[1]。水泥基瓷砖胶根据基本性能分为普通型和增强型，即 C1 型和 C2 型。拉伸粘结强度是瓷砖胶的最基本也是最重要的性能，决定了材料的品质等级以及使用寿命。近年来，岩板和大板瓷砖铺贴的普及和推广，对瓷砖胶的性能提出了更高的要求。

本文综述了现阶段关于瓷砖胶拉伸粘结性能研究的成果，从原材料组成和外界条件方面总结和分析了瓷砖胶拉伸粘结强度的影响因素，以期能为瓷砖胶的性能提升和推广应用提供思路和参考。

作者简介：戴浩（1988—　），男，工程师，硕士，从事建筑材料外加剂研发和应用技术研究工作。E-mail：daihao.442@163.com

2 原材料组成对瓷砖胶拉伸粘结强度的影响

2.1 胶凝材料

胶凝材料是瓷砖胶拉伸粘结强度的主要来源。根据标准要求，水泥基瓷砖胶所用的胶凝材料为水硬性胶凝材料[2]。目前的研究表明，普通硅酸盐水泥、硫铝酸盐水泥和铝酸盐水泥都可以用于制备瓷砖胶[3-5]，但普通硅酸盐水泥基瓷砖胶的用量相对最大。

关于瓷砖胶中普通硅酸盐水泥的合适掺量：研究表明，随着水泥掺量的增加（30％～50％），瓷砖胶拉伸粘结原强度先增加后趋于平稳，水泥掺量达到40％～50％时，拉伸粘结原强度增加不大[6-8]。而浸水拉伸粘结强度和热老化拉伸粘结强度随着水泥掺量的增加先提高后降低[7-8]，主要是因为随着水泥用量的增加，瓷砖胶刚性增大，柔韧性变差，在浸水或高温条件下，尺寸发生了膨胀，产生了应力，进而影响了拉伸粘结强度。综合来看，瓷砖胶中，水泥最佳掺量范围是35％～40％[6-8]。然而，普通硅酸盐水泥又分为多种，包括P·O 42.5、P·O 42.5R、P·O 52.5和P·O 52.5R等。此外，硅酸盐水泥也经常被用于瓷砖胶，包括P·Ⅰ型和P·Ⅱ型。赵伦等[9]研究发现，使用不同种类的水泥，相应的瓷砖胶拉伸粘结强度有较大的差别。但总体来说，这方面的研究还较少，也缺少系统性。

硫铝酸盐水泥和铝酸盐水泥多用于快硬型瓷砖胶，这类瓷砖胶除了强度发展快之外，还具有尺寸稳定性好的特点。硫铝酸盐水泥基瓷砖胶的胶凝材料多采用硫铝酸盐水泥＋普通硅酸盐水泥体系，而铝酸盐水泥基瓷砖胶适合采用铝酸盐水泥＋普通硅酸盐水泥体系＋石膏体系[3-5]。快硬瓷砖胶配比中组分较多，配比调试难度主要在于6h拉伸粘结强度和可操作时间的矛盾。较长的可操作时间，总是伴随着较低的6h拉伸粘结强度。胶凝材料中，快硬水泥的掺量对可操作时间和6h拉伸粘结强度的影响更大；外加剂中，缓凝剂的影响要比促凝剂显著[4]。文献［3］还表明，快硬瓷砖胶的浸水、冻融和热老化后的拉伸粘结强度相对较高，可能归因于其较小的尺寸变化率。

2.2 矿物掺合料

矿物掺合料在水泥基材料中有着广泛的应用，可以改善材料的工作性能、力学性能和耐久性能等。目前，矿物掺合料被越来越多地用于瓷砖胶中，常用的矿物掺合料主要包括粉煤灰、矿粉和偏高岭土等[9-12]。矿物掺合料作用的发挥与其自身的活性密切相关，如S105矿粉的综合性能优于S95矿粉[10]。董峰亮[11]分别将粉煤灰和矿粉用于瓷砖胶，结果发现，粉煤灰对瓷砖胶的拉伸粘结性能改善不明显，而矿粉对瓷砖胶浸水后的拉伸粘结强度改善十分显著，可提升30％左右，对拉伸粘结原强度则改善不大。范墩城等[9]的研究也表明，用矿粉或偏高岭土代替一部分水泥，在合适的掺量范围内，可以改善瓷砖胶的拉伸粘结性能，其中，浸水后、冻融循环后的拉伸粘结强度提升更为显著。若将矿粉和偏高岭土按质量比1∶1复掺，瓷砖胶浸水后的拉伸粘结强度将达到最大值。关于矿物掺合料的作用机理，人们认为是水泥水化生成的$Ca(OH)_2$会在骨料颗粒表面以及瓷砖-瓷砖胶界面结晶，使孔隙率增加，耐水性能下降。掺入的矿物掺合料，可以和$Ca(OH)_2$发生反应，生成钙矾石和C-H-S凝胶，提高过渡界面的密实度，减少水分的渗入。此外，陈楚璠等[12]还研究了玻璃微珠和漂珠对瓷砖胶拉伸粘结强度的影响，结果表明玻璃微珠的效果更好，可以提高瓷砖胶的各种拉伸粘结强度。

2.3 骨料

瓷砖胶中的骨料通常为水洗河砂或石英砂，粒径范围一般是40～140目[10,13]。大量的研究结果表明，骨料的级配对瓷砖胶的拉伸粘结强度有一定的影响，合适的级配可以使体系的密实度更高，粘结性能更好[8,13-15]。赵伦等[13]将40～70目砂和70～140目砂用于瓷砖胶，两者质量比为1∶1时，相应的粘结性能最好。徐海源等[8]也得到相同的结论，即粗砂和细砂比例接近1∶1时，瓷砖胶的拉伸粘结强度最高。

2.4 可再分散乳胶粉

可再分散乳胶粉是提高建筑砂浆拉伸粘结强度的最有效的外加剂之一[16]。可在水化产物之间、砂浆毛细孔壁和微裂纹处形成聚合物膜，提高了砂浆内聚力、柔性和变形能力。也可在砂浆界面处成膜，增加与基层的粘结强度。大量的研究表明，可再分散乳胶粉可以提高瓷砖胶的各种拉伸粘结强度[7,12,17-18]。随着胶粉掺量的增加，所有拉伸粘结强度均逐渐增加，当掺量达到4%时，拉伸粘结强度趋于平稳，其中，热老化后的拉伸粘结强度提升幅度相对更大[12]。关于胶粉对瓷砖胶热老化后拉伸粘结强度的改善，人们普遍认为，在70℃高温条件下，瓷砖和瓷砖胶会发生不同步的尺寸膨胀，产生应力，增加了界面破坏的可能性。而胶粉有效地提高了瓷砖胶的柔性，可以抵抗这种应力和应变。当瓷砖胶浸水后，聚合物膜在水的作用下会发生溶胀，粘结性能会下降[8,15]。因此，随着胶粉掺量的增加，瓷砖胶浸水后的拉伸粘结强度增长幅度相对较小。

建筑砂浆中最常用的胶粉是醋酸乙烯-乙烯（Vac/E）类。除此之外，还有醋酸乙烯-叔碳酸乙烯（VeoVa/VAc）类、纯丙烯酸（Ac）类和醋酸乙烯-丙烯酸（Vac/Ac）类等。不同种类的胶粉，在粘结、耐水和耐高温性能方面均有一定的差别。同一类型的胶粉，按照其柔韧性又分为多种，各自的性能也有所不同。目前，已经有一些关于不同种类胶粉在瓷砖胶中的应用研究，但还不够系统和全面。

2.5 纤维素醚和淀粉醚

纤维素醚具有保水和增稠的作用，对瓷砖胶中的凝结时间、抗滑移和工作性有着直接的影响[19]。研究表明，纤维素醚对瓷砖胶的晾置拉伸粘结强度有较大的影响，主要是因为纤维素醚会使瓷砖胶表面成膜或结皮，高温条件下则更为明显。当晾置时间较长时，瓷砖胶不能对瓷砖进行润湿，两者不能充分结合，进而降低了粘结强度。低黏度的纤维素醚成膜速度更慢，有利于延长瓷砖胶的开放时间[19-20]。为了保证瓷砖胶的施工性和保水性，通常的做法是选用低黏度纤维素醚，同时适度提高掺量。纤维素醚合适的黏度范围一般是5000～20000mPa·s，种类可以是HPMC（羟丙基甲基纤维素）或HEMC（羟乙基甲基纤维素）。李玉海等[21]对比了速溶型和非速溶型纤维素醚对瓷砖胶拉伸粘结强度的影响，发现速溶型纤维素醚对应的浸水拉伸粘结强度和晾置拉伸粘结强度均优于非速溶型纤维素醚，且速溶型纤维素醚对水泥的缓凝作用更弱。

在瓷砖胶中，淀粉醚主要起到抗滑移的作用，其对拉伸粘结强度的影响经常被忽视。王颖等[22]研究发现，加入淀粉醚之后，瓷砖胶的拉伸粘结强度有一定的下降，不同的淀粉醚对应的晾置拉伸粘结强度有较大的区别。淀粉醚有一定的引气作用，是其导致瓷砖胶拉伸粘结强度下降的原因，因此其掺量不宜过高，通常为0.05%左右。

2.6 早强剂

甲酸钙是水泥基材料中最常用的早强剂之一，可以加速水泥水化，促进早期强度的发展，对后期的强度也有一定的提高[23-24]。在实际应用中，添加甲酸钙可以提高瓷砖胶早期的拉伸粘结强度，起到缩短工期的作用，而这一作用在低温条件下尤为显著。研究表明，添加适量的甲酸钙对瓷砖胶所有的拉伸粘结强度均有少许的提升作用[6,14]。甲酸钙的掺量应当为水泥质量的1%左右，掺量过多，则会导致水泥后期强度下降[23-24]。

3 外界条件对瓷砖胶拉伸粘结强度的影响

3.1 搅拌方式

徐志芳等[25]研究发现，搅拌方式会影响瓷砖胶的湿密度，进而影响拉伸粘结强度。相同的搅拌机，搅拌速度快，引气量大，湿密度更低；相同的搅拌时间，一次性搅拌量少，湿密度偏低。搅拌设备的形状对瓷砖胶的湿密度存在影响，螺旋叶片对应的湿密度比双山搅拌杆对应的湿密度更低，可能是螺旋叶片更容易引入气体。此外，浆料温度也对湿密度有较大的影响，温度越高，湿密度越大，相应的拉伸粘结强度也越高。

3.2 基材

瓷砖粘贴是一个系统构造，粘结破坏会发生在薄弱的位置。若基材的强度偏低，则可能会导致基材内聚破坏，不能反映出瓷砖胶的真实粘结性能。基材表面的粗糙程度也会影响瓷砖胶的粘结性能，表面过于光滑，破坏容易出现在瓷砖胶和基材的界面处，即瓷砖胶与基材之间的瓷砖胶破坏（AF-S），测试出的粘结强度普遍偏低。反之，如果基材表面较为粗糙，更容易发生瓷砖胶内聚破坏，相应的拉伸粘结强度会更高[26]。混凝土板基材的含水量被证明会影响瓷砖胶的热老化后的拉伸粘结强度，混凝土板中的水分在高温条件下不断蒸发，在瓷砖胶和瓷砖界面处产生压力，从而对瓷砖胶的界面拉伸粘结强度造成破坏。因此，基材的含水率越低，瓷砖胶热老化后的强度越高[7]。由于瓷砖胶中的纤维素醚掺量较多，保水率较好，低含水率的基材并不会对瓷砖胶的其他性能造成很大的负面影响[27]。Frank Winnefeld 等[28]的研究发现，混凝土基材在不同湿度的环境中，会出现尺寸变化，在瓷砖边缘形成应力，进而影响瓷砖胶的拉伸粘结强度。

3.3 瓷砖品质

瓷砖的发展趋势是吸水率越来越低[27]。研究表明，瓷砖的吸水率会影响瓷砖胶的拉伸粘结强度，随着吸水率的增加，瓷砖胶的粘结强度先增加后降低[29]。高吸水率的瓷砖，常常伴随着较为粗糙的背面，有利于提高瓷砖胶与界面的粘结力。但瓷砖的吸水率过高，会将瓷砖胶中挤出的水很快吸到砖里，使瓷砖胶不易与瓷砖润湿，从而降低了界面粘结强度[27]。瓷砖背纹深度越深，瓷砖胶的拉伸粘结强度越高。因为瓷砖背纹深度的增加，相当于增加了瓷砖胶与瓷砖的实际结合面积，有利于提高界面粘结强度[26]。

3.4 瓷砖背胶

目前的研究表明，在瓷砖背面涂刷背胶，可以提高瓷砖胶的各种拉伸粘结强度[30-31]，在实际应用中，可以减少瓷砖空鼓和掉落的风险。背胶干燥后，形成一层聚合物膜，位于瓷砖和瓷砖胶之间，从而提高了界面粘结强度，破坏形式以瓷砖胶内聚破坏为主[30]。背胶的性能在很大程度上取决于所用的乳液，在背胶中掺入矿物掺合料，可以使其性能进一步提升[32-33]。需要注意的是，背胶提高了瓷砖胶的拉伸粘结强度，但并未改变瓷砖胶的柔韧性，即抵抗应力和应变的能力。因此，不能因为使用了背胶，就减少了可再分散乳胶粉的掺量。

结语

本文对瓷砖胶拉伸粘结强度的研究进行了综述，分析了各种影响因素，总结如下：

（1）基于提升瓷砖胶的各种粘结强度，在配比调试方面，需对所有的原材料进行优选，各组分的掺量均控制在合理范围内。在此基础上，进一步微调和优化。

（2）在试验研究过程中，为了保证试验数据的准确性和稳定性，试验方法和试验环境要严格按照标准进行。所用的工具、设备、瓷砖和基材也要符合要求，预先处理完善。

（3）在实际施工时，需对瓷砖、基层和环境状况有充分的了解，选用合适的瓷砖胶，规范施工方法，采取必要的措施以减少环境因素造成的影响。

结合目前的发展趋势以及瓷砖胶性能研究中存在的问题，提出以下建议：

（1）瓷砖的发展趋势是面积越来越大，吸水率越来越低，对 C2 等级的瓷砖胶需求量越来越多。而 C2 瓷砖胶的性能要求很高，存在很大的技术难度，目前还缺少针对性的研究。

（2）关于瓷砖胶在浸水、冻融循环和热老化后的拉伸粘结强度降低的原因，还缺少机理方面的研究，尤其是微观性能的分析与表征。

参考文献

[1] 张冰行．铅锌尾矿制备瓷砖胶及其性能研究［D］．长沙：中南大学，2022.

[2] 中华人民共和国工业和信息化部．陶瓷砖胶粘剂：JC/T 547—2017［S］．北京：中国建材工业出版社，2017.

[3] 苏新禄，杨春红．硫铝酸盐水泥基陶瓷砖粘结砂浆的制备及性能研究［J］．混凝土世界，2023（11）：54-58.

[4] 张志亮，段瑜芳．快硬型瓷砖胶的开发研究 [J]．新型建筑材料，2016 (6)：44-49.
[5] 卢红，武海龙，王卫华．水泥基快硬瓷砖胶中铝酸盐复合胶凝体系的试验 [J]．华侨大学学报，2015，36 (1)：69-73.
[6] 王恒煜，张军，杨洪涛，等．各组分对瓷砖胶拉伸胶粘强度影响研究 [J]．新型建筑材料，2015 (10)：14-16.
[7] 王娟，寇玉德，陈宁．不同胶粉及水泥用量的瓷砖胶耐久性影响因素研究 [J]．新型建筑材料，2018 (5)：30-33.
[8] 徐海源，沙建芳，刘建忠，等．水泥基瓷砖粘结剂耐热老化性能影响因素研究 [J]．新型建筑材料，2016 (3)：29-32.
[9] 范敦城，赵伦，严兴李，等．矿物掺合料对瓷砖胶浸水性能的影响 [J]．中国胶粘，2023，32 (8)：24-30.
[10] 范敦城，赵伦，严兴李，等．S95 与 S105 矿渣粉对低碳柔性水泥基瓷砖胶性能的影响 [J]．新型建筑材料，2023 (7)：99-104.
[11] 董峰亮．低碳矿物掺合料用于瓷砖胶的影响研究 [J]．广东建材，2018 (3)：5-8.
[12] 陈楚璠，罗慧．矿物掺合料和胶粉对陶瓷砖胶粘剂性能的影响 [J]．混凝土世界，2023 (1)：70-72.
[13] 赵伦，严兴李，王文萍，等．瓷砖胶浸水和冻融循环后的拉伸粘结强度影响因素研究 [J]．混凝土世界，2023 (1)：76-78.
[14] 杨洪涛，翟红侠，张军．瓷砖胶浸水拉伸胶粘强度影响因素的研究 [J]．新型建筑材料 2017 (6)：117-119.
[15] 温和，李龙梓，吴开胜. 水泥基瓷砖胶粘剂性能的影响因素研究 [J]. 新型建筑材料，2016 (1)：37-39.
[16] MASHRAFI BIN MOBARAK，MD SAHADAT HOSSAIN，MONIKA MAHMUD，et al. Redispersible polymer powder modified cementitious tile adhesive as an alternative to ordinary cement-sand grout [J]. Heliyon，2021 (7)：1-9.
[17] 彭龙贵，何毓刚，尹成辉，等．新型可再分散胶粉对瓷砖胶耐久性影响研究 [J]．中国胶粘剂，2023，32 (4)：40-45.
[18] 王宏斌，赵明慧，王培，等．可分散乳胶粉对 C1 级瓷砖胶粘接强度的影响研究 [J]．建筑科技，2023 (2)：40-43.
[19] JEAN-YVES PETIT，ERIC WIRQUIN. Evaluation of various cellulose ethers performance in ceramic tile adhesive mortars [J]. International Journal of Adhesion & Adhesives，2013，40：202-209.
[20] PAWEL PICHNIARCZYK，MALGORZATA NIZIURSKA. Properties of ceramic tile adhesives modified by different viscosity hydroxypropyl methylcellulose [J]. Construction and Building Materials，2015，77：227-232.
[21] 李玉海，贺平．纤维素醚表面改性对瓷砖胶拉伸胶粘强度的影响 [J]．新型建筑材料，2015 (4)：81-83.
[22] 王颖，高鹿鸣．淀粉醚对瓷砖胶性能的影响 [J]．新型建筑材料，2017 (4)：62-64.
[23] 张丰，白银，蔡跃波．5℃养护下甲酸钙对水泥早期水化的影响 [J]．材料导报，2021，35 (10)：10055-10061.
[24] 马建斌．早强剂对修补砂浆力学性能和黏结性能的影响研究 [J]．混凝土与水泥制品，2019 (11)：74-77.
[25] 徐志芳，丁天华．瓷砖胶湿浆密度影响因素及对粘结强度的影响 [J]．混凝土世界，2023 (1)：73-75.
[26] 叶邦土，张德瑾，刘红霞．基于正交设计的水泥基陶瓷砖胶粘剂拉伸粘结强度影响因素分析 [J]．新型建筑材料，2023 (9)：139-141.
[27] 李永鑫，魏磊，朱海霞．瓷砖胶润湿性的影响因素及提高措施 [J]．新型建筑材料，2014 (8)：51-56.
[28] FRANK WINNEFELA，JOSEF KAUFMANN，ERWIN HACK，et al. Moisture induced length changes of tile adhesive mortars and their impact on adhesion strength [J]. Construction and Building Materials，2012，30：426-438.
[29] 肖群芳，李岩凌，司文荣．陶瓷砖性能对拉伸粘结强度影响研究 [J]．墙材革新与建筑节能，2010 (5)：55-57，5.
[30] 李光球，陈晓龙，郭一锋．瓷砖背胶在瓷砖铺贴系统中的应用研究 [J]．新型建筑材料，2016 (9)：69-72.
[31] 林杰赐，陈明毅，陈炳耀，等．瓷砖背胶在不同环境下的粘接强度研究 [J]．粘结，2023，50 (8)：12-15.
[32] 杨洪涛，荆喆，张军．单组分瓷砖背胶粘结强度影响因素的研究 [J]．新型建筑材料，2017，44 (4)：60-61，99.
[33] 龚瑾．矿物掺合料对瓷砖背胶持续龄期的耐候性影响研究 [D]. 武汉：武汉科技大学，2020.

试验研究

石膏对水泥基自流平砂浆性能的影响

刘　凯[1]　苏新禄[1]　钱佳佳[1]
1. 苏州市兴邦化学建材有限公司　苏州　21500

摘　要　研究了不同掺量下硬石膏、β-半水石膏、二水石膏对普通硅酸盐水泥-硫铝酸盐水泥-石膏（OPC-SAC-GS）三元胶凝体系的垫层自流平水泥砂浆流动度、强度、尺寸变化率的影响。结果表明：掺加β-半水石膏会明显降低自流平砂浆的初始流动度、流动度保持和早期收缩；掺量过高时会导致1d强度较低、尺寸膨胀较大而出现裂纹，合适的掺量有助于提高自流平砂浆的28d强度并减少早期收缩。硬石膏对自流平砂浆的流动度保持、尺寸变化率影响最小，并有利于减少28d收缩。二水石膏对自流平砂浆的流动度无明显影响，对流动度保持与28d尺寸变化率有较小影响。

关键词　石膏；自流平砂浆；硫铝水泥；收缩

The Effect of Gypsum on the Properties of Cementitious Self-leveling Mortar

Kai Liu[1], Xinlu Su[1], Jiajia Qian[1]
1. Suzhou Sunbo Chemical Building Materials Co., Ltd.　Suzhou　21500

Abstract　This work studied the effect of anhydrite, β-hemihydrate and dihydrate calcium sulfate on properties of underlayment self-leveling mortar using OPC-SAC-GS ternary binders. The results show that the addition of β-hemihydrate calcium sulfate decreases the initial flowability and the flow retention of self-leveling mortar, and reduces the early shrinkage. Improve the addition of β-hemihydrate will results in lower 1d strength and larger expansion. Appropriate addition of β-hemihydrate will help to improve the 28d strength and reduce the early shrinkage. Anhydrite addition does not greatly change the flowability and dimensional shrinkage of the self-leveling mortar, and it is beneficial to reduce the 28d shrinkage. Dihydrate calcium sulfate has no obvious influence on the flowability of self-leveling mortar, and has a small influence on the flow retention and the 28d dimensional change rate.

Keywords　Gypsum; Self-leveling mortar; Sulphoaluminate cement; Shrinkage

引言

水泥基自流平砂浆是由复合胶凝材料、级配填料、多种功能性外加剂组成的预拌特种干混砂浆，具有流动性好、强度高、强度发展快、收缩可调可控、防火不燃、施工方便、特别适合既有混

第一作者简介：刘凯（1992—　），男，助理工程师，本科，研究方向：建筑材料。E-mail：862343599@qq.com

凝土地面施工等诸多显著特点。因为早期硬化与控制收缩等要求，水泥自流平砂浆一般使用硫铝酸盐水泥（简称 SAC）或铝酸盐水泥（简称 CAC）、普通硅酸盐水泥（简称 OPC）、石膏（简称 GS）组成三元胶凝体系，通过水化反应生成钙矾石来补偿后期收缩与提高早期强度。

水泥自流平砂浆有主要应用于医院、学校、机场等地面找平的垫层自流平砂浆，也有用于地下车库、展厅、专卖店、办公室等直接作为饰面层的面层自流平砂浆。面层自流平砂浆主要的胶凝体系为 CAC-GS-OPC，主要水化反应是钙矾石和 AH_3的形成而得到优异的性能[1-2]。硫铝酸盐水泥相对铝酸盐水泥成本优势明显，很多厂家采用以 OPC 为主的 OPC-SAC-GS 三元胶凝体系生产水泥基自流平垫层砂浆，其用量远高于面层自流平砂浆。

石膏在胶凝材料中占比虽然不高，但对水泥自流平砂浆的水化反应过程和最终性能都至关重要。石膏有硬石膏（又称无水石膏，简称 AH）、半水石膏（简称 HH）、二水石膏（简称 DH）不同物相形式，而半水石膏又有 α 和 β 两种不同结构。徐玲琳等[3]指出无水石膏与半水石膏具有不同的溶解速率与溶解度，在不同的掺量下，OPC-CAC-GS 三元胶凝体系的水化产物的数量与产生时间有所不同，影响了砂浆的强度与尺寸变化。崔素萍等[4]指出石膏的溶解速率、溶解度对 OPC-SAC-GS 三元胶凝体系的凝结时间与用水量有所影响。李玉海等[5]认为 OPC-CAC-GS 三元胶凝体系的水泥基自流平砂浆中，硬石膏与半水石膏的复配使用，更有助于控制后期收缩，当半水石膏掺量较高时，会导致自流平砂浆 1d 强度与硬化速率降低。侯云芬等[6]指出半水石膏与硫铝酸盐水泥的比例是自流平砂浆的体积稳定性的主要因素。

综合现有研究，对于以 OPC-SAC-GS 为胶凝体系、应用非常广泛的垫层自流平砂浆，石膏种类对其性能影响的研究少见报道，故本文研究了硬石膏、β-半水石膏、二水石膏等不同类型石膏的不同掺量对水泥基自流平的工作性、强度、尺寸变化率的影响；同时研究了 β-半水石膏对水泥基自流平砂浆早期的尺寸变化影响，以期为水泥基自流平砂浆的生产应用提供建议与参考。

1 材料与方法

1.1 试验原材料

水泥有 42.5 快硬硫铝酸盐水泥（SAC）、P·O 42.5 普通硅酸盐水泥（OPC）。SAC 的主要化学组成见表 1，OPC 的主要性能指标见表 2。硬石膏来自安徽含山恒泰厂。β-半水石膏为安徽腾晖建材生产的建筑石膏，标准稠度用水量为 63%，初凝时间为 6min，终凝时间为 14min。二水石膏为分析纯 AR。重钙粉为市售 200 目重钙粉。砂为 70～100 目天然河砂。外加剂包括聚羧酸减水剂、酒石酸、碳酸锂、消泡剂、胶粉、纤维素醚，均来自苏州市兴邦化学建材有限公司。

表 1 硫铝酸盐水泥的主要化学组成 %

SiO_2	Al_2O_3	Fe_2O_3	CaO	SO_3
2.52	22.79	1.46	43.46	11.89

表 2 普通硅酸盐水泥的主要性能指标

SO_3/%	Cl^-/%	比表面积/（m^2/kg）	烧失量/%	凝结时间/min	
				初凝	终凝
2.52	0.023	357	3.76	185	246

1.2 配合比

试验配合比见表 3，复合胶凝材料和填料合计为 1000g，采用外掺加入聚羧酸减水剂 0.6g、酒石酸 1.0g、碳酸锂 0.3g、消泡剂 0.8g、可再分散乳胶粉 10.0g、羟丙基甲基纤维素 1.0g。用水量为干粉砂浆质量的 24%。

表 3 试验配合比 g

编号	SAC	OPC	硬石膏	半水石膏	二水石膏	重钙粉	砂
SA-1			15	—	—	160	
SA-2			25	—	—	150	
SA-3			35	—	—	140	
SH-1			—	15	—	160	
SH-2	120	270	—	25	—	150	435
SH-3			—	35	—	140	
SD-1			—	—	15	160	
SD-2			—	—	25	150	
SD-3			—	—	35	140	

1.3 试验方法

水泥基自流平砂浆的拌和与成型、流动度、抗折强度与抗压强度、尺寸变化率都根据 JC/T 985—2017《地面用水泥基自流平砂浆》的规定进行。SH-1、SH-2、SH-3 组使用了莱希特公司的智能收缩膨胀监测仪测试砂浆浇筑后 24h 的尺寸变化率。仪器如图 1 所示，模具尺寸 1000mm×60mm×30mm，设置为每 5min 记录一次尺寸变化。

图 1 收缩膨胀监测仪

2 结果与分析

2.1 石膏对自流平砂浆流动度的影响

表 4 是不同石膏种类与掺量的水泥基自流平砂浆流动度，根据 20min 流动度下降数值，即初始流动度与 20min 流动度的差值，对比试样的流动度保持性能。

由表 4 可知，试样 SH-3 的初始流动度为 135mm，其他试样初始流动度均在 140mm 左右，说明硬石膏与二水石膏未对自流平砂浆的初始流动度造成影响，当半水石膏掺量较高时，会明显降低自流平砂浆的初始流动度，因为试验所用 β-半水石膏的标准稠度用水量大，掺量较高导致浆体初始流动度减小。侯云芬等[6]研究认为自流平砂浆的流动度随半水石膏的比例减少而增大，与本文结论一致。对比砂浆 20min 流动度下降值，SH-1、SH-2、SH-3 的 20min 流动度下降值远远大于其他试验组，主要因为 β-半水石膏的水化反应更快，导致浆料快速增稠，流动度明显下降，而加入硬石膏和二水石膏不会对流动度带来明显影响。

黄天勇等[7]研究了半水石膏对三元胶凝体系的自流平砂浆流动度的影响，发现随着半水石膏掺量的提高，初始流动度未有明显变化。该结果与本文结果不一致，出现这一结果的原因可能与使用的半水石膏种类有关，本文使用的 β 型半水石膏标准稠度用水量为 63%，终凝时间为 14min，黄天勇等使用的半水石膏标准稠度用水量为 41.8%，终凝时间为 20min，两者相差较大。

表 4 石膏对自流平砂浆流动度的影响 mm

编号	初始流动度	20min 流动度	20min 流动度下降值
SA-1	142	138	4
SA-2	142	137	5
SA-3	142	136	6
SH-1	140	123	17
SH-2	139	120	19
SH-3	135	115	20
SD-1	143	135	8
SD-2	140	130	10
SD-3	142	130	12

2.2 石膏对自流平砂浆强度的影响

表 5 是不同石膏种类与掺量对自流平砂浆不同龄期抗折、抗压强度的影响。

表 5 石膏对自流平砂浆力学性能的影响 MPa

编号	1d 抗折强度	1d 抗压强度	28d 抗折强度	28d 抗压强度
SA-1	3.7	12.7	4.1	18.9
SA-2	4.3	13.4	4.0	22.8
SA-3	4.6	14.6	4.3	26.9
SH-1	3.2	11.5	5.4	27.3
SH-2	0.6	1.7	10.1	37.6
SH-3	0.5	1.3	5.9	22.2
SD-1	3.5	10.6	5.6	20.1
SD-2	3.5	12.1	6.7	23.2
SD-3	3.7	13.7	7.3	28.6

对比 SA 和 SD 组试样的 1d 与 28d 强度，随着无水石膏掺量增加，1d 和 28d 的抗压和抗折强度都有所提高；适当提高二水石膏掺量，同样有助于提高抗压和抗折强度。崔素萍等[4]对比了硬石膏与二水石膏在相同掺量下的硅酸盐-硫铝酸盐复合水泥浆体的强度，在硫铝酸盐水泥占复合水泥的10%以上时，掺二水石膏的复合水泥浆体的 3d、7d、28d 抗折强度均大于掺硬石膏的浆体强度，而28d 抗压强度相差较小，与本文结论一致。

SH 组的 1d 强度随着 β-半水石膏掺量提高逐渐下降，试样 SH-2 与 SH-3 的 1d 强度远远小于其他试样并出现裂纹，SH-3 的裂纹最为明显，如图 2 所示；SH 组的 28d 强度随着 β-半水石膏掺量由 15g 提高至 25g 而大幅度提高，但 β-半水石膏掺量为 35g 时，28d 强度大幅下降，28d 龄期养护试样出现裂纹，如图 3 所示。β-半水石膏对自流平砂浆不同龄期强度影响有所不同，这主要和其内部的水化反应及形成的微观结构差异有关，需要进一步分析。试样 SH-2 的 28d 强度远远大于其他试样，说明在合适的掺量下，β-半水石膏有助于提高自流平砂浆的后期强度。黄天勇等[7]在对普通硅酸盐水泥、硫铝酸盐水泥和 α-半水石膏三元体系自流平砂浆研究时发现，半水石膏掺量从 20g/kg 增加到 70g/kg，随着掺量的提高，试样的开裂逐渐严重，与本文中试样开裂的趋势一致。

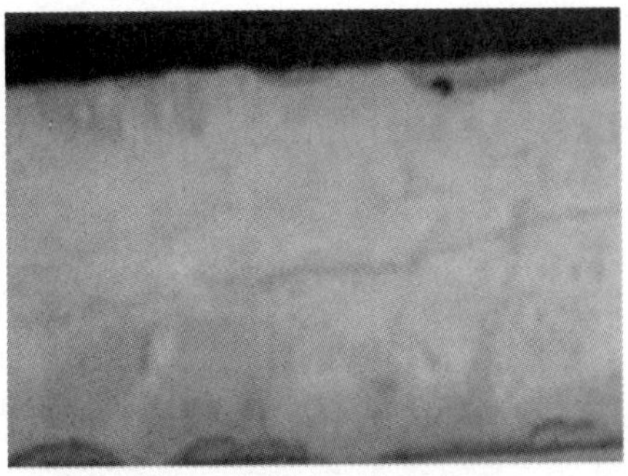

图 2　SH-3 养护 1d 的裂纹

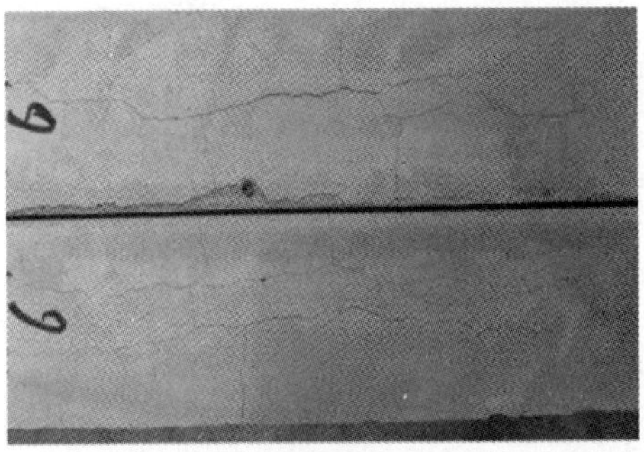

图 3　SH-3 养护 28d 的裂纹

2.3　石膏对自流平砂浆尺寸变化率的影响

表 6 是不同种类和掺量石膏对自流平砂浆尺寸变化率的影响，掺硬石膏的试样 SA-1～SA-3 在 3d 与 7d 龄期为收缩状态，28d 时试件尺寸有所膨胀。掺二水石膏的试样 SD-1～SD-3 在 3d 与 7d 龄期时尺寸变化相对较小，在 28d 时试件呈收缩状态。掺半水石膏的试样 SH-1～SH-3 在石膏掺量 15g 时，1d 试样呈收缩状态，随着半水石膏掺量的增加，1d 尺寸变化率急剧增大，已经超过 JC/T 985—2017《地面用水泥基自流平砂浆》中对尺寸变化率的要求，7d 与 28d 时尺寸变化率未有较大变化。对比 28d 时所有试样的尺寸变化率，掺硬石膏的自流平砂浆的 28d 尺寸变化最为稳定，掺二水石膏的试样为收缩状态。相关资料表明[8]，硬石膏的溶解速度缓慢，在水中一般需要 40d 以上才达到溶解平衡。黄炳银等[9]研究石膏溶解特性时发现，在 pH 值 10.5 的溶液中，半水石膏与二水石膏在 5min 已经达到饱和状态，分别为 2.7g/L 与 2.3g/L，而硬石膏此时溶解度为 0.6g/L，直至 7d 后达到饱和状态。在石膏含量不足的氢氧化钙溶液中，硫铝酸盐水泥水化生成单硫型水化硫铝酸钙（AFm），而在石膏含量充足的氢氧化钙溶液中，硫铝酸盐水泥水化生成高硫型水化硫铝酸钙(AFt)[10]，提供膨胀源。本文中掺硬石膏的试样由于硬石膏的溶解特性，导致早期水化反应生成的 AFt 较少，7d 内试样呈收缩状态，后期生成更多 AFt，导致试样膨胀。半水石膏有助于 OPC-SAC-GS 胶凝体系早期形成更多 AFt，这是 SH-2 和 SH-3 早期膨胀大的主要原因。

表 6　石膏对自流平砂浆尺寸变化率的影响　　%

编号	尺寸变化率		
	3d	7d	28d
SA-1	−0.06	−0.03	0.01
SA-2	−0.05	−0.05	0.01
SA-3	−0.06	−0.05	0.01
SH-1	−0.08	−0.08	−0.05
SH-2	0.35	0.32	0.35
SH-3	0.51	0.51	0.51
SD-1	−0.01	0.02	−0.06
SD-2	0.01	0	−0.05
SD-3	0.02	−0.02	−0.11

表 6 所测尺寸变化率以试样养护 24h 脱模测量值为起始点，但自流平砂浆在加水混合开始的 24h 内已经有明显的水化反应，如试样 SH-2 与 SH-3 已经发生开裂，本工作使用实时监测的收缩膨胀监测仪测定 SH-1～SH-3 浇筑成型 24h 的尺寸变化，结果如图 4 所示。

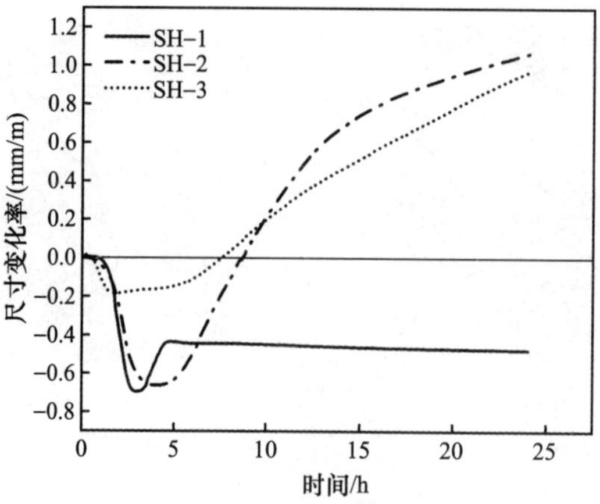

图 4　掺半水石膏的水泥自流平砂浆的早期尺寸变化率

由图 4 可知，试样 SH-1～SH-3 在初始时塑性收缩，2～4h 时自流平浆体收缩值达到峰值，试样 SH-3 的收缩峰值最小，说明半水石膏掺量的增加，造成水化早期 AFt 生成量的增加，减少水化早期的收缩。试样 SH-1 在 5h 以后尺寸变化区域缓和，而试样 SH-2 与 SH-3 开始膨胀并持续至 24h，说明 SH-1 试样中石膏含量的不足导致水化早期生成的 AFt 量少。10h 后试样 SH-2 的尺寸变化率超过试样 SH-3，推测原因为半水石膏掺量较高时，与无水硫铝酸钙生成大量的 AFt，覆盖在无水硫铝酸钙表面，水分子无法进入，使试样 SH-3 的尺寸变化率小于试样 SH-2[9]。

结论与展望

石膏对于水泥基自流平砂浆的尺寸变化与强度发展起到重要作用，不同的石膏类型对于自流平砂浆的性能影响区别较大，通过对比硬石膏、β-半水石膏、二水石膏对水泥基自流平砂浆的影响，得出以下结论：

（1）掺入硬石膏或二水石膏，对 OPC-SAC-GS 体系自流平砂浆的初始流动度无明显影响。掺入 β-半水石膏时，随着掺量的提高，由于半水石膏的标准稠度用水量较大，水化反应快，浆料发稠更快，流动度损失更快。

（2）对于硬石膏或二水石膏，水泥基自流平砂浆的 1d 与 28d 抗压强度随着石膏掺量提高而提高。合适的 β-半水石膏掺量有助于显著提升自流平砂浆的强度，但掺量过高，会因为膨胀大而出现开裂，导致强度显著降低。

（3）三种石膏中，掺硬石膏的水泥基自流平砂浆的 28d 尺寸变化最小，且随掺量波动变化较小。二水石膏相较于硬石膏，自流平砂浆的 28d 收缩较大，但仍满足标准要求。半水石膏对水泥基自流平砂浆的早期尺寸变化率影响较大。

参考文献

[1] GASPARO D A，KIGHELMAN J，ZURBRIGGEN R，et al. 自流平地面砂浆的性能机理及应用［J］. 新型建筑材料，2006，(09)：4-7.

[2] ONISHI K，BIER T A. Investigation into Relations among Technological Properties，Hydration Kinetics and Early Age Hydration of Self-leveling Underlayments［J］. Cement and Concrete Research，2010，40（7），1034-1040.

[3] 徐玲琳，王培铭，张国防，等．石膏种类对硅酸盐-铝酸盐混合水泥强度的影响机理［J］．硅酸盐学报，2013，41（11）：1499-1506.

[4] 崔素萍，张彦林，王子明，等．石膏品种对硅酸盐-硫铝酸盐复合体系水泥性能的影响［J］．水泥工程，

2005（01）：38-40，59.

[5] 李玉海，王鹃．石膏品种及添加量变化对自流平砂浆强度影响的研究［J］．化学建材，2008（1）：24-26.

[6] 侯云芬，常宇，黄天勇．三元胶凝材料比例对自流平砂浆性能的影响［J］．硅酸盐通报，2020，39（5）：1408-1414.

[7] 黄天勇，章银祥，陈旭峰．石膏掺量对三元胶凝体系水泥基自流平砂浆的影响［J］．硅酸盐通报，2019，38（6）：1738-1742.

[8] 陈燕，岳文海，董若兰．石膏建筑材料［M］．北京：中国建材工业出版社，2012.

[9] 黄炳银，崔素萍，王亚丽，等．石膏溶解特性对无水硫铝酸钙水化进程的影响［J］．硅酸盐通报，2023，42（5）：1804-1813.

[10] 王燕谋，苏慕珍，张量．硫铝酸盐水泥［M］．北京：北京工业大学出版社，1999.

超活性水泥在高早强砂浆中的应用技术研究

武海龙[1] 李德波[1] 陈永军[1] 周仁道[1]
1. 英格瓷（天津）新材料技术有限公司 天津 300457

摘 要 以超活性水泥技术为基础，研究超活性水泥与硅酸盐水泥复合、砂子级配及养护方式对高早强砂浆力学性能的影响，并对超活性水泥的作用机理进行了研究。结果表明，硅酸盐水泥和超活性水泥复合比例为 37：10 时，砂浆 2h 抗压强度大于 15MPa，最高达 21.8MPa，28d 抗压强度达 80MPa，在 5℃和低温（−6℃）砂浆的 3h 抗压强度接近，24h 强度 5℃比−6℃有明显的强度结果，ISO 砂的砂子级配更好，进一步提高砂浆各龄期抗压强度。对机理的分析是因为超活性水泥容易溶解并溶解更快。

关键词 超活性水泥；快硬技术；钙矾石；低碳水泥；超高强，低温砂浆

Application Technology Research of U-technology Cement in High Early Strength Mortar

Hailong Wu[1] Debo Li[1] Yongjun Chen[1] Rendao Zhou[1]
1. Imerys（Tianjin）New Material Technology Co.，Ltd. Tianjin 300457

Abstract Based on U-technology cement technology, the study compares different Portland cements, different low-temperature curing condition and different graded sands to evaluate the compressive strength of mortars. The test results show that Portland cement and U-technology cement ration as 37：10 the mortar can achieve 2-hour compressive strength reach >15MPa, maximum of 21.8MPa, and 80MPa in 28 days. At 5 degrees and low temperature (minus 6 degree) also has good early strength performance, 3h is close, 24h strength 5℃ has better strength than −6℃. ISO sand which has good sand gradation can also achieve good performance in compressive strength. The mechanism of the performance of U-technology cement dissolves easily and dissolves faster.

Keywords U-technology cement; Rapid hardening technology; Ettringite; Low carbon cement; Ultra-high strength; Low temperature mortar

引言

建筑行业正在推动建筑材料供应商提供可靠且坚固的材料，并且能够在早期达到高强度高性能。在三元胶凝材料体系中使用铝酸钙水泥使干混砂浆能够提供满足高强度、高质量的性能目标[1]。

第一作者简介：武海龙（1982— ），男，高级工程师，硕士研究生，从事特种水泥及特种砂浆应用领域的技术研究工作。

除了这些性能目标之外，现在建筑材料面临着越来越大的压力，要求其尽可能降低对环境的影响，特别是在CO_2排放方面[2]。为了确保干混砂浆具有良好的性能，通过开发超活性水泥来实现这个目标。这是一种基于高溶解性、无定形铝酸钙水硬性胶凝材料系列产品。该技术路线目前在欧洲得到广泛的推广，Stephone Berger 等[2]将超活性水泥和硅酸盐水泥混合，不仅达到了好的强度表现，同时CO_2排放量也比硅酸盐水泥的体系大大降低，Hae-Geun Park 等[3]将超活性水泥应用在喷射混凝土中达到良好的耐久性，随着产品的扩展和国内砂浆对技术路线的要求越来越丰富，尤其是低温砂浆的测试也有开展试验工作，朱清华等[4]将超活性水泥用在低负温套筒灌浆料中，6h 抗压强度可达到 20MPa，并将材料应用在装配式住宅的预制墙板安装中，对于应用在装配式住宅套筒灌浆、低碳砂浆、喷射混凝土等做出了初步尝试。

本文研究超活性水泥与硅酸盐水泥复合、砂子级配及养护方式对高早强砂浆力学性能的影响，并对超活性水泥的作用机理进行了研究，为后期的超活性水泥的推广应用奠定基础。

1 材料与方法

1.1 原材料及配合比

超活性水泥产品：英格瓷（天津）新材料技术有限公司生产。硅酸盐水泥：市售产品，分别为海螺 P·Ⅱ 52.5、台泥 P·Ⅱ 52.5 及阿尔博波特兰 PW·Ⅰ 52.5。胶凝材料的主要化学组成见表 1。重质碳酸钙：325 目，市售产品。级配砂：水洗天然砂，市售产品。酒石酸：分析纯，市售产品。功能添加剂包括可再分散乳胶粉、聚羧酸减水剂、消泡剂、稳定剂。

表 1 胶凝材料的主要化学组成 质量分数/%

化学成分	SiO_2	Al_2O_3	Fe_2O_3	CaO	SO_3
阿尔博 PW·Ⅰ 52.5	21.0	3.3	0.3	67.9	3.7
海螺水泥 P·Ⅱ 52.5	20.6	4.4	3.4	64.5	4.1
台泥水泥 P·Ⅱ 52.5	20.3	4.6	3.4	66.2	3.4
超活性水泥	2.0	22.0	0.4	40.6	35.0

高早强砂浆配合比见表 2。

表 2 高早强砂浆配合比 质量分数/%

硅酸盐水泥	超活性水泥	920U 硅灰	砂	重钙粉	酒石酸	功能添加剂
37.00%	10.00%	3.00%	40.00%	8.40%	0.20%	1.40%

1.2 测试仪器及试验方法

（1）自动凝结时间测试仪：TESTING 公司生产。

（2）XRD（X 射线衍射分析）：德国布鲁克公司生产，采用步进扫描模式，工作电压 40kV，工作电流 100mA。

（3）XRF（X 射线荧光光谱仪）：德国布鲁克公司生产，S8 TIGER，波长色散型。

（4）按照 JC/T 2381—2016《修补砂浆》和 GB/T 17671—2021《水泥胶砂强度检验方法（ISO 法）》检测凝结时间和抗压强度。

2 结果与分析

2.1 不同硅酸盐水泥对高早强砂浆凝结时间和抗压强度的影响

针对不同硅酸盐水泥与超活性水泥的匹配性存在一定的差异，研究海螺 P·Ⅱ 52.5、台泥 P·Ⅱ 52.5 及阿尔博波特兰 PW·Ⅰ 52.5 对高早强砂浆凝结时间和抗压强度的影响，结果见图 1 和

图 2。

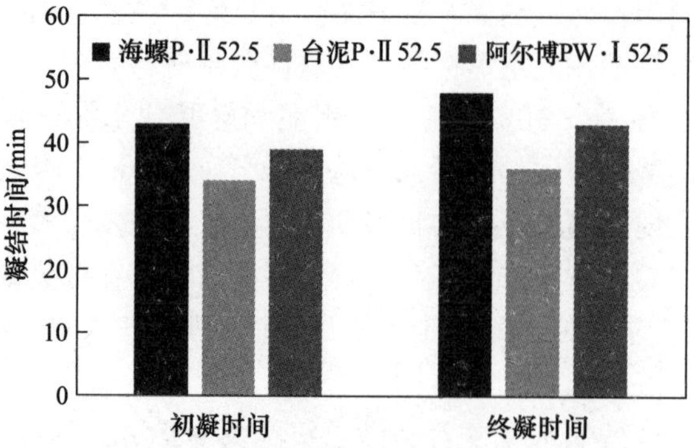

图 1　硅酸盐水泥种类对高早强砂浆的凝结时间的影响

从图 1 可以看出，不同的硅酸盐水泥在体系中的凝结时间会略有差异。台泥 P·Ⅱ 水泥的凝结时间最短，海螺 P·Ⅱ 水泥的凝结时间最长，两者相差 8～12min。而一致的规律是终凝时间和初凝时间相差大约 5min，凝结时间间隔差距 5min 体现了胶凝材料水化过程非常快。

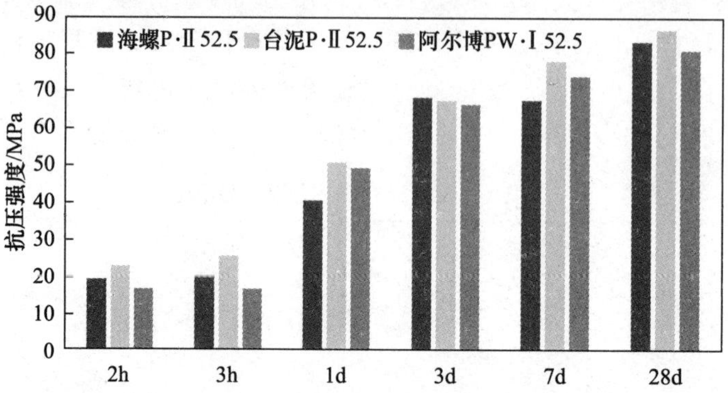

图 2　不同硅酸盐水泥对高早强砂浆抗压强度的影响

由图 2 可以看出不同硅酸盐水泥对高早强砂浆 2h 和 3h 抗压强度变化影响不大，说明高早强砂浆早期的强度发展在 2h 内完成，但是掺加不同硅酸盐水泥后，高早强砂浆 2h 强度差异较大，其中台泥 P·Ⅱ 52.5 强度最高，海螺 P·Ⅱ 52.5 强度低 17%，阿尔博波特兰 PW·Ⅰ 52.5 的 2h 抗压强度比台泥 P·Ⅱ 52.5 低 28%，因此台泥 P·Ⅱ 52.5 的 2h 抗压强度表现最好。从高早强砂浆 1d 抗压强度来看，阿尔博波特兰 PW·Ⅰ 52.5 组比 2h 抗压强度增加 293%。养护龄期从 3d～28d 高早强砂浆的抗压强度来看，高早强砂浆 3d 达到 80%的抗压强度，7d 达到 90%的抗压强度。

2.2　低温养护（5℃）和冬季室外养护对高早强砂浆早期抗压强度的影响

超活性水泥由于其非常高的活性性能在低温和零下温度也有非常好的性能表现，对在 5℃和室外的 3h 和 1d 抗压强度性能测试进行对比，养护环境分为两种：（1）5℃环境实验室。试验所用的仪器、设备、材料均在 5℃环境下养护 24h 后进行成型，并在 5℃环境实验室下养护至测试龄期。（2）室外环境。仪器、设备、材料均在 5℃环境下养护，材料成型后放入室外进行养护，并记录室外的环境温度。本次测试室外环境温度为－6℃，并有雪。测试结果如图 3 所示。

从图 3 可以看出在 5℃和室外养护下，初始 3h 的强度区别不是很大，这可能是两方面的原因导致：（1）材料搅拌成型过程都是在 5℃下进行，所以会有影响。（2）超活性技术在低温条件下水化进程很有优势，所以带来早期抗压强度 5℃和室外环境（－6℃）的接近。在 1d 抗压强度下，5℃比室外高大约 8MPa，有明显的区别，原因可能是试件存放在室外（－6℃），水化一直在进行，但与 5℃下养护的试件相比，强度发展略慢。

2.3 不同砂子级配对高早强砂浆抗压强度的影响

图 4 为不同级配的砂子对抗压强度的影响，主要是 2h 和 28d 强度的影响。试验对比了 40～70 目、70～140 目、ISO 标准砂、Mix（混合 40～70 目，70～140 目和 ISO 砂，比例为 37.5：37.5：25）四种不同级配的砂子，测试了 2h、1d、7d、28d 龄期的砂浆抗压强度。

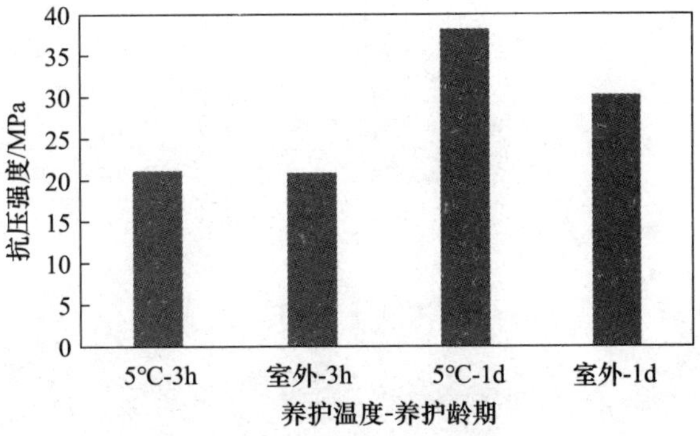

图 3 5℃和室外养护的早期强度表现

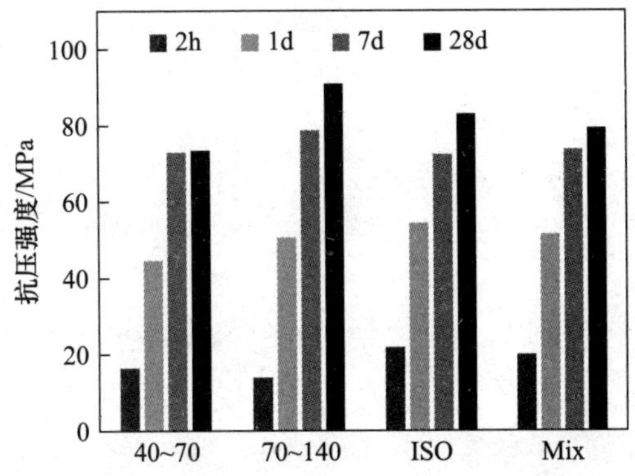

图 4 不同级配的砂子高早强砂浆抗压强度表现

从图 4 结果可知，ISO 砂和混合组的 2h 抗压强度均高于单一级配砂子组，原因可能是砂子级配好带来的早期抗压强度高。70～140 目砂的 28d 强度表现最为突出，可能因为 70～140 目的砂子粒径更小，在砂浆体系中更加密实，这也和 UHPC（高性能混凝土）中砂子要求存在一定的关联。在具体应用中，如果需要 2h 抗压强度高，就用级配合理的砂来完成；如果需要 28d 抗压强度高，建议用 70～140 目砂完成。因此，可以高早强砂浆通过砂子级配获得良好的抗压强度表现。

3 机理分析

钙矾石为三元体系砂浆带来了重要的性能，铝酸钙（CAC）与硫酸钙（C＄）是三元胶凝材料的钙矾石前体[1,5]。它们的水化作用导致大量钙矾石沉淀，为胶凝材料带来额外的功能：由于钙矾石的低溶解度及其快速的沉淀动力学，导致快速凝固、早期强度和快速硬化。

根据以下化学反应，水溶液中的氧化铝、钙、硫酸根和氢氧根离子结合形成钙矾石。

$$6\,Ca^{2+}+2Al\,(OH)_4^- +3\,SO_4^{2-}+4\,HO^- +26\,H_2O \Longrightarrow 6CaO \cdot Al_2O_3 \cdot 3SO_3 \cdot 32H_2O$$

水溶液中成核和晶体生长的速率随着溶液的过饱和而急剧增加。

超活性水泥由非晶高铝水泥制成，因此它们没有晶体/长程结构。这与晶体高铝水泥有本质的区别，如图 5 所示。顶行显示了 CAC 晶粒的晶格（左）和 SEM 图片。在特写（右）中，我们可以注意到不同矿物相之间的边界。底行显示了超活性的玻璃晶格（左）和 SEM 图片。晶格中没有长程有序，也没有晶界，产品完全均匀。

这种结构差异的主要后果是溶解度和溶解速率的差异。即使在低温下，超活性水泥也比结晶CAC更易溶解、溶解更快，因此早期的钙矾石生成会更多，从而达到更高的强度表现。

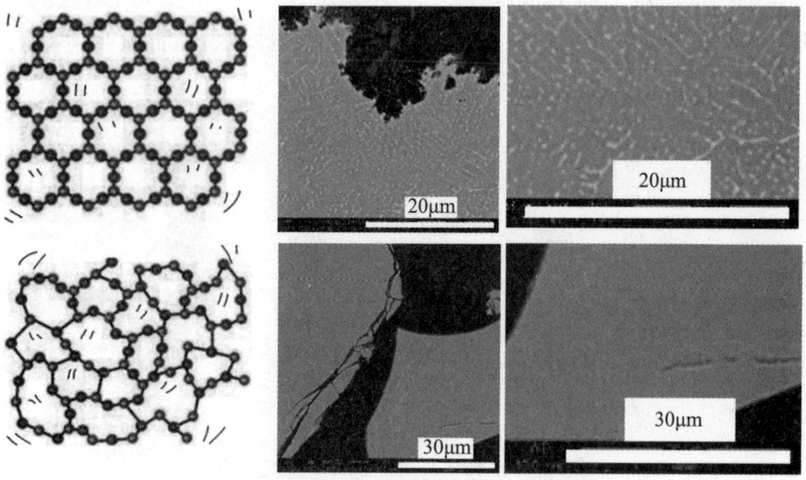

图5 高铝水泥和超活性的示意图和SEM

结论

本文通过超活性水泥复合不同硅酸盐水泥、砂子级配测试了高早强砂浆不同期龄的抗压强度，同时初步研究了5℃养护环境下高早强砂浆的早期抗压强度表现，并对其在低温环境的广阔应用做了探索性尝试，得出如下结论：

（1）超活性水泥和不同硅酸盐水泥搭配有良好的强度表现，当硅酸盐水泥：超活性水泥比例为37：10时，台泥硅酸盐水泥的2h抗压强度＞20MPa，28天抗压强度＞80MPa。

（2）超活性水泥体系砂浆在5℃和室外环境（－6℃）下养护，3h抗压强度性能接近，1d抗压强度＞30MPa，5℃养护条件下1d抗压强度高于室外养护试件的抗压强度。

（3）砂子的级配对强度的表现有非常重要的影响，对于早期强度要求高的产品选择级配好的砂子更容易达到2h抗压强度20MPa，70～140目砂的28d抗压强度达到90MPa。

本试验对不同硅酸盐水泥，养护条件和砂子级配的抗压强度进行了初步试验，后期将会扩展更多的测试项目。鉴于超高早强砂浆/混凝土应用越来越多，关注的使用性能指标会更加广泛，后期更多关注性能和材料对终端应用的影响。

参考文献

[1] KWASNY-ECHTERHAGEN R，RAYNAUD L. New Ettringitic CAC/C $ Binders for flooring Compounds [M]. FERDINAND LEOPOLDER，Drymix Yearbook. Nürnberg，Germany，2011

[2] BERGER S，HENRY-LANIER E，OMAKOWSKI T. Ultra-Fast Calcium Aluminate Cements as a Way to Reduce Environmental Footprint of Portland Cement Ri ich Formulations [OL]. https：//www. rilem. net/global/gene/link. php? doc _ link=/media/event/2020095451 _ ilccc2019-proceedings. pdf.

[3] HAE-GEUN PARK，SANG-KYOUNG SUNG，CHAN-GI PARK，et al. Influence of a C12A7 mineral-based accelerator on the strength anddurability of shotcrete [J]. Cement and Concrete Research，2008，38：379-385.

[4] 朱清华，刘兴亚，钱冠龙，等. 低负温钢筋连接用套筒灌浆料的应用研究 [J]. 施工技术，2016，45 (10)：49-51.

[5] AMATHIEU L，NEWTON T，Calcium Aluminate Technology for a new Generation of Mortars [C]. 27th Cement & Concrete Science. Royal Holloway College，University of London，Sept 17-18th，2007.

核桃壳粉对水泥基材料性能的影响研究

李姬伟[1,2]　裴继凯[1,2]　李虎臣[1,2]　黄海峰[1,2]　陈广明[3]　王险峰[2,3]　李宪军[2,4]

1. 山西大学化学化工学院　太原　030006

2. 山西大学混凝土外加剂技术研究中心　太原　030006

3. 山西山大合盛新材料股份有限公司　太原　030006

4. 山西大学电力与建筑学院　太原　030006

摘　要　通过向水泥基材料中掺入核桃壳粉，研究核桃壳粉在不同掺量下对水泥净浆流动度及其抗压强度的影响，然后掺入三种无机盐对核桃壳粉进行改性，研究改性后核桃壳粉的掺入对水泥基材料流动度及其抗压强度的影响。结果表明：掺入核桃壳粉会导致水泥净浆流动度及其抗压强度的下降，对水泥砂浆的抗压强度影响很小。使用硫酸铁改性的核桃壳粉，能够有效降低其对水泥基材料流动度和抗压强度所造成的不利影响。经过改性处理的核桃壳粉可以在一定程度上替代水泥的使用，从而实现水泥基材料的低碳化。

关键词　核桃壳粉；水泥基材料；净浆流动度；抗压强度；改性

Effect of Walnut Shell Powder on the Properties of Cement-based Materials

Jiwei Li[1,2]　Jikai Pei[1,2]　Huchen Li[1,2]　Haifen Huang[1,2]　Guangming Chen[3]
Xianfeng Wang[2,3]　Xianjun Li[2,4]

1. College of Chemistry and Chemical Engineering　Shanxi University Taiyuan　030006

2. Shanxi University Concrete Admixture Technology Research Center　Taiyuan　030006

3. Shanxi University Hesheng New Materials Inc.　Taiyuan　030006

4. Shanxi University College of Electric Power and Architecture　Taiyuan　030006

Abstract　Cement production process will emit a lot of carbon dioxide, the use of green and renewable materials instead can achieve the purpose of energy saving and emission reduction. In this paper, by adding walnut shell powder to cement-based materials (deleted), the effects of walnut shell powder on the fluidity and compressive strength of cement slurry at different dosage were discussed. Then three kinds of inorganic salts were added to modify the walnut shell powder, and the effects of the incorporation of modified walnut shell powder on the fluidity and compressive strength

第一作者简介：李姬伟（2001—　　），男，研究生在读，研究方向：混凝土外加剂。E-mail：panda956@163.com of cement-based materials were studied. The results show that the fluidity and compressive strength of cement mortar will be decreased by adding walnut shell powder, and the compressive strength of cement mortar will be little affected. The use of iron sulfate modified walnut shell powder can effectively reduce its adverse effects on the fluidity and compressive strength of cement-based materials. The walnut shell powder after this modification treatment can replace the use of cement to a certain extent, so as to achieve effective utilization of resources.

Keywords Walnut shell powder; Cement-based materials; Slurry fluidity, Compressive strength; Modification

引言

随着全球气候变暖的加剧，人类活动排放的过量二氧化碳间接导致了环境恶化，在未来的发展进程中，降低碳排放量，完成可持续发展的目标是大势所趋。我国的建筑行业中，各类传统建材包括砖石、水泥以及建筑石膏等，其生产过程中会产生大量能源消耗，造成过量的碳排放。如果在建设过程中采用绿色环保的建筑材料，应用可再生能源，便可以减少这部分碳排放，实现从根源上减少碳排放量[1]。褚洪岩等[2]用环保型细集料代替河砂，探究用环保型细集料（再生砂、机制砂、风积沙）制备绿色超高性能混凝土的可行性。赵伟[3]将废弃混凝土块就地回收，作为骨料再利用，生产再生混凝土用到新建建筑物上。Khorami M 等[4]利用香蕉渣提取的纸浆纤维作为水泥基材料的增强剂，成功制备了纤维/水泥基复合材料。水泥作为一种广泛使用的建筑原材料，可以说是现代建筑的基石，但水泥生产过程中的碳排放量极大。据统计，2021 年我国水泥产量达到23.6 亿 t，生产过程中产生的二氧化碳占到我国人为二氧化碳排放总量的 13.75%[5]。随着“双碳”目标的提出，水泥行业应该采取相应措施，尽量减少碳排放。

国内外研究者通过在水泥中掺入工业废料或绿色低碳材料，在不影响其工作性能的前提下，减少水泥灰的使用，间接减少二氧化碳排放。李国忠等[6]使用含钢渣的植物纤维掺入水泥基复合材料，探究其对材料性能的影响。将火山岩和磨细的火山岩粉作为骨料掺入水泥基材料，已经成功在工程中得到应用[7]。贾蕴翔等[8]将固废矿物掺合料及纳米材料掺入水泥基材料研究其对材料性能的影响。陈宗平等[9]将废弃混凝土块进行破碎、清洗、分级后按一定比例与级配混合、部分或全部代替天然骨料制成再生混凝土，减少了粗骨料的使用量。谢晓丽[10]研究了秸秆、竹浆和剑麻等植物纤维组成、结构及其对水泥基复合材料成型过程和力学性能的影响规律及相关机制。核桃壳作为一种常见的农业废弃物，有着成本低廉、质地坚硬、比表面积大的特点。如果可以将核桃壳掺入水泥中，减少水泥灰的使用，不仅可以降低碳排放，同时也可以实现废物利用，达到一举双赢的目的。本文通过试验，分析了核桃壳粉掺量对水泥工作性能以及力学性能的影响，同时通过对核桃壳粉进行改性，进一步研究了改性后的核桃壳粉对水泥各项性能的影响，对于水泥工业的可持续发展具有现实意义。

1 材料与方法

1.1 试验原材料

原材料：水泥为 P·I 42.5，曲阜中联水泥有限公司生产。核桃壳粉：干核桃壳粉碎，过筛得到。图 1为核桃壳粉粒径分布，图 2 为核桃壳粉及显微镜下核桃壳粉形貌。由图 2 可知大部分核桃壳粉为近球形或无定形颗粒。砂：ISO 标准砂，厦门艾思欧标准砂有限公司生产。HS-229 聚羧酸减水剂：山西山大合盛新材料股份有限公司生产，含固量 38%±2%；硫酸铁（$FeSO_4$，AR）、硫酸镁（$MgSO_4$，AR）和氯化锌（$ZnCl_2$，AR）：天津市致远化学试剂有限公司生产。

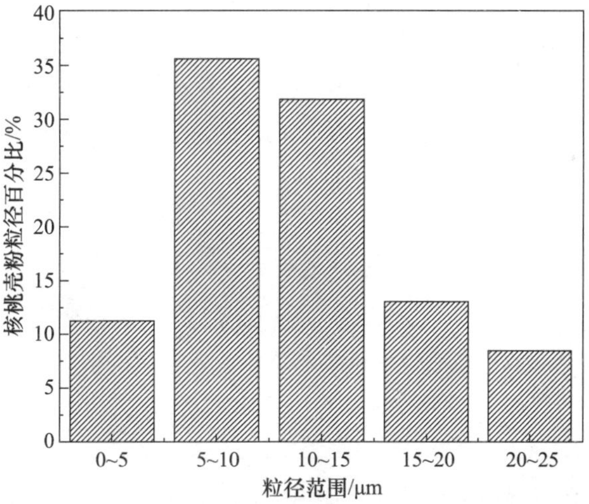

图 1　核桃壳粉粒径分布

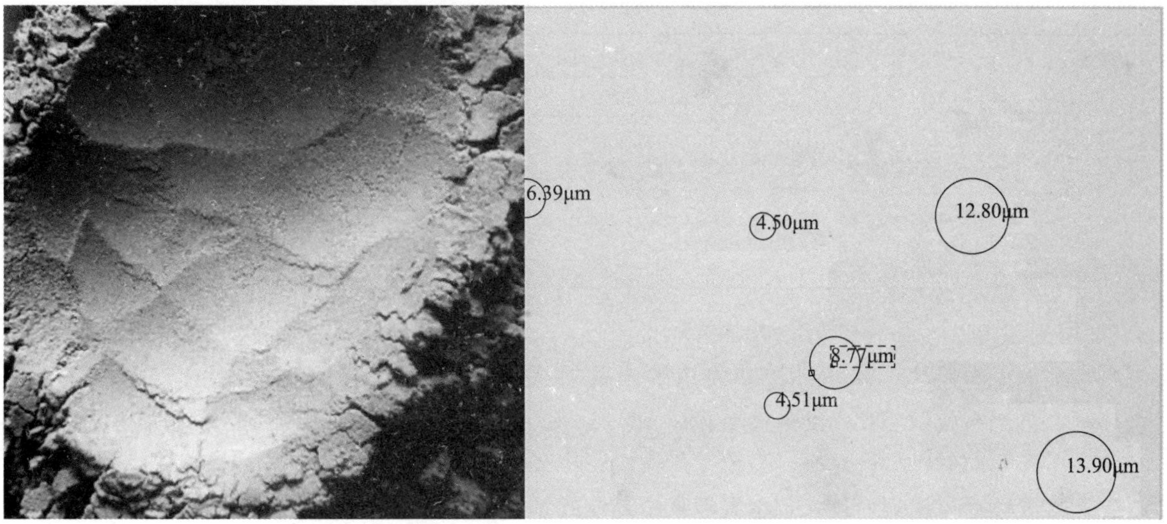

图 2　核桃壳粉及显微镜放大 500 倍时核桃壳粉形貌

1.2　配合比设计

试验采取核桃壳粉的 5 组不同掺量，水泥净浆水灰比固定为 0.29，将核桃壳粉以 0%、0.5%、1%、2%和 3%的掺量掺入水泥中。当核桃壳粉掺加量为 0.5%时，将硫酸铁、硫酸镁和氯化锌均按水泥质量 0.1%进行外掺，第一组直接将无机盐掺入到核桃壳粉中，第二组则是将水、核桃壳粉、减水剂混合静置 12 h 再使用。表 1 为水泥净浆试样配合比。

表 1　水泥净浆试样配合比　　g

编号	水泥	核桃壳粉	减水剂	无机盐
C0	200	0.00	0.75	0.00
C05	200	1.00	0.75	0.00
C1	200	2.00	0.75	0.00
C2	200	4.00	0.75	0.00
C3	200	6.00	0.75	0.00
D0	200	0.00	0.75	0.00
D05	199	1.00	0.75	0.00

续表

编号	水泥	核桃壳粉	减水剂	无机盐
D1	198	2.00	0.75	0.00
D2	196	4.00	0.75	0.00
D3	194	6.00	0.75	0.00
Fe1	300	1.50	0.75	0.15
Mg1	300	1.50	0.75	0.15
Zn1	300	1.50	0.75	0.15
Fe2	300	1.50	0.75	0.15
Mg2	300	1.50	0.75	0.15
Zn2	300	1.50	0.75	0.15

水泥砂浆测试使用5组不同配合比设计，其中E4掺入的无机盐是硫酸铁，E5掺入的无机盐是氯化锌，表2为水泥砂浆试样配合比。

表2　水泥砂浆试样配合比　g

编号	水泥	核桃壳粉	减水剂	砂	水	无机盐
E1	450	0.00	0.00	1350	225	0.00
E2	450	0.00	0.90	1350	225	0.00
E3	450	2.25	0.90	1350	225	0.00
E4	450	2.25	0.90	1350	225	0.45
E5	450	2.25	0.90	1350	225	0.45

1.3　试样的制备

（1）在水泥净浆中，使用外掺和内掺的形式掺入核桃壳粉，掺量分别为0%、0.5%、1%、2%、3%，再浇筑成型，在标准条件下养护1d、3d和7d。

（2）掺入不同的无机盐对核桃壳粉进行改性，将改性后核桃壳粉掺入水泥净浆中。

（3）将改性后核桃壳粉掺入到水泥砂浆中浇筑成型，在标准条件下养护1d和3d。

1.4　试验方法

按照GB/T 8077—2012《混凝土外加剂匀质性试验方法》（GB/T 8077—2023于2024年7月1日实行）对水泥净浆进行流动度测试，GB/T 17671—2021《水泥胶砂强度检验方法（ISO法）》对净浆试样块和砂浆试块进行1d、3d和7d抗压强度测试。

2　结果与分析

2.1　核桃壳粉掺量对水泥净浆性能的影响

图3为核桃壳粉不同掺量对水泥净浆流动度的影响。由图3可以看出核桃壳粉的掺入会降低水泥净浆的流动度，当核桃壳粉的掺量达到3%时，混凝土会丧失流动度出现无法搅动的情况。内掺核桃壳粉对水泥净浆流动度的影响会比外掺的影响要大，相比于不掺核桃粉，核桃壳粉掺量2%的水泥净浆流动度降低比例达到50%，而外掺的流动度降低比例为36.2%。这可能与核桃壳粉的多孔结构有关。由于核桃壳粉的结构会吸收更多的水，这使水泥分散性变差，流动度下降。同时随着核桃壳粉掺量的进一步增加，水泥净浆流动度逐渐下降，最终失去流动度。

图4为核桃壳粉不同掺量对水泥净浆抗压强度的影响。由图4可以看出核桃壳粉的掺入会降低水泥净浆的抗压强度，水泥净浆的1d、3d以及7d抗压强度均会随着核桃壳粉掺量的增加而下降，1d的抗压强度的降低幅度比较大。随着核桃壳粉掺量的增加，3d的抗压强度会先降低，在掺量从

0.5%到1%时，3d 抗压强度几乎不变，之后再次降低；7d 的抗压强度会先降低，在掺量从 1%到 2%时，7d 抗压强度几乎不变，之后再次降低。在核桃壳粉掺量为 0.5%时，1d 的抗压强度相比仅掺入减水剂的组别下降了 15.1%，3d 的抗压强度相比仅掺入减水剂的组别下降了 8.03%，7d 的抗压强度相比仅掺入减水剂的组别下降了 5.55%。由此可见，核桃壳粉的掺入对水泥净浆抗压强度产生的不良影响，会随着养护时间的加长而减轻。

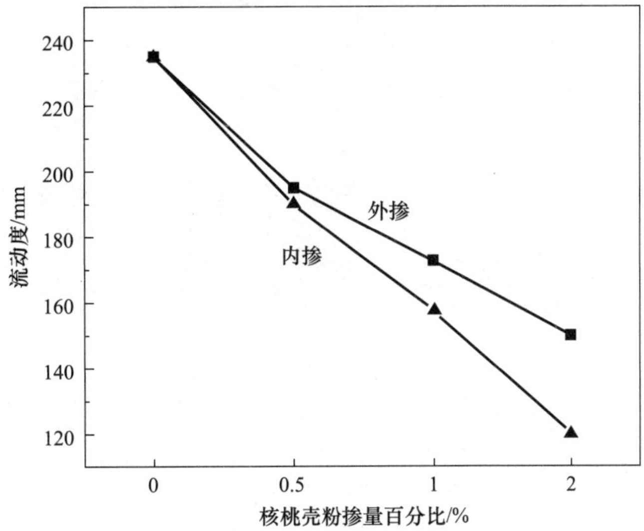

图 3　核桃壳粉不同掺量的水泥净浆流动度

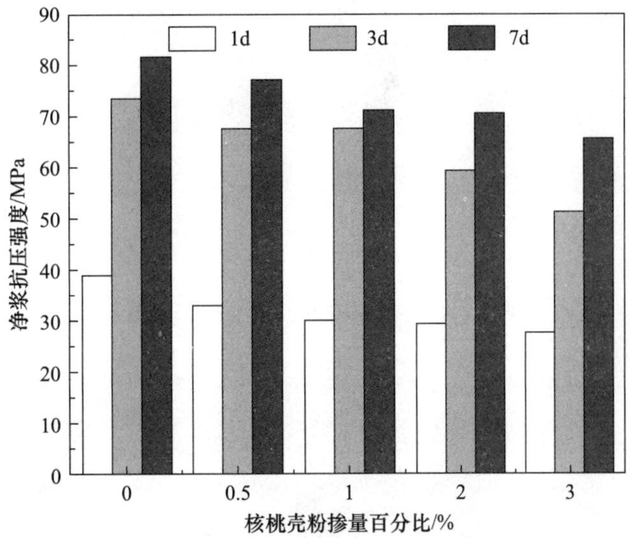

图 4　核桃壳粉不同掺量的水泥净浆抗压强度

这些现象与核桃壳粉本身的性质有关，核桃壳粉具有较大的比表面积和孔隙率，其孔隙尺寸较大。这些孔隙在水泥硬化过程中会占据一部分空间，导致水泥结构内部出现孔洞和缺陷，从而降低其抗压强度。如果核桃壳粉的添加量过大，会导致水泥硬化过程中产生的孔洞和缺陷数量增多，从而使其抗压强度明显降低。虽然核桃壳粉含有一些活性成分，如多酚、黄酮等，这些成分可以在一定程度上提高水泥的硬化性能，但同时也会与水泥中的某些成分发生化学反应，导致水泥的抗压强度降低。

2.2 不同无机盐对核桃壳粉的改性作用

图 5 为改性核桃壳粉对水泥净浆流动度的影响，由图 5 可以看出将核桃壳粉改性后掺入水泥净

浆，会影响水泥净浆流动度，直接将无机盐以及核桃壳粉以复掺的形式掺入水泥中会使净浆流动度下降，将减水剂、水、核桃壳粉和无机盐混合并静置12h后，水泥净浆的流动度得到了不同程度的提升，并且相比未掺入无机盐的对照组，流动度也有不同程度的提升。推测是由于核桃壳粉、减水剂以及无机盐混合后，在一段时间的相互作用之后，金属离子与核桃壳粉表面发生络合反应降低核桃壳粉的吸水性，减轻其掺入水泥后造成的不良影响，最终起到提高净浆流动度的作用。

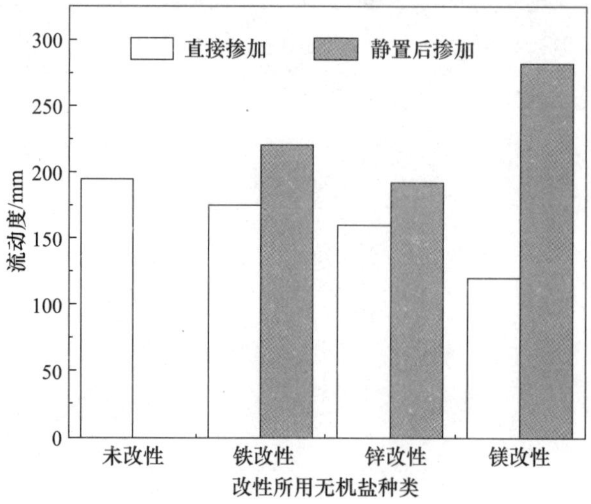

图5　改性核桃壳粉的水泥净浆流动度

图6为改性核桃壳粉对水泥净浆抗压强度的影响。由图6可以看出将核桃壳粉改性后掺入水泥净浆，会影响水泥净浆抗压强度，将减水剂、水、核桃壳粉和无机盐混合并静置12h后，水泥净浆1d抗压强度相比于仅掺入了核桃壳粉的组别，均有不同程度的降低。其中掺入硫酸铁的组别1d抗压强度下降了12.2%，掺入氯化锌的组别1d抗压强度下降了8.05%，掺入硫酸镁的组别1d抗压强度下降了13.83%。水泥净浆3d抗压强度相比于仅掺入了核桃壳粉的组别，均有不同程度的提升，掺入硫酸铁的组别3d抗压强度上升了14.36%，掺入氯化锌的组别3d抗压强度上升了7.81%，掺入硫酸镁的组别3d抗压强度上升了7.39%。在养护过程中，掺入硫酸镁的组别发生了泌水的现象。

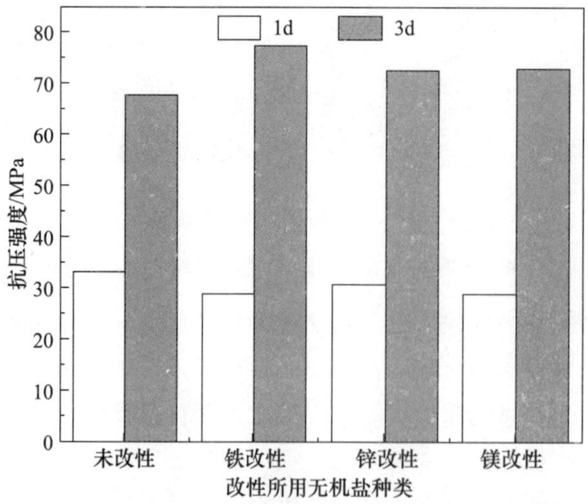

图6　改性核桃壳粉的水泥净浆抗压强度

综上所述，将减水剂、水、核桃壳粉和硫酸铁混合并静置12h，可以有效减少核桃壳粉掺入水泥后造成的不良影响，最终起到提高净浆流动度和抗压强度的作用。

2.3 改性后核桃壳粉对砂浆的影响作用

图 7 为掺入改性核桃壳粉对水泥砂浆抗压强度的影响。由图 7 可以看出，试验表明核桃壳粉对水泥砂浆的抗压强度影响很小，掺入核桃壳粉或掺入改性后核桃壳粉，水泥砂浆的 1d 抗压强度相比于不掺入核桃壳粉的组别，均发生了不同程度降低，其中铁改性和锌改性两组的 1d 抗压强度降低更为明显，这与净浆的试验结论相符，在 1d 的养护时间下并不能减轻核桃壳粉对水泥的不良影响，改性会进一步加剧这一影响。掺入核桃壳粉后，水泥砂浆的 3d 抗压强度相比于不掺入核桃壳粉的组别，有极少量的升高，而铁改性和锌改性两组的 3d 抗压强度相比于不掺入核桃壳粉的组别强度有小幅度的降低。可见在砂浆中掺入核桃壳粉会影响其抗压强度，造成一定程度结构缺陷。

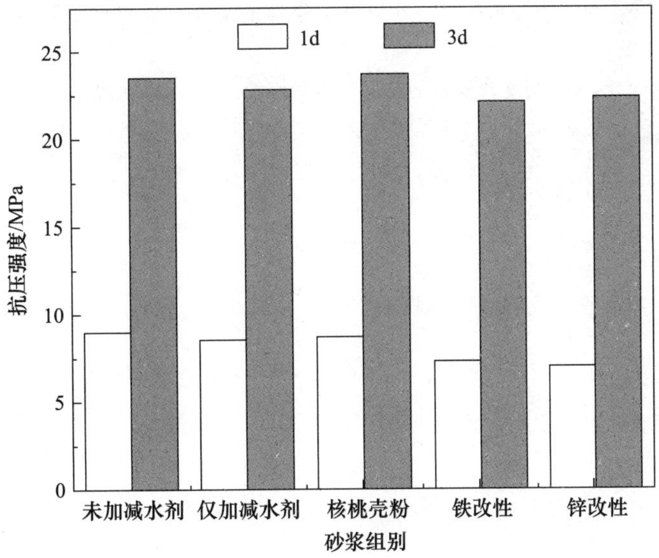

图 7　掺入改性核桃壳粉的水泥砂浆抗压强度

结论

本研究目的是将可再生的核桃壳粉部分替代水泥使用，实现减少碳排放的目标，因此研究了核桃壳粉对水泥净浆流动度及其抗压强度的影响，并探究了改性核桃壳粉对水泥砂浆抗压强度的影响，得出以下结论：

（1）核桃壳粉的掺入会降低水泥净浆的流动，并且随着掺量的增加，流动度会不断下降，3％的核桃壳粉掺量会使水泥净浆完全丧失流动性；在核桃壳粉掺量为 0.5％时，养护时间对抗压强度的影响效果 1d＞3d＞7d，核桃壳粉的少量掺入对抗压强度产生的不良影响，会随着养护时间的加长而减轻。

（2）当核桃壳粉掺量为 0.5％时，将核桃壳粉与无机盐溶液混合静置的改性方法可以缓解核桃壳粉掺入水泥后造成的不良影响。通过对比可知，改性核桃壳对水泥净浆的性能影响方面，无机盐改性核桃粉的效果为硫酸铁＞氯化锌＞硫酸镁。

（3）在砂浆中掺入核桃壳粉对其 1d 以及 3d 的抗压强度影响很小，核桃壳粉对砂浆的其他影响仍需进一步的试验证明。

参考文献

［1］　庄剑英．碳达峰．混凝土与水泥制品行业这样做［J］．混凝土世界，2022（11）：10-11.

［2］　褚洪岩，蒋金洋，李荷，等．环保型细集料对超高性能混凝土力学性能的影响［J］．材料导报，2020，34（24）：24029-24033.

［3］　赵伟．绿色高强高性能再生混凝土试验研究［D］．武汉：武汉大学，2004.

[4] KHORAMI M，GANJIAN E. Comparing flexural behaviour of fibre-cement composites reinforced bagasse：Wheat and eucalyptus [J]. Construction and Building Materials，2011，25 (9)：3661-3667.

[5] 张忠圆，付神进. 国际水泥行业发展及碳减排现状简述 [J]. 中国水泥，2022 (11)：20-23.

[6] 李国忠，于衍真，司志明，等. 植物纤维增强水泥基复合材料的性能研究 [J]. 硅酸盐通报，1997 (3)：42-45.

[7] 孙振平，穆帆远，杨海静，等. 火山岩应用于水泥基材料的现状与展望 [J]. 混凝土世界，2023 (2)：40-48.

[8] 贾蕴翔，郭中德，郑小林，等. 固废及纳米掺料对水泥基材料性能的影响研究 [J]. 混凝土世界，2023 (10)：34-41.

[9] 陈宗平，徐金俊，郑华海，等. 再生混凝土基本力学性能试验及应力应变本构关系 [J]. 建筑材料学报，2013，16 (1)：24-32.

[10] 谢晓丽. 植物纤维改性水泥基复合材料的制备与力学性能研究 [D]. 成都：西南交通大学，2017.

使用 C-S-H 晶种增强复合硅酸盐水泥的性能——一种实现可持续胶凝材料的途径

黎学润[1] Joachim Dengler[1] Christoph Hesse[1] （翟亚南[2]译）
1. BASF Construction Additives GmbH Trostberg Germany 83308
2. 巴斯夫（中国）有限公司 上海 200137

摘 要 C-S-H 晶种用于石灰石煅烧黏土水泥（LC^3）和矿渣复合水泥，可以减少硅酸盐水泥熟料相对密度（相当于降低熟料系数），同时保持与纯硅酸盐水泥相似的强度。研究煅烧黏土与其他辅助胶凝材料包括硅灰、粒化高炉矿渣粉和粉煤灰的组合（LC^{3+}），结果表明，C-S-H 晶种可显著提高复合硅酸盐水泥数小时至 1 年的强度。在采用 C-S-H 晶种的 LC^3 和 LC^{3+} 复合水泥体系中，硅酸盐水泥含量可远低于 50%，但仍能达到与纯硅酸盐水泥相当的强度。煅烧黏土、粒化高炉矿渣粉和熟石灰与 C-S-H 晶种的组合显著降低了硅酸盐水泥用量。水化放热和硬化水泥浆的孔径与强度的相关性表明，C-S-H 晶种是通过加速水化和改善微观孔结构来提高复合水泥强度的。

关键词 石灰石煅烧黏土水泥（LC^3）；矿渣水泥；C-S-H 晶种；熟料系数；可持续胶凝材料

Enhance the Performance of Blended Cement Using C-S-H Seeding: A Way towards Sustainable Binder

Xuerun Li[1] Joachim Dengler[1] Christoph Hesse[1] (Translated by Yanan Zhai[2])
1. BASF Construction Additives GmbH Trostberg Germany 83308
2. BASF (China) Co., Ltd Shanghai 200137

Abstract C-S-H seeding was used in limestone calcined clay cement (LC^3) and slag blended cement to reduce the ordinary Portland cement (OPC, equivalent to clinker factor) while maintaining strength similar to that of neat OPC. The combination of calcined clay with other supplementary cementitious materials (LC^{3+}), including microsilica, slag (GGBFS), and fly ash, was investigated, the results showed that C-S-H seeding dramatically enhanced strength from hours to 1 year. The OPC content can be less than 50 wt% in LC^3 and LC^{3+} cement with C-S-H seeding to achieve comparable strength. The combination of calcined clay, GGBFS and portlandite with C-S-H seeding significantly reduced the OPC content. Replacing part of the calcined clay by fly ash, GGBFS or limestone improved the mortar flow. Correlations of heat release and pore size with strength showed that C-S-H seeding increased strength by not only acceleration but also through microstructural changes.

第一作者简介：黎学润（1987— ），男，博士，水泥水化研究。E-mail：xuerun.li@basf.com

Keywords LC^3 cement; Slag blended cement; C-S-H seeding; Clinker factor; Sustainable binder

引言

减少水泥行业二氧化碳排放的解决方案可以显著减少全球碳排放量，因为水泥行业大约贡献了全球人为二氧化碳排放量的8%。最行之有效的方法是在水泥中使用更多的辅助胶凝材料（SCM）。

粒化高炉矿渣粉（GGBFS，本文简称矿渣）复合硅酸盐水泥得到了广泛的研究和使用。在复合水泥中使用矿渣的主要原因是：(1) 通过增加后期强度和耐久性来改善水泥的性能；(2) 减少硅酸盐水泥（OPC）熟料的用量，从而减少最终水泥产品的二氧化碳排放量。

石灰石煅烧黏土水泥（LC^3）[1]是一种可持续的水泥生产解决方案，由于其减少水泥行业二氧化碳排放的巨大潜力而引起了学术界和工业界的广泛关注[2]。尽管 LC^3 可以提供与硅酸盐水泥（OPC）相似甚至更好的后期强度发展[3-4]，但由于水泥熟料含量相对较低（通常为40%～60%），早期力学强度相对较低。本研究探索将硅酸盐水泥含量降低至50%以下的潜力，以进一步减少水泥材料的二氧化碳排放量。

在复合水泥中使用大量辅助胶凝材料（SCM，例如矿渣和煅烧黏土）的主要缺点是早期强度降低，这主要是由于 SCM 与熟料相比反应缓慢[5-6]。这种较慢的反应动力学降低了复合水泥的早期强度，尤其是在高 SCM 掺量下[7]。提高复合水泥的早期强度：优化胶凝材料配合比设计和使用C-S-H晶种等早强剂。

本研究测试了矿渣和煅烧黏土复合水泥中 C-S-H 晶种的影响。目标是检验使用 C-S-H 晶种生产具有与纯硅酸盐水泥（CEM I 42.5 N 型）类似或更好强度的复合硅酸盐水泥的潜力。本文是两篇已发表的开源文献的简要总结[8-9]。

1 试验部分

1.1 原材料

使用合成C-S-H的商业产品（HyCon® S 7042 F）作为 C-S-H 晶种材料。HyCon® S 7042 F 是一种无碱产品，含有粉末态的C-S-H晶种。Melflux® 2500 L 用作标准砂浆测试的高效减水剂。

C-S-H 晶种和其他添加剂按“折固”后（胶凝材料和石灰石填料的总和，参见表1）的质量百分比（%）计量。例如，3%剂量是指将3g固体C-S-H晶种添加到100g总固体中。该粉末晶种产品始终与0.1%消泡剂（Vinapor® DF 9010 F）一起使用，以抵消其引气的副作用。此外，在砂浆测试和水化热测量试验中引入了0.1%稳定剂（Starvis® 3040 F），以防止湿砂浆因泌水或沉降而不均匀。

本研究使用两种硅酸盐水泥（OPC）：(1) 在矿渣复合水泥研究中使用 CEM I 52.5R 高强度等级硅酸盐水泥；(2) 在煅烧黏土复合体系中使用低碱含量（Na_2O 当量 0.39 %）的 CEM I 42.5N 硅酸盐水泥。使用煅烧黏土（CC）、粒化高炉矿渣粉（GGBFS）、硅灰（SF）、F 型粉煤灰（FA）、石灰石粉（LS）和化学纯 $Ca(OH)_2$(CH) 按配合比设计制备复合水泥。由于硅灰的高团聚性，未测量其粒径分布，典型报道的硅灰粒径在0.15～0.20μm之间[10]。无水石膏用于调节硫酸盐含量。原材料的化学成分和物性参数见参考文献［8-9］。

1.2 试验方法

砂浆强度测试按照欧洲标准 EN 196-1 进行，不同之处在于养护温度是在23℃而不是20℃下进行。将脱模的砂浆试件水养直至需要进一步测量。高效减水剂与拌合水一起混合以调节砂浆和易性。抗压强度是使用2根砂浆试件测量的4个值的平均值。抗压强度是根据欧洲标准 EN 197-1 在特定龄期测量的。

使用 MicroActive AutoPore V 9600 进行压汞孔隙率测定（MIP）。将用于量热测定的剩余水泥砂浆样品浇筑在塑料瓶中，密封固化1d，然后在$Ca(OH)_2$饱和溶液中养护至期望的龄期。切取大小为2～3mm厚的片状砂浆试样，浸泡入约150mL的无水异丙醇中（7d内交换4次）以终止水化。将停止水化的砂浆样品保存在低真空下以供进一步分析。根据Berodier等人文献中提到的方法，汞与水泥浆样品的接触角设置为140°[11]。

水化热测定使用8通道TAM Air水化量热仪。样品是水灰比0.4的净浆，水化热测定到7d龄期。

采用选择性溶解法来检测水化浆料中未水化矿渣的含量，通过Lumley等人描述的选择性溶解技术进行测量[12]。使用EDTA和二乙胺对终止水化后的样品在1d、7d和28d进行选择性溶解以确定矿渣的反应程度。

1.3 试验计划

我们研究了矿渣复合水泥、原始LC^3水泥和含有多个辅助胶凝材料的改良LC^3系统。由于有多个辅助胶凝材料，复合改良后的LC^3系统被称为LC^{3+}。试验分为三个部分，见表1。

表1 复合水泥配合比 %

复合体系	描述	胶凝材料							填料	晶种
		52.5R硅酸盐水泥	42.5N硅酸盐水泥	$Ca(OH)_2$	煅烧黏土	其他辅材	无水石膏	硫酸钠	石灰石粉	C-S-H晶种
矿渣复合	S50	50	—	—	—	50	—	—	—	0/1.5/3
	S75	25	—	—	—	75	—	—	—	0/1.5/3
	S95	5	—	—	—	95	—	—	—	0/1.5/3
LC^3-50复合体系	LC^3	—	50	—	30	—	5	—	15	0/0.5/1.5/3
	LC^3复合不同石膏掺量	—	55～45	—	30	—	0～10	—	15	0/3
	LC^3复合不同硫酸盐	—	50	—	30	—	0/4	5/1	15	0/3
低水泥LC^3复合体系	LC^3低水泥掺量	—	50～25	—	30	—	5	—	15～40	0/1/2/3/5
	LC^{3+}（1∶1）低水泥	—	50～30	—	15	15	3	—	17～27	0/3
	LC^{3+}（1∶1）低水泥83%胶材	—	50～20	—	30～15	30～15	3	—	17	0/3
	LC^{3+}（1∶1）20%水泥	—	20	—	30/35	30/35	3	—	17/7	0/3
	LC^{3+}（1∶1）20%水泥＋氢氧化钙	—	20	5/10	30	30	3	—	12/7	0/3

注：矿渣复合体系为矿渣和水泥的二元复合体系；LC^3是石灰石和煅烧黏土复合体系；LC^{3+}是指含有两种类型辅助胶凝材料的四元复合体系，包括煅烧黏土。

2 结果与分析

2.1 矿渣复合水泥

由图1可以看出，在整个测试龄期直至180d，通过掺加C-S-H晶种，矿渣复合水泥的强度显著增强。通过3.0% C-S-H晶种的增强，50%矿渣复合水泥可满足52.5R强度等级要求；75%矿渣复合水泥可满足42.5R强度等级要求；95%矿渣复合水泥可满足32.5R强度等级要求。1.5%C-S-H晶种也能对矿渣复合水泥的强度有明显提升。

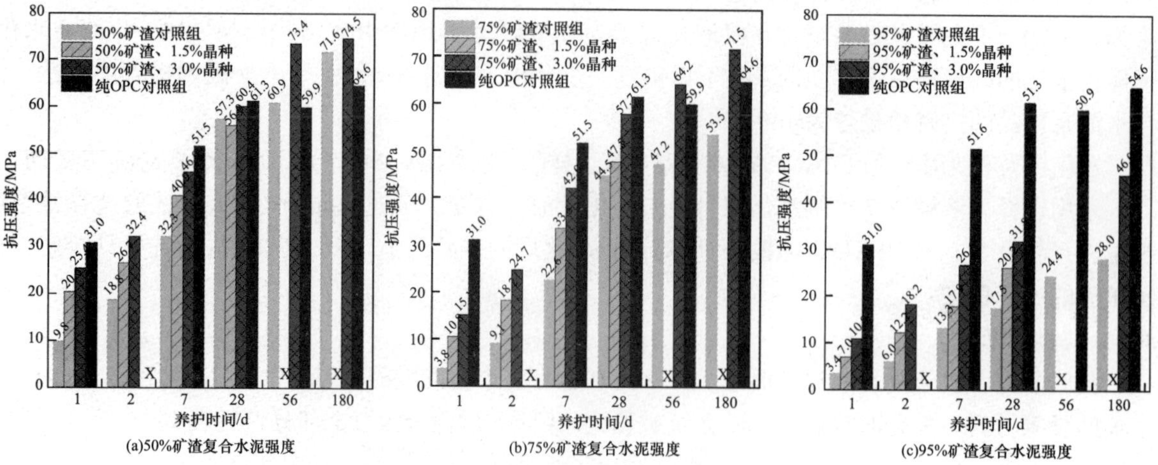

图1　23℃水养护砂浆试件的抗压强度[9]

注：对照组为普通硅酸盐水泥 CEM I 52.5R 的参考值，X 表示未测的数据点。

由图 2 可以看出，掺加 3.0%晶种时，矿渣 1d 的反应程度显著增强。矿渣 1d 的反应度增强随着矿渣替代水平的增加而增加。在较大龄期时，反应的增强不明显。在水化后期，该过程与矿渣替换的程度无关。C-S-H 晶种在矿渣水化中的加速性能与水泥熟料相的加速性能相似：对水化动力学的显著影响主要发生在水化的最初几天。最初几天增强的水化动力学不仅提高了早期强度，而且有助于提高后期强度。

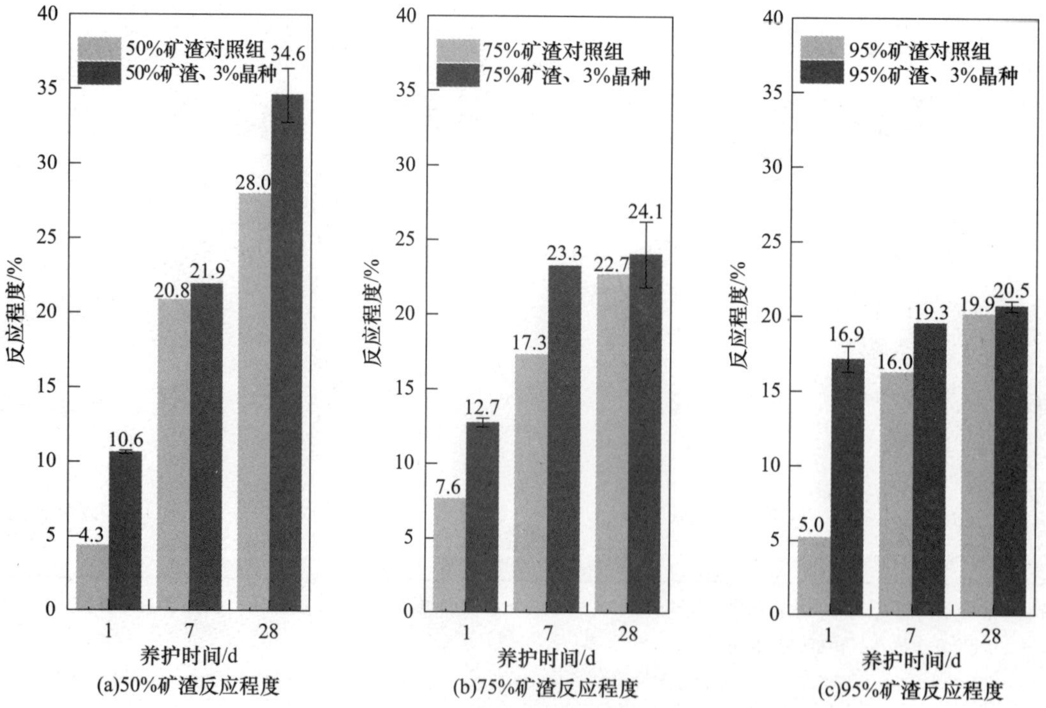

图2　通过选择性溶解测得的矿渣反应程度

2.2　复合 50%硅酸盐水泥的 LC³ 体系

图 3 显示了由 50%硅酸盐水泥、30%煅烧黏土、15%石灰石和 5%无水石膏制成的 LC³ 复合水泥的强度（a）和强度增量（b）。LC³ 参考样品的强度低于纯硅酸盐水泥参考样品。然而，使用 1.5%和 3% C-S-H 晶种使得 LC³ 水泥在 8h 到 365d 的范围内比纯硅酸盐水泥性能更强（除了 1.5%

晶种样品在 90d 龄期的强度略有下降之外），如图 3（b）。与没有添加晶种的 LC³参考样品相比，在所有测量的龄期中，含 C-S-H 晶种的样品强度都有稳定的增加。

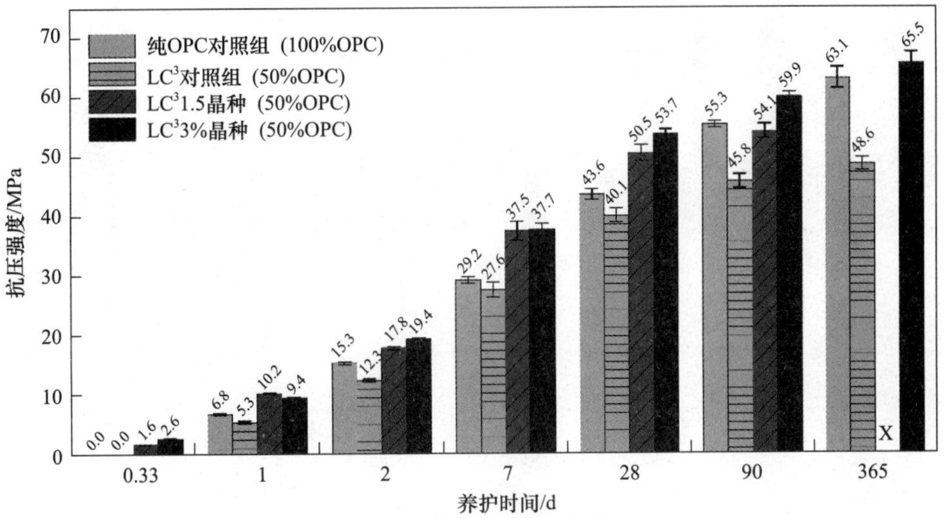

(a)LC³水泥的抗压强度增量

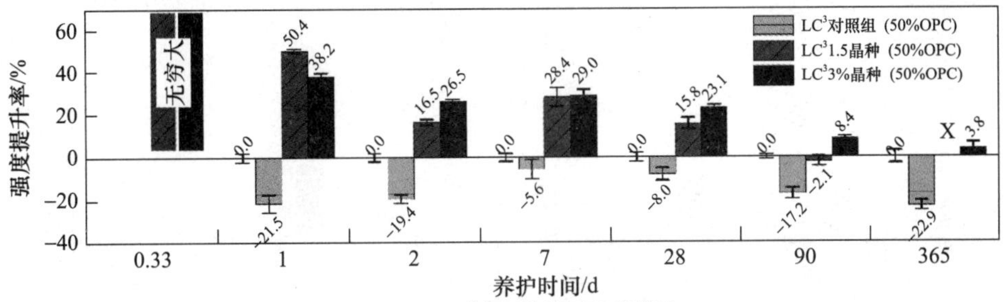

(b)LC³水泥的抗压强度增量

图 3　晶种对 LC3 体系的抗压强度和强度增量的影响

注：强度增量是指与纯硅酸盐水泥参考相比的强度差异。（b）中 8h（0.33d）处的“无穷大”是因为参考强度为零（低于检测限 0.3MPa）。“X”指未测的数据点。整理自参考文献[8]。

2.3　LC³复合水泥体系的优化

在本节中，研究使用另一种辅助胶凝材料（标记为 SCM2）与煅烧黏土复配来优化 LC³水泥的强度发展。使用 10％的其他辅助胶凝材料来替代 LC³体系中等量的煅烧黏土，组成所谓的 LC³⁺水泥。由于煅烧黏土量的减少，无水石膏（Anh）含量从 5％减少到 3％。图 4 给出了相应的配合比。

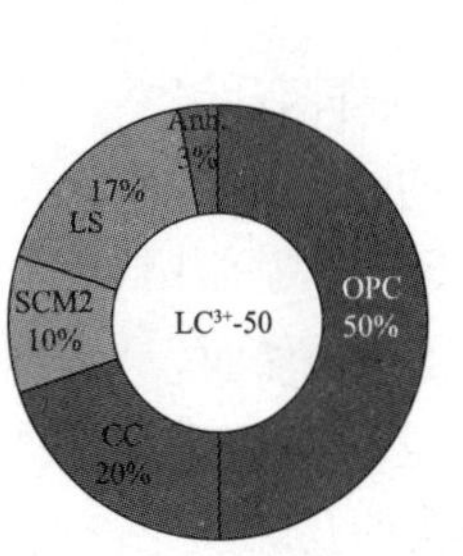

图 4　LC³⁺复合水泥配合比

CC—煅烧黏土（这是标准 LC³-50 混合物）；SF—硅灰；

SL—矿渣；FA—F 型粉煤灰；LS—石灰石粉

图 5 给出了与纯硅酸盐水泥相比，在含有 50％水泥的 LC³⁺复合水泥体系中，两种辅助胶材组合（20％煅烧黏土和 10％其他辅助胶材标记为 SCM2）的强度提升率。

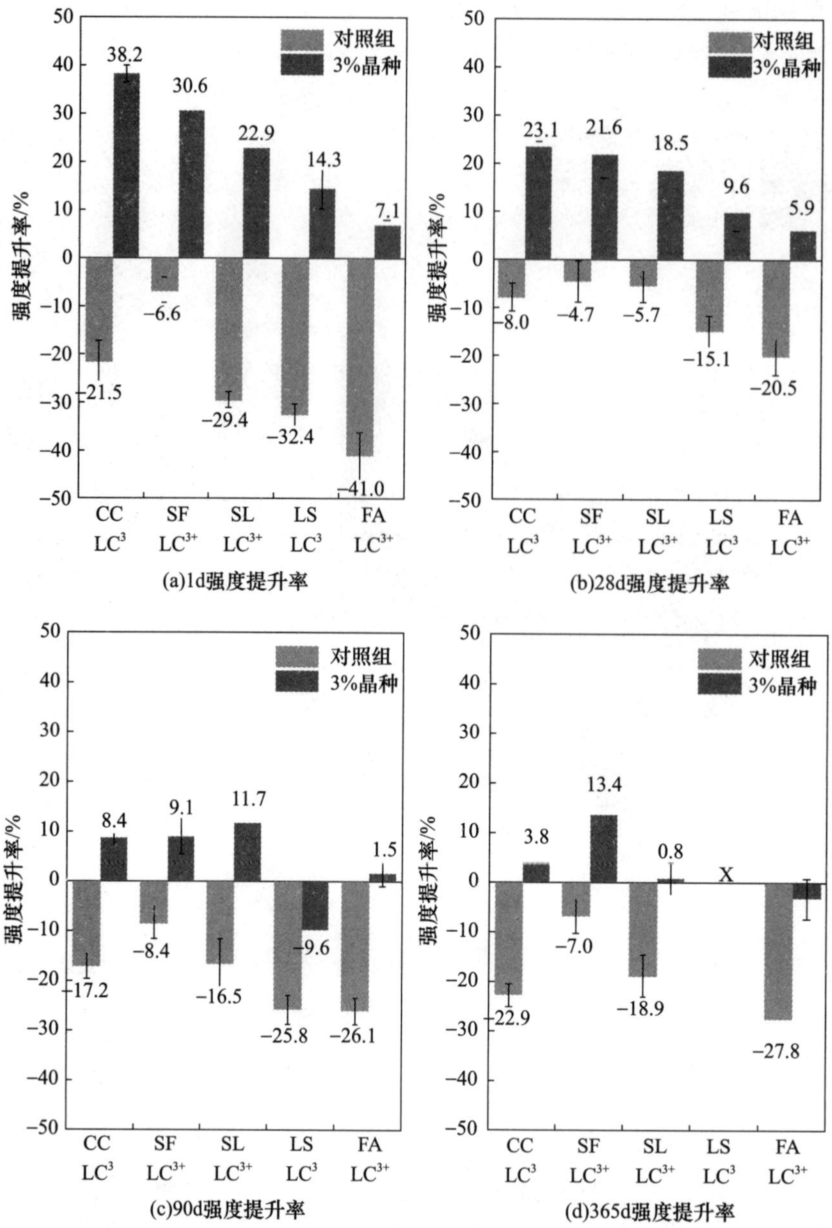

图 5　含有 50%水泥的 LC^3 复合水泥体系中不同辅助胶材的强度提升率

注："X" 指的是未测的数据点。整理自参考文献［8］。

由图 5 可以看出，所有 LC^3 和 LC^{3+} 空白样品［无 C-S-H 晶种，图 5（a）至图 5（d）中的浅灰色］的强度均小于纯硅酸盐水泥的强度。有趣的是，将其他 SCM 与煅烧黏土结合对没有 C-S-H 晶种的样品显示出一些影响。10%的硅灰（LC^{3+}-SF）提高了 1d 的早期强度。当使用 10%的矿渣、石灰石粉和粉煤灰时，与 LC^3 参考相比，第 1 天强度较低。然而，与含有 30%煅烧黏土的 LC^3-50 相比，LC^{3+}-SF 和 LC^{3+}-SL 在后期的强度几乎没有降低，这得益于硅灰和矿渣的较高反应活性。除了较高反应活性之外，硅灰由于粒径小，还可以改善硬化结构的孔隙填充。也有报道称，当煅烧黏土与矿渣结合时，会产生协同效应[13]，特别是在 90d 时[14]；这也在 LC^{3+}-SL 样本中有所展现，如图 5 所示。

加入 3%C-S-H 晶种使大多数 LC^{3+} 复合水泥在测量的龄期范围内转变为图 5 中的正强度增量，即这些复合水泥比纯硅酸盐水泥强度更高。所有 LC^{3+} 复合水泥的强度增量在 1d 时都非常显著。与纯硅酸盐水泥相比，即使是含有粉煤灰（LC^{3+}-FA）的样品，在 1～90d 的时间内也获得了更高的强度。LC^{3+}-FA 的 365d 强度仅略低于纯硅酸盐水泥的参考强度（−3.3%）。10%矿渣（LC^{3+}-SL）

或硅粉（LC^{3+}-SF）与 20%煅烧黏土的组合在 90d 时表现出最大强度，并且超过了纯硅酸盐水泥标样。10%石灰石粉（LC^3-LS）组合的反应活性不强，但 28d 龄期之前的表现还是优于纯硅酸盐水泥标样。

2.4 降低 LC^3体系中硅酸盐水泥含量

本节研究了在含有 3% C-S-H 晶种的情况下，进一步降低复合水泥中硅酸盐水泥含量（低于 50%）的可能性。相应的配合比设计概念如图 6 所示。含有 3% C-S-H 晶种的 LC^3和 LC^{3+}混合水泥的强度比较如图 7 所示。由图 7 可以看出，与纯硅酸盐水泥相比，直到 28d，使用 3% C-S-H 晶种的复合体系实现相似强度发展的最低硅酸盐水泥含量为：

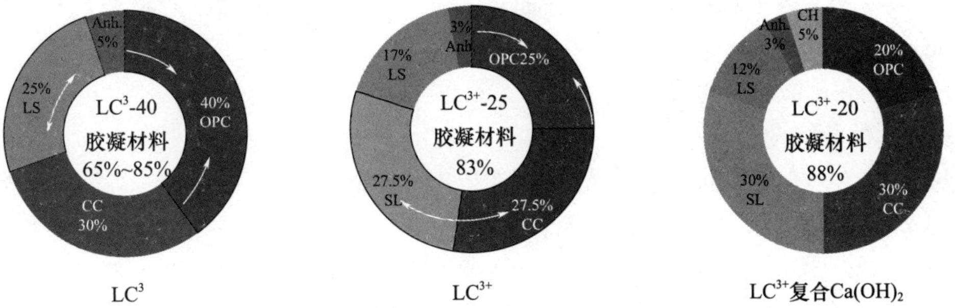

图 6 不同 LC^3体系的配合比设计概念

注：(1) LC^3-40 指用石灰石粉（LS）代替等量硅酸盐水泥；(2) LC^{3+}-25 指煅烧黏土（CC）：矿渣（SL）以 1∶1 的比例替代硅酸盐水泥 OPC；(3) LC^{3+}-20 指以 5 %的氢氧化钙（CH）和煅烧黏土：矿渣以 1∶1 的比例替代。“Anh”指无水石膏。

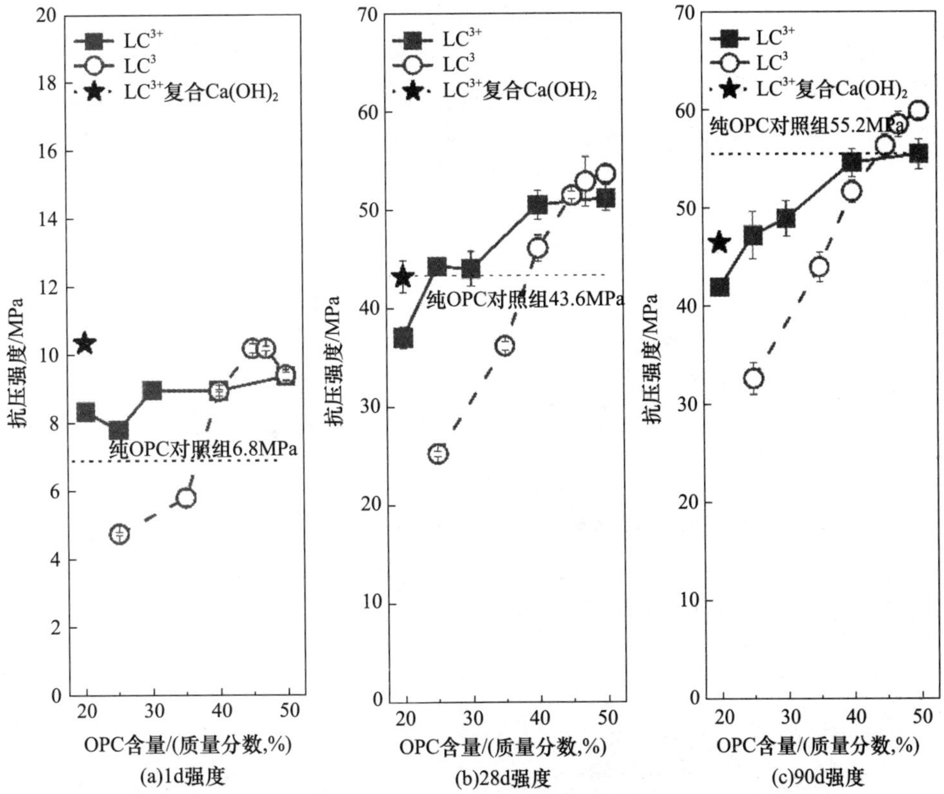

图 7 使用 3% C-S-H 晶种时硅酸盐水泥（OPC）含量变化对抗压强度的影响

注：虚线指的是纯硅酸盐水泥的强度参考值，整理自参考文献 [8]。

LC^3（石灰石-煅烧黏土水泥）：40％硅酸盐水泥。

LC^{3+}（石灰石-煅烧黏土-矿渣水泥）：25％硅酸盐水泥。

LC^{3+}含≥5％氢氧化钙：20％硅酸盐水泥。

该下限值对于本文使用的胶凝材料、填料以及3％C-S-H晶种加量有效。如果使用其他硅酸盐水泥、辅助胶凝材料和填料，因为反应活性和粒径的差异，则该下限可能更高或更低。除胶凝材料外，C-S-H晶种用量也是确定下限的另一个关键因素。如果使用较少的C-S-H晶种，水泥用量的下限可能提高。

还有一个因素是C-S-H晶种可能加速矿渣和煅烧黏土的水化作用，从而增强LC^{3+}系统的强度发展。Li等[9]在矿渣复合水泥中报道了这种通过C-S-H晶种加速辅助胶凝材料水化作用的情况，Kanchanason和Plank[15]在煅烧黏土复合水泥时也观察到了相似的加速作用。需要更详细的机理研究来了解煅烧黏土和矿渣的协同效应。

2.5 水泥硬化后的孔结构

对使用水胶比为0.4制备的净浆样品进行MIP孔结构分析，证实了C-S-H晶种有助于硬化结构的致密性。本部分研究了LC^3-50（50％硅酸盐水泥、30％煅烧黏土、15％石灰石粉和5％无水石膏）和LC^{3+}-20_CH（20％硅酸盐水泥、10％氢氧化钙、30％煅烧黏土、30％矿渣、7％石灰石粉和3％无水石膏）两类复合体系。孔径分布如图8和图9所示。

由图8可以看出，在LC^3-50系统中C-S-H晶种在第1天显著减小了孔径，从参考样品中的0.26μm减小到0.10μm。添加晶种样品的孔径在28d时达到0.008μm，处于凝胶孔径范围（0.0025～0.010μm）[16]，并且直到365d才显示出几乎没有下降。28d后，参考样品的值继续下降，从0.018μm降至365d的0.015μm。即使在365d时，对照样的孔隙尺寸也明显大于添加C-S-H晶种的样品。

在LC^{3+}-20_CH系统中，可以看到与LC^3-50系统类似的趋势（图9）：C-S-H晶种显著减小了孔隙尺寸。第1天时，与LC^3-50系统中的孔径相比，孔径稍小。这可能是因为使用了10％的氢氧化钙，它比硅酸盐水泥更细，可以实现更好的初始堆积密度。与LC^3-50系统相比，28d和90d的含晶种样品的孔径（约0.01μm）达到了相似水平。

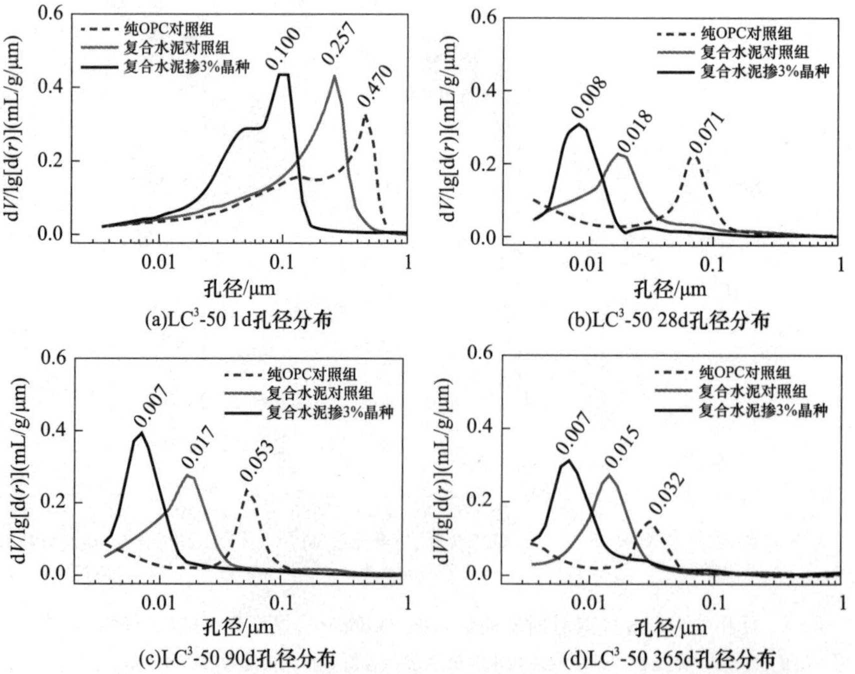

图8 使用和不使用C-S-H晶种的LC^3-50水泥浆体（水胶比0.4）的孔径分布

注：LC^3-50由50％硅酸盐水泥、30％煅烧黏土、15％石灰石粉和5％无水石膏制成。纯硅酸盐水泥对照组绘制为虚线[8]。

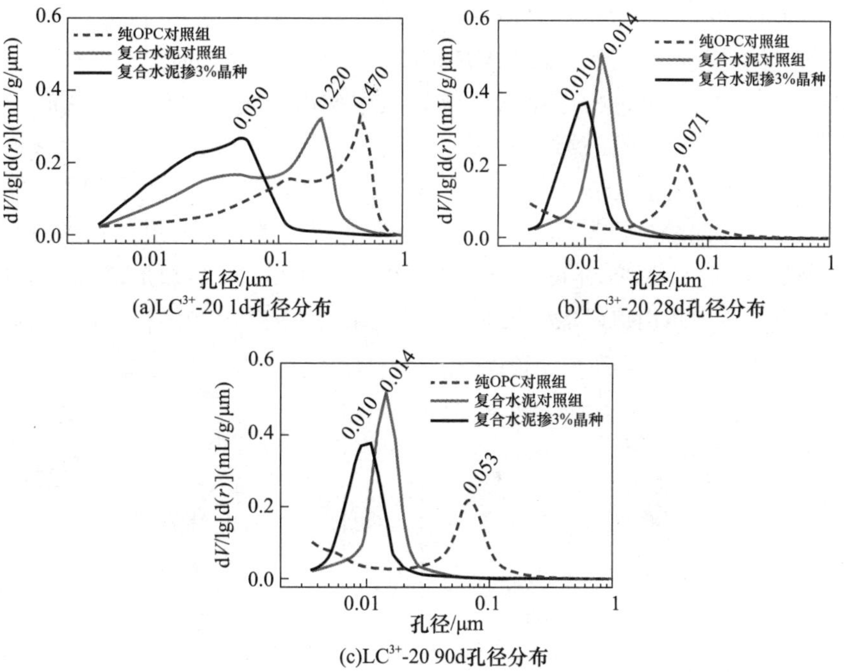

图 9　使用和不使用 C-S-H 晶种的 LC^{3+}-20 _ CH 水泥浆体（水胶比 0.4）的孔径分布

注：LC^{3+}-20 _ CH 由 20%硅酸盐水泥、10% 氢氧化钙、30%煅烧黏土、30%矿渣、7%石灰石粉和 3% 无水石膏制成。纯硅酸盐水泥对照组绘制为虚线[8]。

3　机理讨论

如图 10 所示，水化放热和强度的关系受 C-S-H 的影响明显。在 LC^3 和 LC^{3+} 体系中，相同水化热均表现出较高的强度，这种关系在水化后期尤为明显。这说明，C-S-H 对强度的贡献不止来源于对水化程度的促进。

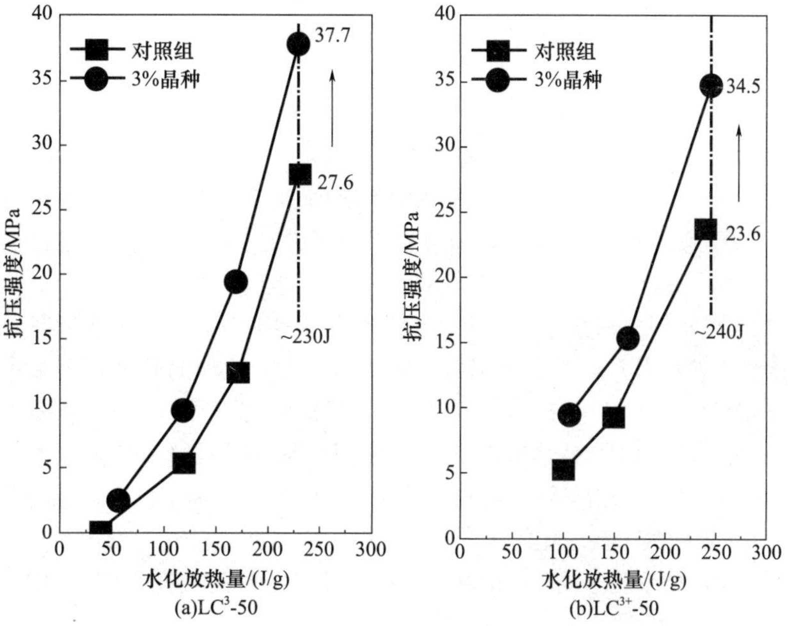

图 10　水化放热量和强度的关系

注：(a) LC^3-50 左，由 50%硅酸盐水泥、30%煅烧黏土、15%石灰石粉和 5%无水石膏制成；(b) LC^{3+}-50 右，由 50%硅酸盐水泥、15%煅烧黏土、15%矿渣、15%石灰石粉和 5% 无水石膏制成；数据点为 8h、1d、3d 和 7d 的强度和水化热数据。

图 11 中孔隙尺寸和抗压强度之间的相关性清楚地显示出两种不同的行为：无论是否存在C-S-H晶种，石灰石-煅烧黏土复合水泥都表现出良好的拟合，而纯硅酸盐水泥对照样则清楚地表明了另一种趋势。Avet[4]论文第 95 页也报道了当煅烧黏土中偏高岭土含量发生变化时，硅酸盐水泥和LC^3之间有相关性变化。

晶种不仅通过加速水化而且也通过改变微观结构来提高水泥强度。强度与孔隙体积和孔隙尺寸之间的良好相关性表明，即使总放热量降低，C-S-H 晶种也可以通过细化孔径来改变微观结构。正如Cuesta[17]等人所提出的，这种微观结构的变化可能是内部和外部 C-S-H 凝胶之间平衡的结果。这导致整体密度较低的 C-S-H 凝胶可以更好地填充空间。硬化结构的临界孔径细化导致了更高的强度。

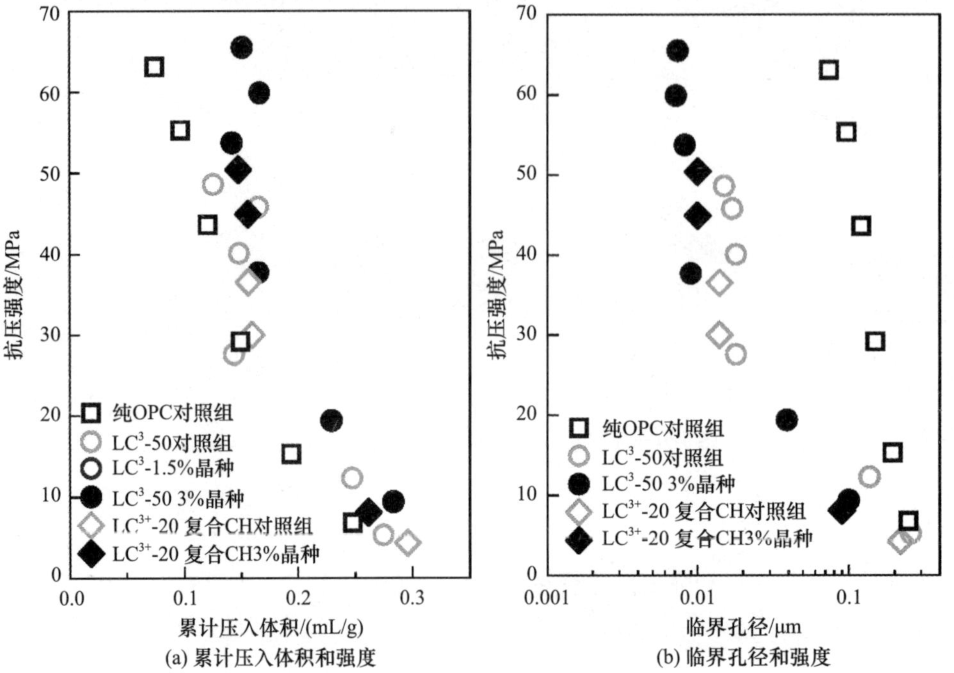

图 11 累积压入体积和临界孔隙尺寸与抗压强度的关系

注：数据点来自胶材水化 1d、2d、7d、28d、90d 和 365d 的样品。“对照组”是指没有 C-S-H 晶种的参考。

结论

（1）C-S-H 晶种的引入显著提高了矿渣和煅烧黏土复合水泥的强度，时间从数小时到 1 年不等。

（2）通过加入 3.0 % C-S-H 晶种促进水泥和矿渣的水化来增强强度，使矿渣复合水泥能够满足欧洲标准 EN 197-1 的强度等级，即 50%矿渣复合水泥可满足 52.5R 强度等级；75%矿渣复合水泥可满足 42.5R 强度等级；95%矿渣复合水泥可满足 32.5R 强度等级。

（3）当 LC^3和 LC^{3+}水泥（煅烧黏土和矿渣的组合）中使用 3%C-S-H 晶种时，复合水泥中的硅酸盐水泥含量（相当于熟料系数）可显著降低。对于本文研究的辅助胶凝材料和水泥，可以得出最低的硅酸盐水泥加量为（与纯硅酸盐水泥 28d 前具有相似的强度）：LC^3 使用 40%硅酸盐水泥；LC^{3+} 使用 25%硅酸盐水泥；LC^{3+} 使用 20%硅酸盐水泥以及≥5%氢氧化钙。

（4）水化放热和微观孔径与力学强度的相关性表明，C-S-H 晶种不仅通过加速水化而且通过微观结构的致密化来提高水泥强度。在水化作用开始时，C-S-H 晶种通过充当细填料或由于在孔溶液中形成均匀的 C-S-H 凝胶而促使系统形成更小的孔，从而有助于在微观上细化水泥硬化结构的孔径。

参考文献

［1］ Limestone calcined clay cement（LC^3）［OL］. http：//lc3. ch.

［2］ S K，et al. Calcined clay limestone cements（LC^3）［J］. Cement and Concrete Research，2018，114：49-56.

[3] ANTONI M, et al. Cement substitution by a combination of metakaolin and limestone [J]. Cement and Concrete Research, 2012, 42 (12): 1579-1589.

[4] AVET F H. Investigation of the grade of calcined clays used as clinker substitute in Limestone Calcined Clay Cement (LC^3) [J]. Lausanne, EPFL. 2017, 15.

[5] KOCABA V, GALLUCCI E, SERIVENER K L. Methods for determination of degree of reaction of slag in blended cement pastes [J]. Cement and Concrete Research, 2012, 42 (3): 511-525.

[6] DURDZIŃSKI P T, et al. Phase assemblage of composite cements [J]. Cement and Concrete Research, 2017, 99: 172-182.

[7] FERNÁNDEZ Á, et al. Thermodynamic modelling of short and long term hydration of ternary binders. Influence of Portland cement composition and blast furnace slag content [J]. Construction and Building Materials, 2018, 166: 510-521.

[8] LI X, DENGLER J, HESSE C. Reducing clinker factor in limestone calcined clay-slag cement using C-S-H seeding-A way towards sustainable binder [J]. Cement and Concrete Research, 2023, 168: 107151.

[9] LI X, BIZZOZERO J, HESSE C. Impact of C-S-H seeding on the hydration of slag blended cement [J]. Cement and Concrete Research, 2022, 161: 106935.

[10] KOSMATKA S H, PANARESE W C, KERKHOFF B. Fly Ash, Slag, Silica Fume, and Natural Pozzolans, in Design and control of concrete mixtures [M]. 2002, Portland Cement Association Skokie, IL.

[11] BERODIER E, BIZZOZERO J, MULLER A C. Mercury intrusion porosimetry, in A Practical Guide to Microstructural Analysis of Cementitious Materials, K. Scrivener, R. Snellings, and B. Lothenbach, Editors [M]. 2018, CRC Press.

[12] LUMLEY J S, et al. Degrees of reaction of the slag in some blends with Portland cements. Cement and Concrete Research, 1996, 26 (1): 139-151.

[13] WANG H, et al. Synergistic effects of supplementary cementitious materials in limestone and calcined clay-replaced slag cement [J]. Construction and Building Materials, 2021, 282: 122648.

[14] ANUJ P, SHASHANK B. Hydrationbehaviour of limestone-calcined clay and limestone-slag blends in ternary cement [J]. RILEM Technical Letters, 2021, 6: 17-24.

[15] KANCHANASON V, PLANK J. Effect of calcium silicate hydrate-polycarboxylate ether (C-S-H - PCE) nanocomposite as accelerating admixture on early strength enhancement of slag and calcined clay blended cements [J]. Cement and Concrete Research, 2019, 119: 44-50.

[16] DHANDAPANI Y, et al. Durability performance of binary and ternary blended cementitious systems with calcined clay: a RILEM TC 282 CCL review [J]. Materials and Structures, 2022, 55 (5): 145.

[17] CUESTA A, MORALES-CANTERO A, DE LA TORRE AG, ARANDA MAG. Recent Advances in C-S-H Nucleation Seeding for Improving Cement Performances [J]. Materials. 2023; 16 (4): 1462.

填料和化学外加剂对嵌缝石膏浆体状态的影响

李　建[1]　沈胡平[1]

1. 陶氏化学（中国）投资有限公司　上海　201203

摘　要　研究了填料、纤维素醚、淀粉醚等外加剂对嵌缝石膏浆体状态的影响。结果表明：选择合适种类和粒度分布的纤维素醚对避免嵌缝石膏浆体搅拌过程中产生结团并获得良好的浆体表面状态至关重要。掺加一定比例细度合适的无机填料、聚羧酸类外加剂有助于改善搅拌性能和浆体表面状态。添加淀粉醚能够增加稠度，但对浆体中结团和表面状态的影响小。

关键词　嵌缝石膏；结团；搅拌；纤维素醚；外加剂

The Influence of Fillers and Additives on the State of Joint Compound Paste

Jian Li[1]　Huping Shen[1]

1. Dow Chemical (China) Investment Co. Ltd.　Shanghai　201203

Abstract　The influence of fillers and polymer additives including cellulose ethers, starch ethers and several other commonly used functional additives on the state of gypsum joint compound pastes is studied. Test results show that the right choice of cellulose ethers is of vital importance to avoiding lump formation and obtaining creamy paste state. At the same time, both the addition of inorganic fillers with suitable particle size and the addition of polycarboxylate ether or carboxylate polyelectrolyte can help to improve mixing performance and paste state. The addition of starch ether only increases the paste consistency but has negligible effect on reducing lump formation or improving surface smoothness.

Keywords　Joint compound; Lump formation; Mixing; Cellulose ether; Additives

引言

近年来，石膏基砂浆凭借其轻质、早强、速干、生态友好、舒适度高等[1]优异特性逐渐成为国内流行的砂浆应用。典型的石膏基砂浆包括石膏基抹灰砂浆、石膏基自流平砂浆和嵌缝石膏。其中，石膏基抹灰砂浆是目前国内最大的特种砂浆应用之一。石膏基自流平砂浆大量应用于地面找平或回填材料。石膏板嵌缝料主要用于填充石膏板之间形成的缝隙，从而形成整体平整的表面。基于产品的供应形式，石膏板用嵌缝料主要分为两种，即膏状产品和干混型粉状产品。膏状产品主要由无机填料、纤维素醚和其他聚合物助剂构成，干燥后产生强度。由于其组成中不存在无机胶凝材料，

第一作者简介：李建，男，江苏南京人，博士，现就职于陶氏公司建筑用化学品部门研发部。邮箱：jli@dow.com。

因此也称为干燥型嵌缝膏。在一些英联邦国家如澳大利亚，以及美国等地区此类嵌缝膏得到较多的应用。粉状嵌缝料（也称嵌缝石膏）主要由半水石膏、无机填料、缓凝剂、纤维素醚和其他聚合物功能助剂组成。由于石膏为气硬性材料，因此此类产品也称为凝结型嵌缝膏。嵌缝石膏在亚太区的国家如印度尼西亚、泰国应用较多。在国内，干混型石膏基嵌缝料在市场上占主导。与前两类石膏基砂浆应用相比，嵌缝石膏由于其应用面积小，总体用量要小得多。然而，由于室内建筑装修中石膏板的大量应用，嵌缝石膏仍然是一种重要的石膏应用。

对嵌缝石膏的技术要求包括易于与水搅拌混合、混合后无结块、膏体光滑、光泽好、施工性好，同时具有良好的力学性能。已有的文献较多关注石膏砂浆凝结时间、保水性能、抗压、抗折强度等的研究[2-3]，与水混合的性能以及混合后的浆体状态的影响因素的研究并未得到重视。然而，实际应用时，嵌缝石膏中时常会发生结团、浆体状态不理想的问题。影响施工性和工人的施工效率，甚至最终的施工效果。因此，如何合理地调整配方组分获得高效的搅拌效率，达到理想的浆体状态，同时避免产生结团尤为重要。陶氏公司已有的研究[4]表明，通过合理设计纤维素醚的形貌、改变颗粒长径比能够有效地缓解或消除搅拌过程中形成结团的情况。基于此研究发现，陶氏公司开发出了石膏用 WALOCEL™ XTRA 羟乙基甲基纤维素系列产品。然而，除纤维素醚的形貌以外，其他可能影响搅拌效果和浆体状态的因素研究缺乏，有待进一步丰富和深入。

本文聚焦嵌缝石膏与水的拌和性能、浆体的状态，研究了包括无机填料的细度和添加比例，纤维素醚的选择和细度变化，淀粉醚和其他几种功能性助剂对其影响。希望本研究为配方开发实践中改进嵌缝石膏性能提供有价值的参考。

1　材料与方法

1.1　试验原材料

石膏：β 型天然半水石膏，市售。

碳酸钙：200 目和 325 目细度，市售。

缓凝剂：采用 SICIT 公司生产的 PLASTRETARD PE 缓凝剂，微黄色粉末，胶原蛋白降解氨基酸类钙盐。

纤维素醚：采用不同黏度和改性的 HEMC（羟乙基甲基纤维素）所有 HEMC 均由陶氏公司生产，具有相似的取代程度，基本参数见表 1。

其他助剂：采用其他几种常见的功能助剂，助剂基本信息和化学组成见表 2。

表 1　试验用纤维素醚的基本信息

产品名称	生产商	典型黏度（mPa·s，2%溶液，Haake）	改性
HEMC-1	DOW	40000	是
HEMC-2	DOW	40000	否
HEMC-3	DOW	20000	是
HEMC-4	DOW	20000	是

表 2　其他助剂的基本信息

产品名称	生产商	主要化学组成
CASUCOL 301	AVEBE	淀粉醚
OROTAN™ 731DP	DOW	聚羧酸盐
MELFLUX 2651F	BASF	改性聚羧酸醚
BEROLAN LP-50	BEROLAN	十二烷基硫酸钠

试验中所采用的配方见表 3。除特别指出外，配方中均采用 325 目碳酸钙。试验时，固定石膏

和碳酸钙（若添加）的比列总和为100%。添加剂采用外掺形式加入。

表3 测试用嵌缝石膏配方组成 %

组分	比例（质量比）
β型半水石膏	66～100
碳酸钙	0～34
纤维素醚	0.35
缓凝剂	0.015

1.2 试验方法

将所有干粉原材料均匀混合，然后加入水中进行拌和。具体搅拌流程如下：

（1）称取200g水放入500ml塑料杯中。

（2）称取360g嵌缝石膏均匀撒入水中。

（3）静置60s，让水自然润湿粉末。

（4）用工具刀手动搅拌粉末，分别搅拌30s和60s后，观察并记录嵌缝石膏的浆体状态。

测试中，记录和对比浆体中的结团状况、浆体表面的光滑程程度、纹理状况和光泽。

2 结果与讨论

2.1 无机填料对嵌缝石膏浆体的影响

采用200目和325目两种细度的碳酸钙，使用不掺碳酸钙和加入34%碳酸钙的两种配方进行测试。配方中使用HEMC-1，测试结果如图1所示。

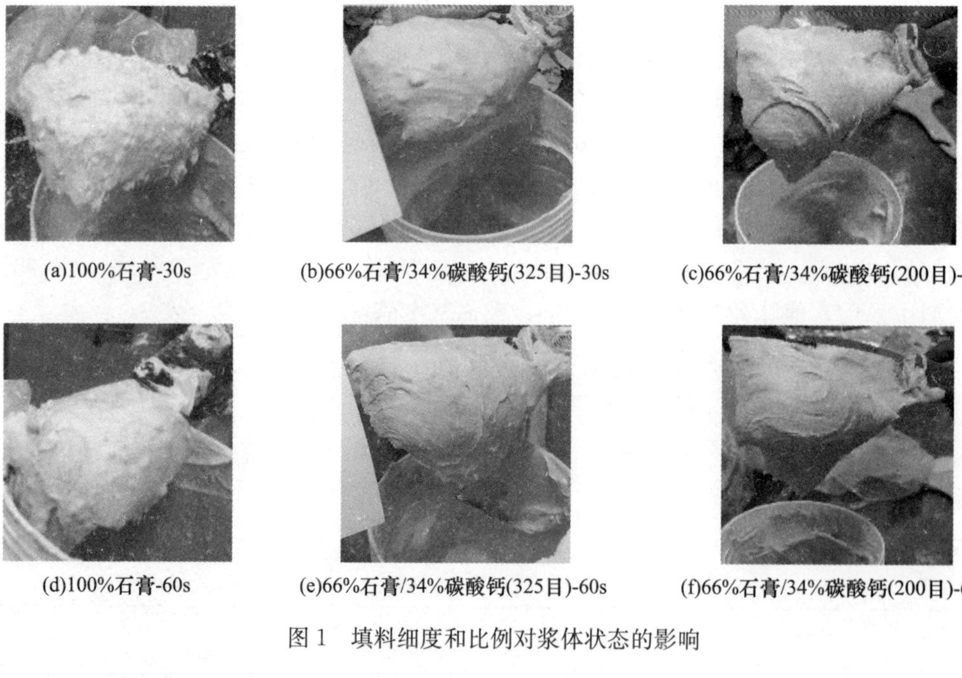

(a)100%石膏-30s (b)66%石膏/34%碳酸钙(325目)-30s (c)66%石膏/34%碳酸钙(200目)-30s

(d)100%石膏-60s (e)66%石膏/34%碳酸钙(325目)-60s (f)66%石膏/34%碳酸钙(200目)-60s

图1 填料细度和比例对浆体状态的影响

图1（a）为石膏含量100%的配方搅拌30s后的结果。测试中，粉末与水混合较困难。可以看出，浆体存在大量的未搅拌开的团块，表面较为粗糙，颗粒感强，光泽一般。搅拌60s后［图1（d）］，浆体中的团块显著减少，但仍然可以明显地观察到十个以上团块的存在。在配方中加入325目碳酸钙，设定石膏与碳酸钙粉末的比例为66∶34进行测试，搅拌30s后的结果如图1（b）所示。搅拌时，粉末与水的混合较纯石膏时更为容易。浆体中的团块情况较纯石膏配方搅拌时的结果有所改善，与其搅拌60s时的结果较为相似，然而表面的光滑度则略差，颗粒感更强。搅拌60s以后

[图 1（e）]，浆体中仅剩下数个团块，同样较纯石膏时效果更优，然而光滑度仍然稍差。进一步调整碳酸钙的细度至 200 目，保持石膏与碳酸钙的比例不变进行测试。经过 30s 搅拌后，结果如图 1（c）所示。可以看到，浆体中几乎没有结块的存在，这一点较前两个配方均有显著改善。搅拌 60s 后［图 1（f）］，团块完全消失。然而，仔细观察该配方的表面，可以看到仍然存在问题。该配方浆体看起来光滑度差，有很强的颗粒和纹理感。

总结以上测试结果可以发现：（1）石膏含量越高，搅拌时产生的结团越多。为了减少搅拌中的结团，在确保力学性能的基础上优选更低石膏用量；（2）较粗的碳酸钙粉有助于减少搅拌过程中结团现象的产生。然而，在测试的配方体系中，存在表面不光滑、颗粒感明显的问题。为了满足实际应用需求，需要进行进一步优化改良。考虑到碳酸钙的掺入有利于减少结团的产生，以下所有测试将采用石膏与碳酸钙粉末的比例为 66：34 的配方进行测试，碳酸钙细度为 325 目。

2.2 纤维素醚对嵌缝石膏浆体的影响

纤维素醚是嵌缝石膏中必要的添加剂，能够起到保水、增稠和改善施工性的作用。不同牌号的纤维素醚由于基本参数的不同，性能上存在显著差异。因此，采用四种不同牌号的 WALOCEL™羟乙基甲基纤维素产品测试其影响，结果如图 2 所示。

(a)HEMC-1-30s　(b)HEMC-2-30s　(c)HEMC-3-30s　(d)HEMC-4-30s

(e)HEMC-1-60s　(f)HEMC-2-60s　(g)HEMC-3-60s　(h)HEMC-4-60s

图 2　纤维素醚的种类对浆体状态的影响

由图 2 可以看出，掺加不同种类的 HEMC 时，嵌缝石膏浆体状态结果差异显著。对于黏度较高的两个牌号（HEMC-1 和 HEMC-2），无论是经过 30s 搅拌还是 60s 搅拌后，掺有 HEMC-2 的浆体结团情况均较参照掺入 HEMC-1 时更差。同时，可以观察到，掺入 HEMC-2 时浆体除结团外较为光滑，光泽更好。这可能由两个原因所致：（1）测试中，采用固定加水量的方法。由于 HEMC-2 为未改性产品，其需水量小。这一点，从搅拌 60s 后浆体更为明显的垂挂也可以看出。因而在相同加水量时，其表面更容易形成光亮的水膜。（2）不合适的改性影响表面的光滑程度。

掺有 HEMC-3 的嵌缝石膏浆体状态见图 2（c）和图 2（g）。其表面看起来较为光亮，然而其增稠效果同样较 HEMC-1 差。同时，浆体中结团情况更为严重。该结果表明，不同改性产品对浆体表面状态和稠度的影响差异显著。掺有 HEMC-4 的嵌缝膏状态最佳。经过 30s 搅拌后［图 2（d）］，浆体中几乎没有发现团块，优于其余三个纤维素醚产品。同时，其浆体状态较为光滑细腻，并无 HEMC-1 的表面的颗粒感。延长搅拌时间为 60s 后，浆体的状态更加细腻和光滑，能够完全满足施工需求。

这表明在其他组分相同的情况下，仅仅通过选取合适参数的纤维素醚产品，就可以显著提升嵌缝石膏的搅拌状态。短时间搅拌能够完全避免团块产生，能够获得细腻、有光泽的嵌缝石膏产品。

2.3 纤维素醚粒径对嵌缝石膏浆体的影响

基于 HEMC-1，设计了粒径粗细程度不同的四组产品，包括标准粒径、较粗粒径、粗粒径和极粗粒径。为观察纤维素醚粒径的变化对于搅拌和浆体状态的影响，进行相关测试。测试结果如图 3 所示，从左到右，所掺入的纤维素醚越来越粗。

由图 3（b）可以看出，当纤维素醚颗较粗时，手工搅拌 30s 后仍然能够观察能到少量结块，但延长搅拌时间至 60s 后，浆体中不再有结团［图 3（f）］。随着产品的细度变得更粗，嵌缝石膏与水混合的性能逐渐变得容易。当纤维素醚颗粒极粗时，粉末与水混合 30s 后未形成结团［图（d）］。同时可以观察到，石膏嵌缝膏搅拌后表面均不光滑，有很强的颗粒感，其程度与颗粒粗细正相关，即纤维素醚粗颗粒越多，表面越粗糙。这主要是由于粗颗粒的纤维素醚溶解缓慢，搅拌后这些未完全溶解的颗粒在浆体表面形成粗糙的状态。

这表明纤维素醚的颗粒较粗时，有利于嵌缝膏粉末与水的搅拌混合，获得没有结团的浆体。然而，此种思路可能存在两个问题：（1）过粗的纤维素醚颗粒可能导致浆体表面纹理或颗粒感的出现或加深，影响实际表面效果。（2）纤维素醚的保水性与其颗粒粗细度有着极强的相关性。过粗的纤维素醚产品溶解较慢，会导致其保水性变差，因而影响实际使用效果。

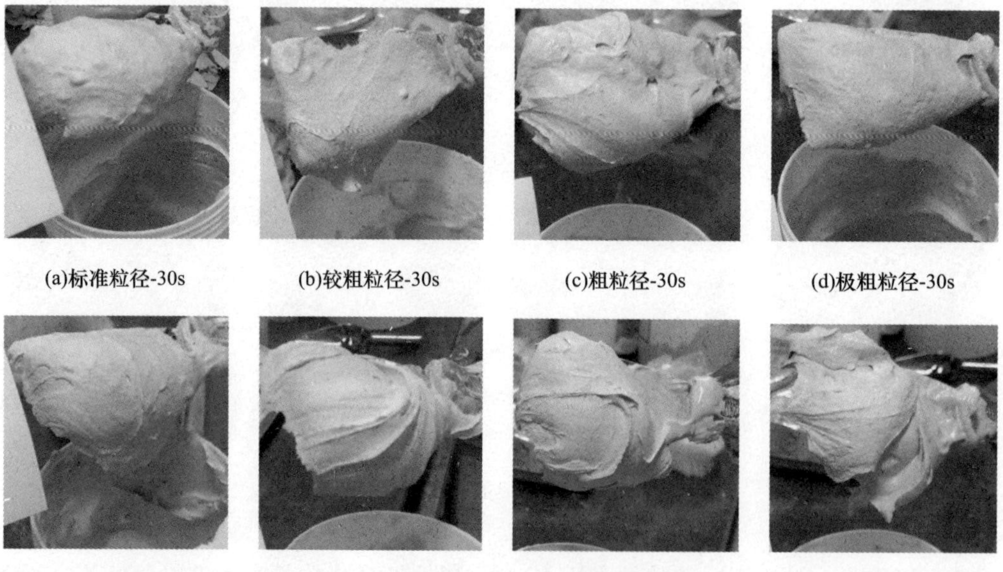

(a)标准粒径-30s (b)较粗粒径-30s (c)粗粒径-30s (d)极粗粒径-30s

(e)标准粒径-60s (f)较粗粒径-60s (g)粗粒径-60s (h)极粗粒径-60s

图 3 纤维素醚细度对砂浆状态的影响

2.4 淀粉醚对嵌缝石膏浆体的影响

淀粉醚是一种常用的流变和施工性能调节助剂，用于改变砂浆的施工性能。淀粉醚由来源于植物中的淀粉经过醚化生产而成。其黏度远小于纤维素醚，与纤维素醚具有一定的协同作用。淀粉醚与纤维素醚的增稠机理有所不同，前者增强体系中的水相，使孔液黏度增加[5-6]，而后者则通过增强颗粒间的相互作用起到增稠作用[7-8]。另外，并非所有淀粉醚都适用于 pH 值为中性的砂浆体系[8]，如石膏体系。试验中，用淀粉醚部分替代纤维素醚，观察其对浆体状态的影响。试验中使用的淀粉醚为 CASUCOL 301，该牌号淀粉醚同时适合在石膏基和水泥基砂浆中使用。所用纤维素醚为未改性的 HEMC-2。试验结果如图 4 所示。

从图 4 可以看出，加入淀粉醚后，嵌缝石膏浆体的稠度较未加入时更稠，表面的光滑和细腻程度仅存在轻微的差别。然而，加入淀粉醚后，浆体中的结团现象并无明显改善。搅拌 30s 后浆体中仍然存在较多的团块，如图 4（b）所示。混合 60s 后仍可观察少量的团块［图 4（d）］。该测试表明，尽管淀粉醚的黏度较小且增稠机理与纤维素醚不同，掺入淀粉醚无助于减少结块，这可能与其在体系中的掺量过低有关。然而，淀粉醚有助于改善增稠性，且不会对膏体光滑度产生明显的负面影响。

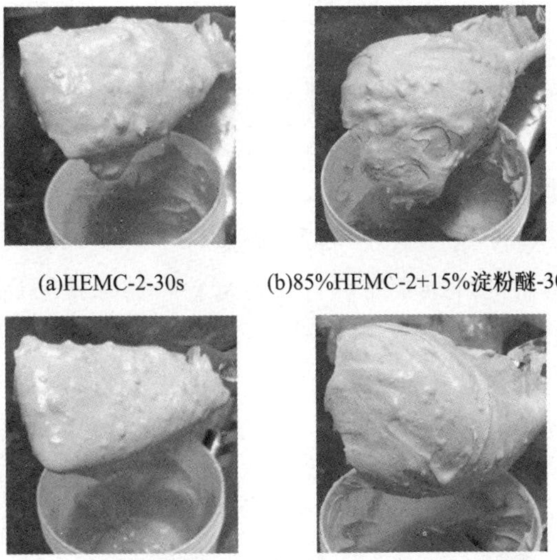

(a)HEMC-2-30s　(b)85%HEMC-2+15%淀粉醚-30s

(c)HEMC-2-60s　(d)85%HEMC-2+15%淀粉醚-60s

图 4　淀粉醚对浆体状态的影响

2.5　其他助剂对嵌缝石膏浆体的影响

表面活性剂由于同时具有亲水和疏水基团，具有一定的分散作用，可能有助于粉末颗粒分散。考虑到一些常用的功能助剂具有一定的表面活性，因此选取了其中三种典型的产品，包括 MELFLUX 2651F、OROTAN™ 731DP 分散剂和 BEROLAN LP-50，分别用作高性能减水剂、润湿分散剂和引气剂。观察加入它们是否有助于提高搅拌性能。试验中，三者的掺量分别为 0.2%、0.2%和 0.05%，配方中使用 HEMC-1。测试结果如图 5 所示。

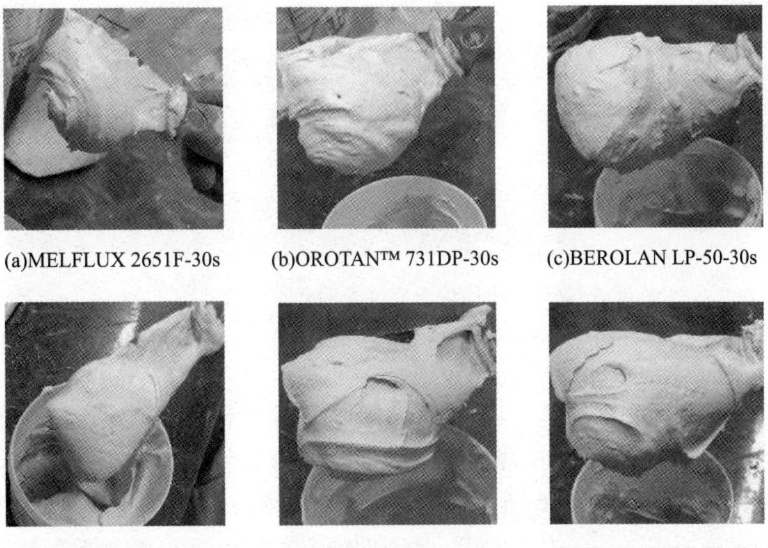

(a)MELFLUX 2651F-30s　(b)OROTAN™ 731DP-30s　(c)BEROLAN LP-50-30s

(d)MELFLUX 2651F-60s　(e)OROTAN™ 731DP-60s　(f)BEROLAN LP-50-60s

图 5　其他功能助剂对浆体状态的影响

由图 5 可以看出，对于结团减少的效果从高到低分别为 2651F、731DP 和 LP-50。经过 30s 的搅拌以后，添加 2651F 和 731DP 的浆体中均无明显的团块。LP 50 的主要成分为十二烷基硫酸钠，是一种典型的表面活性剂，具有引气、乳化、湿润和分散等性质。然而，添加 LP-50 时，浆体中仍然存在较多的团块，无显著改善。三个样品表面颗粒感均较为明显，光滑度较差。经过 60s 搅拌以后，可以观察到一定的变化。添加 2651F 浆体的稠度降低得较多，浆体变得更易于流挂，同时浆体表面变得相对光滑。这些变化可能是由于 2651F 为聚羧酸醚类减水剂，具有较强的减水作用所致。相比而言，731DP 对浆体的稠度的影响有限，搅拌 60s 后浆体稠度与 30s 时接近，浆体状态亦无明显改观，颗粒感仍然明显。添加 LP-50 时，浆体中不再有团块。然而，表面颗粒感依然明显。

2.6 讨论

陶氏公司在开发石膏基 HEMC 系列产品时，对石膏基砂浆浆体中团块的形成过程进行了研究，将其形成分为四个阶段，如图 6 所示。图 6 中黄色表示纤维素醚颗粒，暗蓝色表示半水石膏颗粒，蓝色表示水，绿色则为开始溶解的纤维素醚颗粒。石膏粉料与水接触后（Ⅱ），粉料中的纤维素醚（特别是细颗粒的部分）开始快速溶解，使粉料间的水变得黏稠（Ⅲ），黏稠的液体难以进入石膏颗粒之间的孔隙润湿石膏颗粒。在搅拌过程中，这些未润湿的石膏颗粒处于内部，外层已经润湿，水分无法进入内部，因此形成团块（Ⅳ）。如果在与水最初接触的一段时间内减缓纤维素醚的溶解速度，使水有机会进入石膏颗粒之间的间隙并润湿它们，就可以有效地避免结块的形成。因此，任何可以减缓纤维素醚溶解的方法都会有所帮助。粗颗粒的纤维素醚比细颗粒产品溶解得慢，使水分得以浸润石膏粉末。因此，在本测试中发现，当使用粗颗粒 HEMC 时，可以获得令人满意的混合性能并减少结团。

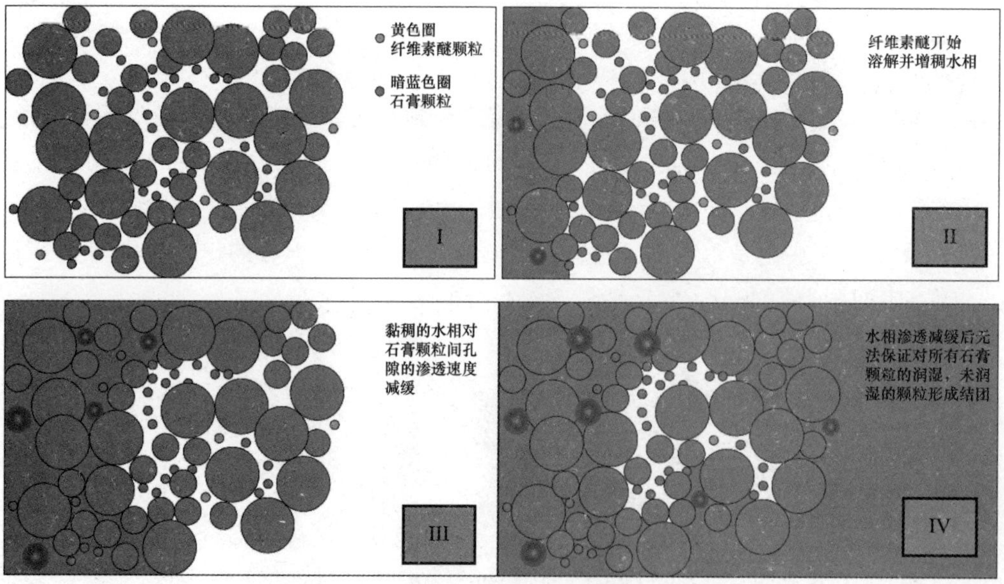

图 6　石膏砂浆中团块形成过程示意图

扫码查看左图

试验中发现，添加聚羧酸类助剂能够在一定程度上改善搅拌中的结团，这与该类助剂在石膏粉末表面的吸附有关。聚羧酸类产品可以吸附在无机颗粒表面使颗粒间产生空间位阻，因而具有很强的分散和减水效果。Zhi 等[9]研究了聚羧酸系减水剂和羟丙基甲基纤维素（HPMC）对石膏颗粒的吸附，认为 HPMC 通过氢键作用吸附在石膏颗粒表面，阻碍石膏颗粒之间的分散。这一发现揭示结团产生的另一种可能原因。该研究还发现，两种助剂存在竞争吸附的关系。其中，聚羧酸系的吸附能力更强，同时加入时在吸附中占据优势。本试验中所采用的 HEMC 与 HPMC 具有相似的性质，因而作用可能相似。在 HEMC 和聚羧酸醚或盐的混合体系中，后两者仍然能够发挥吸附和空间位阻的作用，从而减少结团的形成。

另外，在本试验中发现，碳酸钙的加入，特别是其颗粒相对较粗时，能够在一定程度上减少搅拌后结团的形成。解释该现象形成的原因，需要将碳酸钙粉与石膏进行比较，了解它们之间的区别。首先，碳酸钙粉末的比表面积较石膏小得多。碳酸钙粉末的比表面积值通常在 $1m^2/g$ 左右[10]，而β半石膏的比表面积值则高出数倍，典型值为 $8.2m^2/g$[11]。因此，碳酸钙粉末与水混合时更容易分散。在实际应用中可以观察到在以碳酸钙粉末为主要填料的腻子应用中发生结团的现象要少得多，在石膏类产品中却经常发生。同时，碳酸钙比石膏更硬。石膏的莫氏硬度为 2，方解石的硬度为 3。当配方中加入较粗的碳酸钙粉末时，较大且更硬的碳酸钙在嵌缝料与水搅拌时有助于破碎石膏粉末形成的团块。如果碳酸钙粉末的颗粒比较小，其“破碎效果”就会下降。从欧洲和中国石膏基抹灰砂浆的差异中也可以观察到这一现象。在欧洲，石膏基抹灰应用配方中通常不添加砂子，因而搅拌时易于形成团块，机喷时由于搅拌时间较短，情况更为严重。与此不同，在中国，石膏基抹灰通常被用作厚层找平打底砂浆，抹灰完成后仍然会采用腻子找平。因此，石膏基抹灰配方中会使用更粗的砂作为填料。较大且更硬的砂粒有助于打破搅拌过程中可能形成的任何石膏粉结块。因此，国内抹灰石膏应用中出现结块现象的情况较少。基于以上讨论，很容易理解，较低含量的石膏和较粗的碳酸钙粉末的组合会产生更好的搅拌性能。然而，过粗的碳酸钙粉末可能导致浆体表面的状态细腻度差，甚至产生纹理。因此，需要确保合适的掺量和细度。同时，加入合适的纤维素醚进行组合，可以在颗粒略粗的情况下仍然获得较好的效果。

结论

本文研究了填料、纤维素醚、淀粉醚等外加剂对嵌缝石膏浆体搅拌性能及搅拌后的浆体状态的影响，研究的主要结论概括如下：

（1）无机填料的细度和比例对搅拌中的结团现象有显著影响，采用碳酸钙部分替代半水石膏粉末能够有效地降低搅拌中的结团。碳酸钙越粗，效果越为显著。同时，过粗的碳酸钙会导致浆体表面状态变差。

（2）纤维素醚的选择对浆体的搅拌及搅拌后的状态影响显著，选取经过形貌设计和特殊流变改性的产品可使嵌缝石膏具有优异的搅拌性能。经过 30s 手工搅拌以后即可获得良好状态的浆体。同时，纤维素醚的颗粒粗细对结团现象影响显著，颗粒越粗，结团越不明显。然而，过粗的纤维素醚颗粒会导致表面状态粗糙。

（3）掺入淀粉醚无助于减少搅拌过程中的结块，但会使浆体具有更好的稠度，同时能够保持较好的表面光泽。

（4）添加部分具有表面活性的聚合物助剂有助于减少搅拌中的结团形成。聚羧酸类的助剂效果相对较好，然而改性聚羧酸醚对浆体稠度影响大，需要加以注意。

总体而言，嵌缝石膏的搅拌性能和搅拌后的状态受到包括纤维素醚的选择在内的多种组分的影响。在产品设计和开发时需要综合考虑这些因素，基于自身条件进行优化和调整。

参考文献

[1] LUSHNIKOVA N，DVORKIN L. Sustainability of Construction Material S（2nd Edition）[M]. 2016. Woodhead Publishing.

[2] 钱红萍，吴开胜，杨江金．嵌缝石膏的研制与应用［J］．新型建筑材料，2012，6（30）：48-50，73.

[3] 徐建军，丁常正，赵大军．用脱硫石膏配制嵌缝石膏的研究［J］．新型建筑材料，2021，1（48）：52-53，92.

[4] 李建，张量，NEUBAUER J. 减少石膏机喷抹灰结团的新型 HEMC 纤维素醚的开发［C］//第六届全国商品砂浆学术交流会论文集．济南：中国建材工业出版社，2015.

[5] BRUMAUD C, BESSAIES-BEY H, MOHLER C, et al. Cellulose ethers and water retention [J/OL]. Cement and Concrete Research, 2013, 53: 176-184.

[6] HOT J, BESSAIES-BEY H, BRUMAUD C, et al. Adsorbing polymers and viscosity of cement pastes [J/OL]. Cement and Concrete Research, 2014, 63: 12-19.

[7] IZAGUIRRE A, LANAS J, ÁLVAREZ J I. Behaviour of a starch as a viscosity modifier for aerial lime-based mortars [J/OL]. Carbohydrate Polymers, 2010, 80 (1): 222-228.

[8] GLATTHOR A. Performance of Starch Ethers in Drymix Mortars[OL]. https://www.researchgate.net/publication/310974984_Performance_of_Starch_Ethers_in_Drymix_Mortars? enrichId=rgreq-d347a540f8173b836c8c6bc765880464-XXX&enrich Source=Y292ZXJQYWdlOzMxMDk3NDk4NDtBUzo0MzMzMzM5NDAyOTc3MjlAMTQ4MDMyNjI3MDEyOQ%3D%3D&el=1_x_2&_esc=publication Cover Pdf.

[9] ZHI Z, MA B, TAN H, et al. Effect of Competitive Adsorption between Polycarboxylate Superplasticizer and Hydroxypropylmethyl Cellulose on Rheology of Gypsum Paste [J/OL]. Journal of Materials in Civil Engineering, 2018, 30 (7): 04018141.

[10] 张德，杨海涛，沈上越．轻质碳酸钙与重质碳酸钙比较［J］．非金属矿，2001（S1）：27-28，51.

[11] 杨国钧，郭泰民．α半水石膏及其在陶瓷模具中的应用［J］．陶瓷研究，1991（4）：169-177.

灰钙对磷石膏抹灰砂浆性能的影响

王　颖[1]　张　乐[1]　陈建国[1]
1. 上海尚南新材料有限公司　上海　200233

摘　要　磷石膏作为大宗工业固体废弃物，其资源化利用一直受到广泛的关注。本文探究了不同掺量灰钙对磷石膏抹灰砂浆的工作性能和力学性能的影响规律。结果表明，磷石膏抹灰砂浆的需水量、涂布率总体随着灰钙掺量的增加呈现先提高后降低的趋势，而抗压强度和保水率随着灰钙掺量的增加先降低后提高。灰钙能改善磷石膏抹灰的抗流挂性，并影响缓凝剂的缓凝效果。当掺加灰钙时，磷石膏抹灰砂浆宜使用凝结时间与掺量呈现良好线性关系的缓凝剂。

关键词　磷石膏；灰钙；抹灰砂浆；需水量；凝结时间

Influences of Hydrated Lime on the Properties of Phosphogypsum Plaster

Ying Wang[1]　Le Zhang[1]　Jianguo Chen[1]
1. Shanghai Greenchem New Materials Co., Ltd.　Shanghai　200233

Abstract　As a bulk industrial solid waste, phosphogypsum has always received widespread attention for its resource utilization. The workability and mechanical properties of phosphogypsum plaster added with different amounts of hydrated lime were studied. The results showed that the water demand and coating rate of phosphogypsum plaster generally showed a tendency of first increasing and then decreasing with the increase of hydrated lime. In contrary, the strength and water retention rate of phosphogypsum plaster were decreasing first and then increasing. Hydrated lime was able to improve the sagging resistance of phosphogypsum plaster, and influence the retarding effect of retarders. For phosphogypsum plaster containing hydrated lime, it is advisable to use a retarder with a good linear relationship between setting time and dosage.

Keywords　Phosphogypsum; Hydrated lime; Plaster mortar; Water demand; Setting time

引言

磷石膏是湿法生产磷酸的副产物，每生产1t磷酸，大约会生成5t左右的磷石膏[1]。大量磷石膏的排放、堆存对土壤、水体、大气造成了污染，对磷石膏进行资源化利用已成为近年的热点。通过对磷石膏除杂、煅烧，将磷石膏转化为磷建筑石膏，再用磷建筑石膏生产石膏抹灰砂浆用于内墙粉刷找平，是一种有效的利用途径。钱中秋等[2]对湖北、山东等地的磷石膏样品进行处理和煅烧后

第一作者简介：王颖（1986—　），男，技术经理，主要从事干粉砂浆添加剂相关研究。E-mail：wangying@greenchem.cn

得到了磷建筑石膏粉，利用磷建筑石膏粉制得的轻质抹灰石膏各项性能均满足要求。罗通等[3]观察了不同表面活性剂对磷石膏抹灰性能的影响，认为在磷石膏抹灰砂浆中引入气泡量过多时，破碎的玻化微珠会导致大气泡破裂，使砂浆体积密度及强度大幅下降。刘睿智等[4]认为除厨房、卫生间等用水房间均可使用磷石膏抹灰砂浆，机械喷涂的磷石膏抹灰面积可占户内总抹灰面积45%～55%，在节能、绿色环保等方面有着重要意义。

磷石膏往往含有可溶磷、共晶磷、氟化物等杂质，对石膏抹灰的性能造成一定负面影响。实践中，人们往往向石膏抹灰中加入一定量灰钙，一方面改善由于各种杂质导致的开裂倾向，另一方面将抹灰酸碱性调至碱性，避免酸性材料对建筑物的腐蚀损害。本文初步探讨了不同掺量灰钙对磷石膏抹灰砂浆基本性能的影响，以期为磷石膏的资源化利用提供有益的参考。

1 材料与方法

1.1 试验原材料

（1）磷建筑石膏：山东寿光大吴化工有限公司生产，细度300目，标准稠度用水量58%，初凝时间8min，终凝时间13min，2h抗折强度3.0MPa，2h抗压强度6.7MPa。

（2）轻集料：50～70目气炉玻化微珠，信阳光友矿业有限公司生产，松散堆积密度120.9g/L。

（3）重钙粉：细度325目，河北科旭建材有限公司生产。

（4）纤维素醚：SK 4700，北方天普纤维素有限公司生产。

（5）淀粉醚：EXCELCON A850，泰国斯美思（SMS）集团生产。

（6）引气剂：迈姆凯AE 20，上海尚南新材料有限公司生产。

（7）无机触变剂：Min-U-Gel 300凹凸棒土，美国艾狄孚国际矿业（AMI）有限公司生产。

（8）缓凝剂：迈姆凯2090P，上海尚南新材料有限公司生产；氨基酸类复合缓凝剂1，市售；蛋白类缓凝剂2，市售。

（9）灰钙：纯度≥95%氢氧化钙，细度400目，无锡市亚泰联合化工有限公司生产。

1.2 试验配比

磷建筑石膏720，玻化微珠80，重钙配平至1000，纤维素醚1.9，淀粉醚0.5，引气剂0.1，无机触变剂2，灰钙掺量按0.5‰、10‰、15‰、20‰梯度逐次增加，重钙则按相应量逐次减小。缓凝剂对比以外的试验，缓凝剂均用2090P，每组掺量均调节至磷石膏抹灰初凝时间为（120±10）min。

1.3 试验方法

（1）需水量（标准扩散度用水量）、强度、保水率、凝结时间、pH值均按GB/T 28627—2023《抹灰石膏》的规定测试。

（2）涂布率为每1t抹灰粉料，批刮厚度为1cm时抹灰浆体所能涂覆的面积（m^2），计算公式为涂布率=100×（1+需水量）/浆体质量（g）。

（3）抗流挂性按文献方法[5]使用半圆柱形试模测试，抹灰浆体流挂距离越短则抗流挂性越好。

2 结果与分析

2.1 灰钙对磷石膏抹灰需水量的影响

图1为灰钙掺量对磷石膏抹灰砂浆标准扩散度用水量的影响。从图1可以看出，随着灰钙掺量的增加，磷石膏抹灰的标准扩散度需水量呈先增加后减少的趋势，灰钙掺量在5‰时需水量最大，掺量达到15‰以上时需水量基本不变。一般来说，砂浆颗粒越细或水化反应越快，则需水量越大。试验所用灰钙细度在400目以上，高于石膏粉、玻化微珠和重钙，加入体系后使粉料整体变细，完全润湿粉料需要更多的水分，需水量提高。随着灰钙掺量的增加，加水初始阶段水中钙离子由灰钙贡献的占比增大，同离子效应导致石膏的溶解、水化变慢。该现象占主导时，需水量降低。

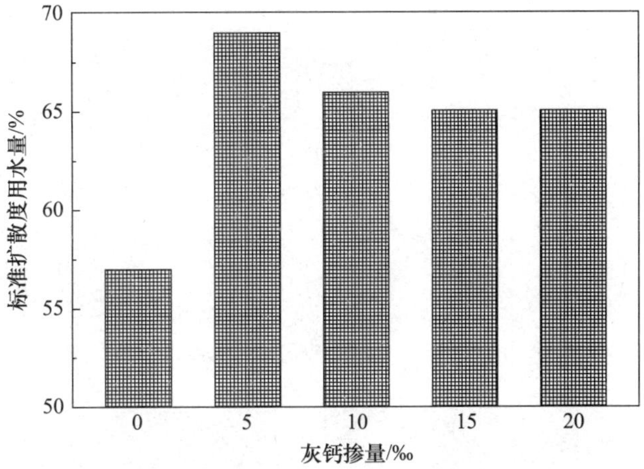

图 1　不同灰钙掺量下磷石膏抹灰砂浆的标准扩散度用水量

2.2　灰钙对磷石膏抹灰涂布率的影响

图 2 为灰钙掺量对磷石膏抹灰砂浆涂布率的影响。从图 2 可以看出，灰钙掺量从 0‰增加到 20‰，磷石膏抹灰浆体涂布率呈先提高后降低的趋势，与需水量变化大体一致。灰钙掺量在 5‰时涂布率最大，掺量达到 10‰以上时涂布率基本稳定。需水量的提高，意味着相同质量的抹灰粉体加水后有更大的浆体体积，从而在厚度固定时能涂覆更大的面积。

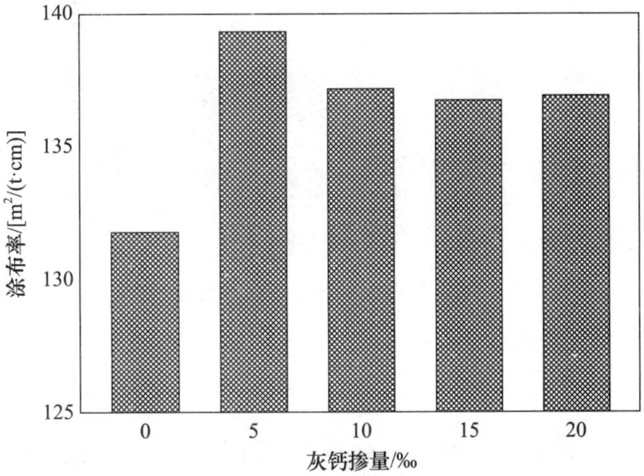

图 2　不同灰钙掺量下磷石膏抹灰砂浆的涂布率

2.3　灰钙对磷石膏抹灰强度的影响

图 3 为灰钙掺量对磷石膏抹灰砂浆力学性能的影响。从图 3 可以看出，随着灰钙掺量的增加，磷石膏抹灰的绝干抗压、抗折强度均为先降低后提高。灰钙掺量在 5‰左右时最低，与需水量变化趋势大致相反。需水量的提高意味着初始材料含水量增加，水分挥发后在材料内部留下的孔隙相应增多[6]，从而降低强度。灰钙掺量在 5‰时，抗折、抗压强度相对空白组降低均超过 60%，在实际生产中宜特别注意对强度影响显著的特定灰钙掺量。从图 3 还可以看出，无论灰钙掺量高低，磷石膏抹灰的压折比均在 2.7 左右波动，说明灰钙掺量的变化对压折比影响较小。

2.4　灰钙对磷石膏抹灰保水率的影响

图 4 为灰钙掺量对磷石膏抹灰砂浆保水率的影响。从图 4 可以看出，随着灰钙掺量的增加，磷石膏抹灰的保水率先降低后提高，也与需水量变化趋势大体相反。加水增多时，相同环境中浆体水分的蒸发往往更快，导致保水率降低。此外，所有加入灰钙的磷石膏抹灰，保水率均低于不加灰钙的空白组。因

此在磷石膏抹灰的实际生产中，在掺加了灰钙之后，宜使用高性能保水剂，以便保水率达到标准。

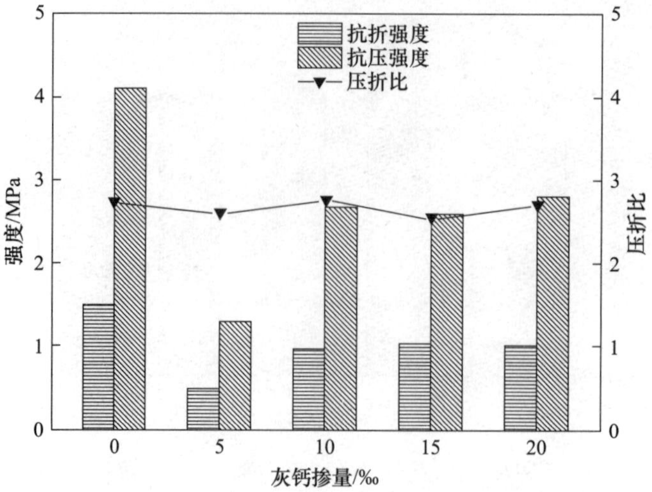

图 3　不同灰钙掺量下磷石膏抹灰砂浆的抗折、抗压强度

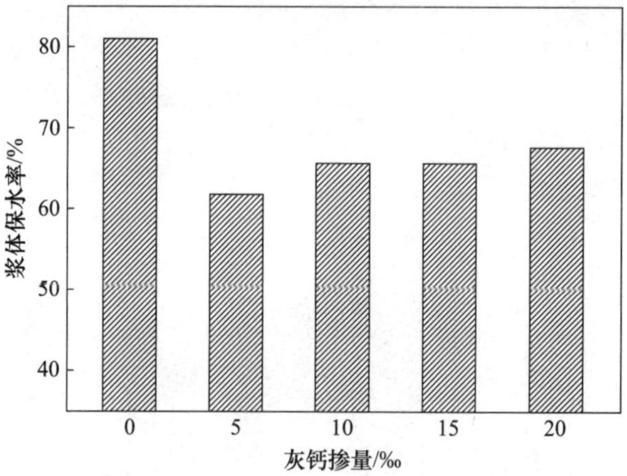

图 4　不同灰钙掺量下磷石膏抹灰砂浆的保水率

2.5　灰钙对磷石膏抹灰抗流挂性的影响

在实际应用时，工人为了方便搅拌，往往会向抹灰中过量加入拌合水，导致浆体上墙后流挂。经过预试验发现，本文所配灰钙掺量为0‰的磷石膏抹灰，在跳桌扩散度≥190mm时可能出现流挂现象。为便于讨论，各组抹灰加水量均调节至跳桌扩散度为（195±5）mm，见表1。各组抹灰按表1加水量调成浆体后测试抗流挂性，结果如图5所示。

由图5可以看出，灰钙能显著缩短磷石膏抹灰浆体的流挂距离，提高抗流挂性。一般来说，砂浆浆体颗粒能够产生微观上的联结，宏观上表现出一定的屈服应力，才能体现出抗流挂性。砂浆中实现该功能的一般是淀粉醚或黏土类触变剂，灰钙本身并不具备这样的功能。碱性环境中，淀粉醚分子内部发生电离，产生一定量的阴离子，负电荷同性相斥，使淀粉醚分子能充分伸展开来，在砂浆颗粒之间起到桥接效果[7]。结合表1可以看出，灰钙为浆体提供了碱性环境，从而使淀粉醚能更充分地发挥抗流挂效果。

表1　不同灰钙掺量磷石膏抹灰体系的需水量和pH值

灰钙掺量/‰	0	5	10	15	20
需水量/%	63	78	73	73	73
pH值	7.8	8.9	11.0	11.5	11.7

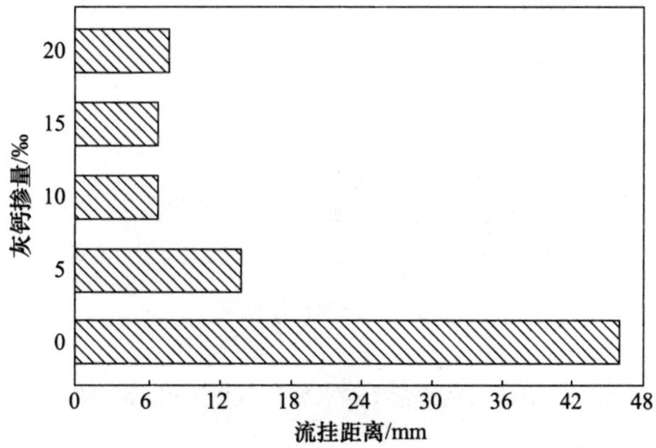

图 5　不同灰钙掺量下磷石膏抹灰砂浆的流挂距离

2.6　灰钙对磷石膏抹灰凝结时间的影响

图 6 为灰钙掺量对磷石膏抹灰砂浆初凝时间的影响。从图 6 可以看出，在各灰钙掺量下，添加 2090P 和市售 1 缓凝剂的磷石膏抹灰，初凝时间与掺量均呈良好的线性关系；而添加市售 2 缓凝剂的磷石膏抹灰，初凝时间与掺量的关系并非线性。随着灰钙掺量的提高，2090P 和市售 1 缓凝剂的缓凝效果有所减弱。市售 2 缓凝剂在灰钙 5‰时，凝结时间随掺量增加的猛增猛跳效应显著。施工实践中，一般要求抹灰的初凝时间控制在 120min 左右，凝结时间过短则不能满足施工时长，凝结时间过长则容易开裂、起粉。调节三种缓凝剂至磷石膏抹灰初凝时间为（120±10）min，具体掺量见表 2。

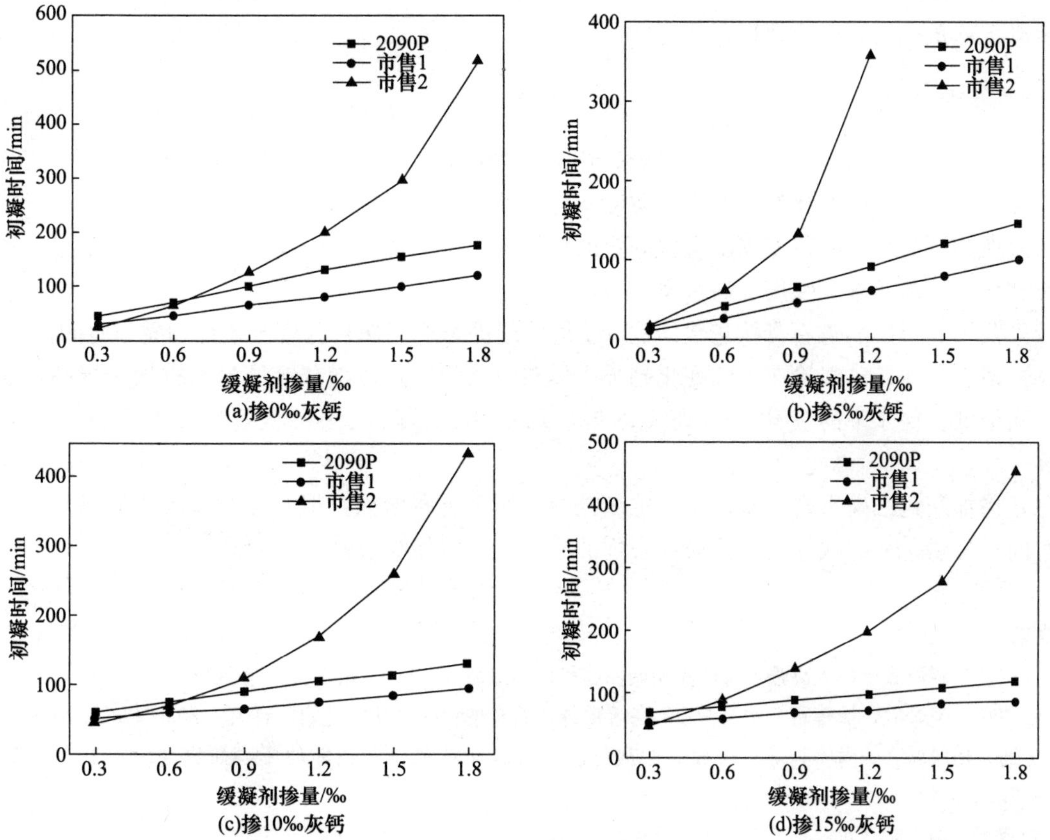

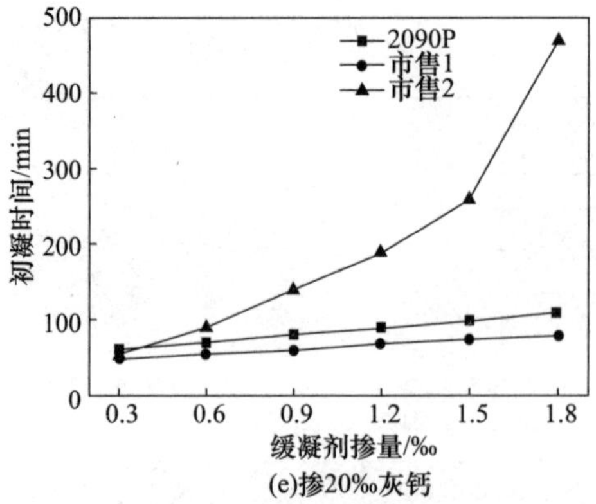

图 6　不同灰钙掺量下磷石膏抹灰砂浆的初凝时间

表 2　不同灰钙掺量磷石膏抹灰体系的缓凝剂的掺量 ‰

灰钙掺量	0	5	10	15	20
2090P	1.05	1.50	1.55	1.80	1.80
市售 1	1.80	2.45	2.55	2.90	3.05
市售 2	0.90	0.85	0.90	0.75	0.75

由表 2 可以看出，要使磷石膏抹灰初凝时间达到 120min 左右，市售 2 缓凝剂在各组磷石膏抹灰中掺量均为最低。但市售 2 缓凝剂存在猛增猛跳效应，尤其是灰钙 5 ‰时，猛跳临界点在掺量 0.90‰附近［图 6（b)］，离理想掺量 0.85‰（表 2）非常接近。在这种情况下，投料量稍有误差或石膏组分稍有变化，磷石膏抹灰凝结时间可能大幅变化，导致工程质量问题。2090P 虽然掺量高于市售 2 缓凝剂，但在各组磷石膏抹灰中凝结时间均无猛增猛跳现象，且相同掺量下缓凝效果优于市售 1 缓凝剂，是相对较优的选择。

结论

为了探索磷石膏固废资源化利用途径，用磷石膏煅烧得到的磷建筑石膏配制了轻质抹灰砂浆。本文探究了灰钙掺量的变化对磷石膏抹灰砂浆性能的影响，得到如下结论：

（1）在磷石膏抹灰砂浆基本配合比固定的前提下，灰钙通过影响磷石膏抹灰的需水量，可进一步影响到抹灰的涂布率、强度、保水率。

（2）灰钙通过影响磷石膏抹灰浆体的 pH 值，还可影响到抹灰的抗流挂性和凝结时间。

（3）磷石膏抹灰砂浆涂布率的变化趋势大体与需水量一致，随灰钙掺量的增加先提高，后稍有降低；而强度、保水率的变化趋势则大体与需水量相反，随灰钙掺量的增加先降低，继而稍有提高。

（4）掺加灰钙的磷石膏抹灰砂浆，抗流挂性总体上有所增强，但宜注意保水率的提高，并使用凝结时间—掺量呈良好线性关系且成本合理的缓凝剂，以使综合性能达到最优。

参考文献

［1］　卢文达．磷石膏制备α高强石膏的晶相调控与绿色制造研究［D］．武汉：武汉理工大学，2019.

［2］　钱中秋，吴开胜，徐建军．磷石膏粉制备轻质抹灰石膏的可行性研究［J］．砖瓦，2020（11)：86-87.

［3］　罗通，杨厚文，陈尚伟，等．表面活性剂对磷石膏轻质抹灰砂浆性能的影响研究［J］．新型建筑材料，2023，50（7)：28-32.

［4］　刘睿智，李忠鹏，龙令孝，等．机械喷涂在户内磷石膏抹灰的应用［J］．工程技术，2023，50（2)：91-93.

［5］　黄莉红，孙广荣，孙振平．改性淀粉醚对新拌砂浆相关性能的影响［J］．新型建筑材料，2014，41（5)：

26-29.
[6] 李丹．浅议水膏比对石膏材料强度的影响［J］．建筑，2012（5）：75-76.
[7] ANDREA GLATTHOR. Performance of Starch Ethers in Drymix Mortars[OL]. https://www. researchgate. net/profile/Andrea-Glatthor/publication/310974984_Performance_of_Starch_Ethers_in_Drymix_Mortars/links/583bfc7e08aef00f3bfe92d3/Performance-of-Starch-Ethers-in-Drymix-Mortars. pdf.

聚合物改性抹灰砂浆抗裂性能初探

徐志芳[1]　丁天华[1]
1. 德高（广州）建材有限公司　广东　510288

摘　要　通过测试4种市售建筑墙面找平用聚合物改性抹灰砂浆及1种修补砂浆的抗压强度、各个龄期的收缩率及开裂性能，研究了聚合物改性抹灰砂浆抗压强度与其开裂性的关系，同时研究了聚合物改性抹灰砂浆收缩率对其开裂性的影响，并提出采用Coutinho圆环测试评估砂浆开裂性能时的判定方法。结果表明：不同的聚合物改性抹灰砂浆材料，其抗裂性能存在差别；砂浆抗压强度＞12.2MPa时圆环开裂概率增加，但并非所有砂浆的抗压强度与其抗裂性成正相关关系；Coutinho圆环测试结果与收缩率结果存在一致性；砂浆早期收缩发展越快，圆环开裂时所对应的收缩率越大，收缩率＞0.149％时聚合物改性抹灰砂浆有较大的开裂风险。

关键词　Coutinho圆环测试；聚合物改性抹灰砂浆；抗裂性；收缩率

Research on Crack Resistance of Polymer Modified Plastering Mortar

Zhifang Xu[1]　Tianhua Ding[1]
Davco (Guangzhou) Co., Ltd.　Guangdong　510288

Abstract　By testing the compressive strength, shrinkage and cracking performance of 4 kinds of commercially available polymer-modified plastering mortar and 1 repair mortar, the relationship between the compressive strength and cracking properties of polymer-modified plastering mortar was studied, and the effect of shrinkage of polymer-modified plastering mortar on its cracking properties was also studied. And the method of evaluating the cracking performance of mortar by Coutinho ring test is proposed. The results show that there are differences in crack resistance of different polymer-modified plastering mortar materials. When the compressive strength of mortar ＞12.2MPa, the probability of ring cracking increases, but not all mortars have a positive correlation between their compressive strength and their crack resistance. The Coutinho ring test results are consistent with the shrinkage results. The faster the mortar shrinks in the early stages, the higher the shrinkage when the Coutinho ring cracks. When the shrinkage ＞0.149％, the risk of cracking of polymer modified plastering mortar increases.

Keywords　Coutinho Ring test; Polymer Modified Plastering mortar; Crack Resistance; Shrinkage.

第一作者简介：徐志芳，女，工程师，材料学硕士，研究方向：各类建筑用干粉砂浆产品的配方研发与应用研究。E-mail: zhifang.xu@davco.cn

引言

抹灰砂浆又称抹面砂浆，是指涂抹在建（构）筑物表面的砂浆，其在建筑工程中的主要作用是找平、保护并美化墙体。我国使用的传统普通水泥砂浆保水性及黏聚性差，收缩率大，施工性也差，进行大面积抹面时，由于砂浆表面在材料硬化前往往会由于砂浆表面水的蒸发速率超过内部水渗透到表面的速率从而引起收缩应力，出现开裂是普遍的现象[1-3]。

随着建筑工业技术的日益推进，建筑工程对建筑材料的要求在不断提高，特别是对抹灰砂浆要求的找平厚度从过往的20～50mm厚找平需求，发展到现在5～15mm薄找平需求，对抹灰砂浆保水性及粘结力也提出了更高要求，因此开始有越来越多的聚合物改性抹灰砂浆在住宅项目墙面找平中得到应用。但是在实际项目应用中，我们发现聚合物改性抹灰砂浆也仍然未能完全避免开裂的发生，开裂将影响墙体的外观及影响饰面层的粘结，抹灰层剥落甚至可能引发安全问题。因此，研究评价聚合物改性抹灰砂浆的抗裂性能，研究抗压强度、收缩率对砂浆抗裂性能的影响，有助于研发过程中对聚合物改性抹灰砂浆抗裂性能的评估，也有助于为正确选择及正确应用聚合物改性抹灰砂浆提供参考，具有重要的实际意义。

1　材料与方法

1.1　试验原材料

本试验中选用4种市售建筑墙面找平用聚合物改性抹灰砂浆，分别记为材料A、材料B、材料C、材料D，拌和用水量在18%～23%之间；同时试验选用1种市售修补砂浆进行对比测试，修补砂浆水料比为0.16。

试验所用水均为自来水。

1.2　试验方法

（1）抗压强度

依照JGJ/T 70—2009《建筑砂浆基本性能试验方法标准》进行测试。

（2）收缩率

依照JGJ/T 70—2009《建筑砂浆基本性能试验方法标准》进行测试。

（3）圆环法抗开裂试验

试验装置参照香港房屋委员会发布的2022版建筑工程规格资料库中CON5. T280. 9 Coutinho Ring test[4]。该测试的模具由钢制成，提供一个内径为（115±0.1）mm、外径为（175±0.1）mm、高（深度）为（50±0.1）mm的环形试样（图1、图2）。

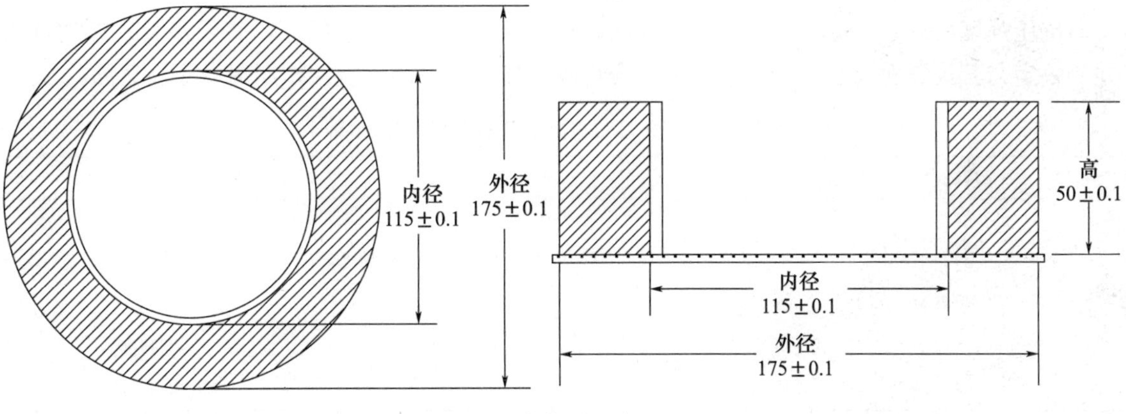

图1　试验装置尺寸（mm）

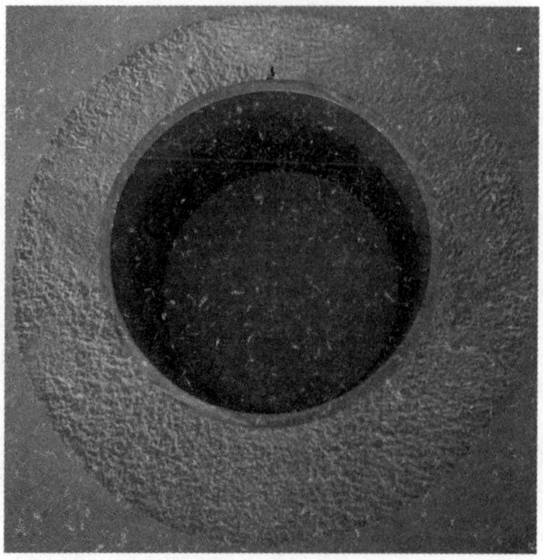

图 2 成型试件

将新拌砂浆浇筑进圆环试模，分次填料，并借助捣棒及振动台确保浆料振捣密实。成型完成后立即将试件带模移入温度为（20±2）℃、相对湿度≥90％的养护箱养护，并统一在 48h 后拆去外模，并移入测试养护环境。测试养护环境为（20±2）℃、相对湿度（60±5）％、试验区循环风速＜0.2m/s。

测试龄期按移入养护环境之后起算。每天观察试件的开裂情况，记录出现可见裂纹时的龄期。参考香港混凝土协会编制的 PCCS-RM[5] 中 Coutinho Ring test 项目的技术要求做出结果判定。PCCS-RM 文件中设定测试终止时间为 28d（龄期），如果试件在 28d 测试时间内不出现开裂，则记录为“不开裂”。

2 结果与分析

2.1 聚合物改性抹灰砂浆抗压强度与其开裂性的关系

在传统普通抹灰水泥砂浆的应用中，往往强度越高的砂浆，越容易开裂，这是由于传统普通抹灰砂浆抗压强度越高，可能使用的水泥强度等级或水泥含量越高，导致收缩越大，也更容易开裂。

表 1 为砂浆的抗压强度及圆环开裂性测试结果。由表 1 可以看出，随着聚合物改性抹灰砂浆抗压强度的提高，开裂出现的时间缩短。这说明试验所选的 4 种聚合物改性抹灰砂浆依然遵循水泥基材料强度与开裂性成正相关。材料 D 的抗压强度为 12.2MPa，未出现开裂，可以预见，同配方体系下，控制抗压强度≤12.2MPa 时，出现开裂的概率将降低。

但抗压强度高达 46.8MPa 的修补砂浆的圆环测试结果显示“不开裂”，表明水泥砂浆的抗压强度并非一定与其抗裂性成正相关，这也为聚合物改性抹灰砂浆的抗裂性控制提供了新思路。

表 1 砂浆的抗压强度及圆环开裂性测试结果

测试材料	抗压强度/MPa	出现开裂的时间/d
材料 A	24.8	13
材料 B	17.9	20
材料 C	15.2	26
材料 D	12.2	不开裂
修补砂浆	46.8	不开裂

2.2 聚合物改性抹灰砂浆收缩率对其开裂性的影响

水泥基材料的收缩率是指水泥基材料固化后在一定时间内的体积收缩程度，以百分比表示，即收缩量与原始体积的对比。收缩率关系着水泥基材料的尺寸稳定性，尺寸不稳定将带来破坏性内应力，导致水泥基材料裂纹的出现。因此，收缩率是衡量砂浆质量的一个重要指标。表 2 为不同聚合物改性抹灰砂浆在各个龄期的收缩率，与圆环法抗开裂试验结果进行对照，研究砂浆收缩率与开裂性的规律。

表 2 不同砂浆在各个龄期的收缩率 %

测试材料	3d	7d	14d	21d	28d
材料 A	−0.067	−0.147	−0.172	−0.193	−0.216
材料 B	−0.055	−0.130	−0.145	−0.166	−0.180
材料 C	−0.050	−0.111	−0.127	−0.139	−0.153
材料 D	−0.037	−0.812	−0.898	−0.102	−0.108
修补砂浆	−0.017	−0.035	−0.049	−0.062	−0.071

从表 2 可以看出，所测的 5 种材料的收缩率均随着龄期的延长，收缩率增大，这与水泥基材料特性一致。收缩率越大，开裂出现越早，这是由于硬化后的聚合物改性抹灰砂浆呈刚性，虽然聚合物的掺入使材料弹性模量有所降低、柔韧性得到改善，但总体仍属于刚性材料，随着干燥时间的延长，收缩率越大。收缩拉应力也越大。随着收缩拉应力的增长，当拉应力超出砂浆抗拉强度时，试件最终出现了开裂。

表 3 是圆环开裂时同步测试的收缩率结果，材料 A、材料 B、材料 C 开裂时测得的收缩率分别为 0.165%、0.160%、0.149%。可见早期收缩发展越快，圆环开裂时所对应的收缩率越大，这与吴丹丹等[6]的研究结果相一致，同时表明收缩率>0.149%时聚合物改性抹灰砂浆即有较大的开裂风险。

表 3 测试砂浆圆环开裂时的收缩率 %

测试材料	13d	20d	26d
材料 A	−0.165	—	—
材料 B	—	−0.160	—
材料 C	—	—	−0.149

结论

本文通过测试及对比市场上现有的 4 种建筑墙面找平用聚合物改性抹灰砂浆及 1 种修补砂浆的抗压强度、收缩率、圆环抗开裂性能，研究聚合物改性抹灰砂浆抗压强度与其开裂性的关系，同时研究聚合物改性抹灰砂浆收缩率对其开裂性的影响。本文为 Coutinho 圆环用于评估聚合物改性抹灰砂浆抗裂性能的适用性提供了试验支撑，并得到了以下主要结论：

（1）对于不同的聚合物改性抹灰砂浆，其性能指标存在差异，本试验测试的 4 种材料中抗压强度越高的，收缩率越高，圆环越早出现开裂。

（2）试验所选的 4 种聚合物改性抹灰砂浆依然遵循水泥基材料强度与开裂性成正相关的规律，当抗压强度>12.2MPa 时圆环开裂概率增加；但并非所有砂浆的抗压强度与其抗裂性成正相关。抗压强度高达 46.8MPa 的修补砂浆的圆环测试结果显示“不开裂”，这为聚合物改性抹灰砂浆的抗裂性控制提供了新思路。

（3）圆环开裂性与收缩率强相关，早期收缩发展越快，圆环开裂时所对应的收缩率越大，收缩率>0.149%时聚合物改性抹灰砂浆即有较大的开裂风险。

参考文献

[1] 王永越．加气混凝土墙面抹灰层开裂的原因分析［J］．现代物业，2012，11（8）：106-107.

[2] 陈均辉．关于墙面抹灰工程空鼓的探讨［J］．居业，2023（12）：68-70.

［3］ 林炜明．装饰工程中墙体抹灰开裂问题的防治工艺［J］．中国建筑装饰装修，2023（19）：146-148.

［4］ Product Conformity Certification Scheme-Repair Mortar（PCCS-RM）［S］．Hong Kong Concrete Institute，December 1，2017.

［5］ Hong Kong Housing Authority Specification Library 2022（Batch 1）Edition［S］．HKHA，April 2023 version.

［6］ 吴丹丹，杨杨，诸晓锋，等．干混抹灰砂浆干燥收缩特性及圆环约束的实验研究［J］．新型建筑材料，2016（10）：63-65，111.

可再分散性乳胶粉对透水砂浆性能的影响

田玉军[1]　薛美海[1]
1. 壁贝建材河北股份有限公司　保定　072650

摘　要　通过在透水砂浆制备过程中掺入可再分散性乳胶粉，研究了不同掺量可再分散性乳胶粉对透水砂浆工作性、力学性能、透水性和耐磨性的影响。结果表明，在透水砂浆中掺入可再分散性乳胶粉后，能够明显改善透水砂浆的工作性、抗压强度、抗折强度和耐磨性，但对透水混凝土的透水系数影响不大。其中，在可分散性乳胶粉掺量为2%时，透水砂浆的性能最佳。

关键词　可再分散性乳胶粉；透水性；抗折强度；耐磨性

The Influence of Redispersible Latex Powder on the Performance of Permeable Mortar

Yujun Tian[1]，Meihai Xue[1]
1. Bibei Building Materials Hebei Co.，Ltd　Baoding　072650

Abstract　The effects of different amounts of redispersible latex powder on the workability，mechanical properties，permeability and wear resistance of permeable mortar were studied by adding redispersible latex powder in the preparation process of permeable mortar. The results show that the workability，compressive strength，flexural strength and wear resistance of permeable mortar can be significantly improved by adding redispersible latex powder to permeable mortar，but it has little effect on the permeability coefficient of permeable concrete. Among them，when the content of dispersible latex powder is 2%，the performance of permeable mortar is the best.

Keywords　Redispersible latex powder；Permeability；Flexural strength；Wear resistance

引言

透水砂浆是以水泥为胶凝材料、细骨料为骨架支撑材料，加入水和外加剂拌和，硬化后形成的具有透水作用的砂浆[1]。因其良好的透气透水性，能够起到吸声降噪、保护地下水，改善城市生态的作用，是我国海绵城市建设中必不可少的部分。然而，由于透水砂浆骨料颗粒级配相对较窄，粒径相对单一，其与胶凝材料连接的界面受力薄弱，导致其强度低，性能不稳定，耐久性差，因此在大规模应用上受到较大限制。在保证透水砂浆良好透水性能的基础上，提高其力学性能一直是透水砂浆致力研究的方向[2-3]。聚合物一直是用于提高透水砂浆性能的重要添加剂，已有研究表明，可再分散性乳胶粉能够提高骨料和胶凝材料之间的粘结性能，可以改善混凝土的工作性能和力学性能[4]。

第一作者简介：田玉军（1962—　），男，高级工程师，本科，研究方向：建筑装饰材料研发与生产。

目前，研究已取得一定进展，但仍然存在许多关键技术问题需要进一步研究，尤其是随着 JC/T 2727—2022《透水砂浆》标准的发布实施，我国对透水砂浆的性能指标判断有了明确的要求。

本文根据 JC/T 2727—2022《透水砂浆》对透水砂浆各项性能指标的要求，研究可再分散性乳胶粉对透水砂浆工作性能、力学性能、透水性和耐磨性的影响，为透水砂浆生产和应用提供参考。

1 材料与方法

1.1 试验原材料

水泥：冀东水泥 P·O 42.5 级普通硅酸盐水泥，其性能指标见表 1。细骨料：粒径 1～3mm 河砂。水：自来水。减水剂：聚羧酸系减水剂，减水率 28.5%。可再分散性乳胶粉，粉体。

表 1 水泥物理性能

标准稠度用水量/%	凝结时间/min		抗压强度/MPa		抗折强度/MPa	
	初凝	终凝	3d	28d	3d	28d
28.2	145	195	29.8	54.6	5.8	9.2

1.2 透水砂浆配合比

透水砂浆基准配合比见表 2。

表 2 透水砂浆基准配合比 kg/m³

水泥	细骨料	水	聚羧酸减水剂
365	1600	110	7

在表 2 的基础上，分别掺入可再分散性乳胶粉。可再分散性乳胶粉掺量分别为胶凝材料的 0%、0.5%、1%、1.5%、2%、2.5%、3%。透水砂浆制备及成型方法按 JC/T 2727—2022《透水砂浆》的规定执行。

1.3 试验方法

透水砂浆抗压强度按 JGJ/T 70—2009《建筑砂浆基本性能试验方法标准》进行测试；抗折强度按 GB/T 17671—2021《水泥胶砂强度检验方法（ISO 法）》进行测试；耐磨性按 GB/T 12988—2009《无机地面材料耐磨性能试验方法》进行测试；工作性和透水系数按 JC/T 2727—2022《透水砂浆》进行测试。

2 结果与讨论

透水砂浆拌和物工作性、不同龄期抗压强度和抗折强度、耐磨性和透水系数见表 3。

表 3 透水砂浆性能

可再分散性乳胶粉掺量/%	工作性/次	抗压强度/MPa		抗折强度/MPa		耐磨性/mm	透水系数/（mm/s）
		7d	28d	7d	28d		
0	4	17.8	22.6	2.3	2.8	31.4	1.62
0.5	6	19.4	24.4	2.5	3.4	28.9	1.67
1.0	9	20.7	26.5	2.7	3.8	23.8	1.59
1.5	10	22.4	29.0	2.9	4.1	21.1	1.61
2.0	11	26.2	32.8	3.4	4.8	20.1	1.51
2.5	13	23.4	30.1	3.1	4.4	19.8	1.42
3.0	13	22.5	27.1	2.7	3.2	19.6	1.25

2.1 可再分散性乳胶粉对透水砂浆拌合物工作性能的影响

图1为透水砂浆中可再分散性乳胶粉掺量对其工作性的影响。

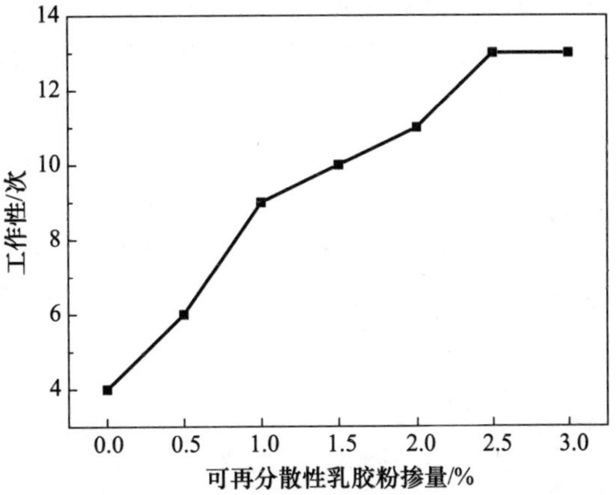

图1 可再分散性乳胶粉掺量对透水砂浆工作性的影响

从图1和表3可以看出，随着可再分散性乳胶粉掺量的增加，透水砂浆的工作性逐渐增加，也就是说随着可再分散性乳胶粉掺量的增加，透水砂浆拌合物颗粒间的黏聚性增加，和易性得到极大程度的改善，这主要是因为随着可再分散性乳胶粉掺量的增加，透水砂浆浆体稠度增加，黏性变好，浆体对骨料表面形成粘结力较高的膜，使包裹变得均匀，粘结力更强[5]。

2.2 可再分散性乳胶粉对透水砂浆力学性能的影响

图2为可再分散性乳胶粉不同掺量条件下透水砂浆7d和28d抗压强度的变化。

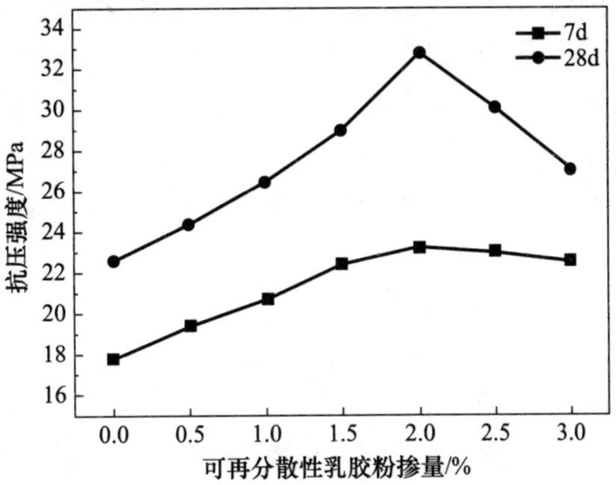

图2 可再分散性乳胶粉掺量对透水砂浆抗压强度的影响

从图2可以看出，透水砂浆7d抗压强度和28d抗压强度均随着可再分散性乳胶粉掺量的增加呈现出先增大后下降的趋势，且在养护龄期达到28d时，掺入可再分散性乳胶粉的透水砂浆强度明显高于不掺入的透水砂浆。在可分散性乳胶粉掺量为2.0%时，透水砂浆7d和28d抗压强度达到最大值，分别为23.2MPa和32.8MPa。但是当掺量高于2.0%时，透水砂浆的抗压强度逐渐下降。

进一步结合表3分析，相同龄期条件下，从可再分散性乳胶粉掺量条件下透水砂浆的强度可以看出，在养护龄期为7d时，透水砂浆的抗压强度数据变化较小，但是在养护龄期达到28d时其差异性增长明显。

图3为可再分散性乳胶粉不同掺量条件下透水砂浆7d和28d抗折强度的变化。

从图3可以看出，随着可再分散性乳胶粉掺量的增加，透水砂浆7d抗折强度均随着可再分散性乳胶粉掺量的增加呈现出先增大后下降的趋势，且在达到28d时，掺入可再分散性乳胶粉的透水砂浆抗折强度明显高于不掺入的透水砂浆。在可分散性乳胶粉掺量为 2.0%时，透水砂浆 7d 和 28d 抗压强度达到最大值，分别为 3.4MPa 和 4.8MPa。同样，进一步结合表 3 分析相同龄期条件下可再分散性乳胶粉掺量条件下透水砂浆的抗折强度可以看出，在养护龄期为 7d 时，透水砂浆的抗折强度数据变化较小，但是在养护龄期达到 28d 时其差异性增长明显。整体上，抗折强度的变化规律与抗压强度的变化规律较为一致。

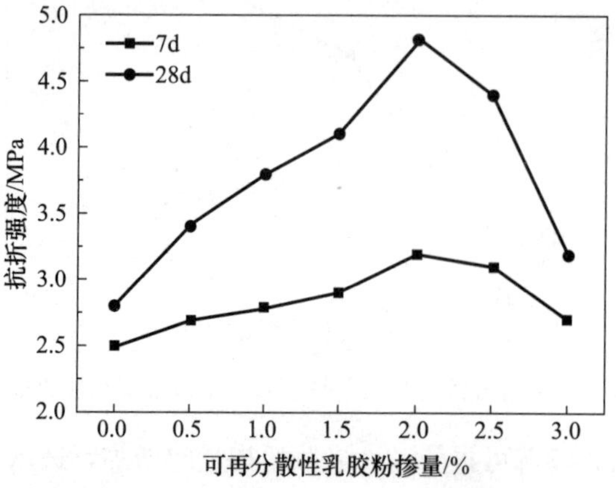

图 3　可再分散性乳胶粉掺量对透水砂浆抗折强度的影响

出现以上现象的原因，主要是透水砂浆的强度受到可再分散性乳胶粉两方面的影响：一方面是可再分散性乳胶粉掺入后会吸附于水泥颗粒表面，阻止水泥颗粒参与反应，从而延缓了水泥颗粒的水化进程；另一方面是可再分散性乳胶粉掺入后会改善浆体和骨料之间的包裹性，使包裹更加均匀，增强了骨料和浆体界面的粘结面积和粘结力，同时水泥浆与骨料间形成的较高粘结力的膜使粘结作用增加，能提高透水混凝土力学性能的作用。

基于上述两种因素的分析，当在硬化早期阶段，当可再分散性乳胶粉粘结力无法发挥作用时，其本身又起到了延缓水泥水化的作用，造成透水砂浆早期强度随着可分散性乳胶粉掺量的增加增长得并不明显，且随着可分散性乳胶粉掺量的增加，在水泥颗粒表面吸附越多，从而使早期强度增长较缓，但是随着养护龄期的增加，当可再分散性乳胶粉对水泥水化作用的影响趋于减弱甚至消失时，在达到 28d 时增大趋势明显。这也说明透水砂浆在前 7d 的强度提升主要来源于水泥的水化，其水化产物对强度发展起到主导作用。而在后期由于透水砂浆水分的蒸发作用和毛细孔隙的毛细作用，颗粒间距变小，可再分散性乳胶粉在透水砂浆中凝聚作用增强，与水泥水化产物相互穿插，相互包裹，形成高黏结力网状结构和连续的膜[6]，增大水泥浆与骨料间界面过渡区面积，提高密实性，界面过渡区处的黏结作用增大，与前期水化共同作用，使透水砂浆后期强度得到进一步提升。但是 28d 抗压强度和 28d 抗折强度在可再分散性乳胶粉掺量超过 2.0%时，强度出现下降。这主要是因为当可再分散性乳胶粉掺量过高时，会造成浆体黏度过大，会在浆体内引入气泡，也会增加拌合物内部缺陷，从而影响了浆体对骨料的包裹均匀性以及浆体和骨料的粘结力，影响了强度的提升。

2.3　可再分散性乳胶粉对透水砂浆透水系数的影响

图 4 为可再分散性乳胶粉不同掺量条件下透水砂浆透水系数的变化。

从图 4 可以看出，随着可再分散性乳胶粉掺量的增加，透水砂浆的透水系数整体呈现出下降的趋势。可以看出，当掺量在 0%～2.0%之间时，透水砂浆的透水系数随着可再分散性乳胶粉掺量的增加下降得并不明显，但是当掺量超过 2.0%时，透水砂浆的透水系数随着可再分散性乳胶粉掺量的增加下降较为明显。这主要是因为当可再分散性乳胶粉掺量较低时，改善了新拌透水砂浆的工作性，浆体对骨料包裹较为均匀，并使骨料间的粘结面增加，对透水砂浆空孔隙结构影响不大，因此对透水系数影响不大。但是当掺量继续增大时，由于气体的引入和包裹不够均匀，浆体体积增大，堵塞部分孔隙结构，造成透水砂浆透水系数出现降低。不过，从实际数据中可以看到，掺量从0%～3.0%，其最大值为掺量为0%时达到1.62mm/s，其最小值为掺量为3.0%时达到1.25mm/s，其透水系数变化绝对值仅有0.40mm/s，说明在该掺量范围内，可再分散性乳胶粉虽然会引起透水砂浆透水系数的降低，但影响不大。

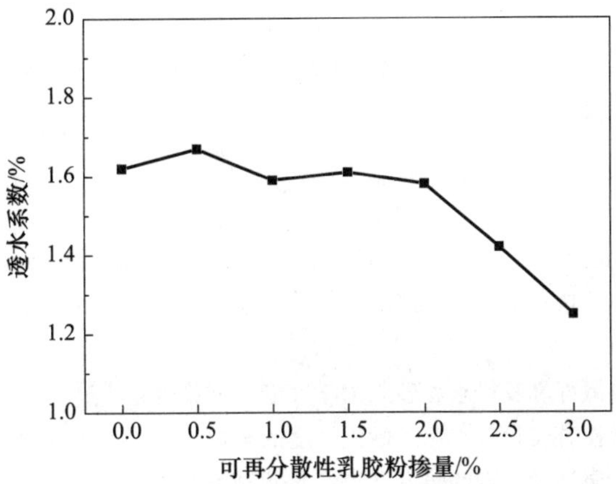

图4　可再分散性乳胶粉掺量对透水砂浆透水系数的影响

2.4　可再分散性乳胶粉对透水砂浆耐磨性的影响

图5为可再分散性乳胶粉不同掺量条件下透水砂浆磨坑长度的变化。

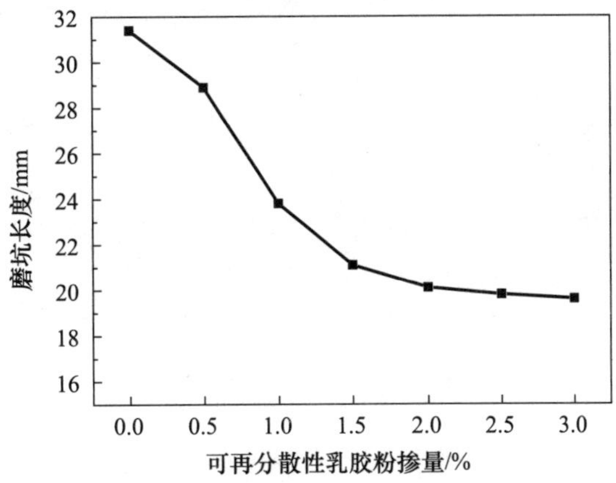

图5　可再分散性乳胶粉掺量对透水砂浆耐磨性的影响

磨坑长度主要反映混凝土的耐磨性能，由于透水砂浆强度来源主要是骨料之间的粘结力，而骨料之间的粘接主要依靠接触面的胶凝材料，因此若是接触面粘结强度不够，骨料颗粒就会脱落，因此磨坑长度能够较好地反映出透水砂浆的粘接性。从图5可以看出，随着可再分散性乳胶粉掺量的增加，透水砂浆磨坑长度变短，在掺量超过2.0%后，磨坑长度变短的趋势趋缓。该影响规律与可再分散性乳胶粉对透水砂浆强度的影响规律一致，其磨坑长度出现图5中变化的原因在于当可再分散性乳胶粉掺量低于2.0%时，随着掺入量的增加，透水砂浆浆体与骨料包裹性、工作性变好，骨料间的粘接性变好，因此耐磨性变好，但是当掺量过高时，由于气体的引入会对透水砂浆强度的增加产生不利影响，因此影响了耐磨性的增强趋势。

结论

为提高透水砂浆的性能，参考JC/T 2727—2022《透水砂浆》，本文研究了可分散乳胶粉掺量对透水砂浆性能的影响，主要得出以下结论：

(1) 可再分散性乳胶粉能够使浆体和骨料的包裹性变好，提高骨料之间的粘结性，改善了拌合物的工作性，且随着可再分散性乳胶粉掺量的增大，工作性持续升高，但增长趋势趋缓。

（2）透水砂浆的7d和28d抗压强度、抗折强度随着可再分散性乳胶粉掺量的增加呈现出先升高后下降的趋势，在掺量为2.0%时，力学性能达到最大。

（3）透水砂浆的耐磨性随着可再分散性乳胶粉掺量的增加逐渐增强，但当掺量超过2.0%，其耐磨性增长趋势趋缓。

（4）透水砂浆的透水系数随着可再分散性乳胶粉掺量的增加，整体呈现出下降的趋势，但在掺量为0%～2.0%时，变化相对不大。

参考文献

［1］ LIU JINQUAN，LI XIAOFEI，SAFFARI POOYA，et al. Developing a Polypropylene Fabric，Silica Fume，and Redispersible Emulsion Powder Cementitious Composite for Dynamic Water Environment ［J］. Polymers，2018（11）：47.

［2］ 郭金敏，曹恒慧．可再分散性乳胶粉水泥砂浆力学性能的试验研究［J］．公路，2008（1）：160-164.

［3］ 韩风，扈惠敏．可再分散性乳胶粉对水泥胶砂流动度的影响［J］．工程与建设，2021，35（3）：600-602.

［4］ 付延波．乳胶粉对水泥砂浆性能影响的研究［J］．铁道建筑技术，2019（12）：17-20.

［5］ 张金花，高建明，翁智财，等．聚合物对透水砂浆性能的影响［J］．混凝土与水泥制品，2006（1）：13-15.

［6］ 苏有文，廖若寒，周良峥，等．聚合物改善透水砂浆性能试验研究［J］．混凝土与水泥制品，2018（6）：7-10.

外加剂对湿拌砂浆工作性能的影响研究

李殿权[1]

1. 重庆建研科之杰新材料有限公司　重庆　402760

摘　要　研究了引气剂、保水剂、稳泡剂和超缓释剂对湿拌砂浆工作性能的影响，试验结果表明：引气剂掺量超过饱和点后对湿拌砂浆24h工作性能影响较小，同时引气剂种类显著影响湿拌砂浆初始及24h工作性能；保水剂仅影响湿拌砂浆的分层度和保水率；稳泡剂掺量超过0.5%时显著改善了湿拌砂浆24h工作性能，掺量在0.9%时湿拌砂浆24h稠度损失率仅7.8%；随着超缓释剂掺量的增加，湿拌砂浆24h工作性能不断增加，当掺量达到2.5%时，湿拌砂浆的各项24h指标与初始相当。

关键词　湿拌砂浆；工作性能；工作性能损失；外加剂

Study on the Influence of Admixture on the Workability of Wet-mixed Mortar

Dianquan Li[1]

1. Chong qing Jianyan KZJ New Material Co., Ltd,　ChongQing　402760

Abstract　The influence of air-entraining agent, water-retaining agent, foam stabilizer and ultra-slow release agent on the working performance of wet-mixed mortar were studied. The results showed that the amount of air-entraining agent exceeds the saturation point, it has little effect on the 24h working performance of wet-mixed mortar, and the type of air entraining agent significantly affects the initial and 24h working performance of wet-mixed mortar. Water-retaining agent only affects the stratification degree and water retention rate of wet mixed mortar. When the amount of foam stabilizer is more than 0.5%, the 24h working performance of wet-mixed mortar is significantly improved, and the amount reaches 0.9%, the 24h consistency loss rate of wet-mixed mortar is only 7.8%. With the increase of the dosage of ultra-slow release agent, the 24h working performance of wet-mixed mortar increases continuously, and the dosage reaches 2.5%, the 24h indexes of wet-mixed mortar are equivalent to the initial ones.

Keywords　Wet-mixed mortar; Workability; Workability loss; Admixture

引言

湿拌砂浆具有质量稳定、存放时间长等优点[1-3]，因此广泛应用于抹灰、砌筑等领域。但是湿拌砂浆在使用过程中常常出现稠度损失较大、存放后和易性变差等技术难题[4-6]。外加剂作为湿拌砂

作者简介：李殿权（1987—　），男，硕士研究生，高级工程师，从事新型建筑材料、混凝土及砂浆外加剂的研究开发工作。E-mail：dream870709@163.com

浆重要的组成部分，一直承担着改善湿拌砂浆工作性能的重任，因此外加剂性能是关系到湿拌砂浆质量好坏的重要因素。闫孝伟[7]研究了一种新型湿拌砂浆外加剂，认为增稠剂和引气剂能够有效改善湿拌砂浆的工作性能；罗城、韦肖芳[8]也认为复配了引气剂和增稠剂的湿拌砂浆在15h后具有较好的工作性能；朱玉雪、郝利国等[9]研究发现加入改性纤维素醚和超缓释型PCE后湿拌砂浆具有更长的保塑时间；任政、陈超等[10]研究了引气剂对砂浆电阻率发展曲线的影响规律，认为其改善了湿拌砂浆的各项性能。

本文研究引气剂、保水剂、稳泡剂和超缓释剂等不同外加剂组分对湿拌砂浆工作性能的影响，为湿拌砂浆外加剂性能的提升及湿拌砂浆质量稳定性提供现实的参考。

1 材料与方法

1.1 试验原材料

水泥：重庆冀东水泥厂的P·O 42.5R水泥，标准稠度用水量27.1%、初凝时间210min、终凝时间300min。砂：四川春晖建材有限公司的机制砂，细度模数2.1、含粉量9.6%。引气剂Y1：广州建涂堡。引气剂Y2：北京弗特恩。引气剂Y3：竹本油脂。引气剂Y4：广州哈伯。引气剂Y5：重庆凌祺建材。保水剂：河北谊达。稳泡剂：广州建涂堡。超缓释剂：重庆建研科之杰新材料有限公司。

1.2 试验配合比及测试方法

本试验使用的配合比见表1。

表1 湿拌砂浆配合比 kg/m³

水泥	砂	自来水	外加剂
200	1435	210	4

注：外加剂中含有2.0%的引气剂Y2、0.3%的保水剂、13%的缓凝剂，不包括稳泡剂和超缓释剂。即试验结果中编号为S2样品。

湿拌砂浆的稠度、表观密度、分层度、保水率的测试按照JGJ/T 70—2009《建筑砂浆基本性能试验方法标准》中规定的方法进行。

2 结果与分析

2.1 引气剂对湿拌砂浆工作性能的影响

表2和表3分别为不同引气剂、引气剂掺量对湿拌砂浆工作性能的影响。从表2可以看出，引气剂种类对湿拌砂浆工作性能的影响较大，引气剂Y1、Y2、Y3和Y5的初始稠度在90mm左右、初始表观密度在1750kg/m³左右、保水率在90%左右，表现出相当的初始工作性能，但随着时间的延长，其工作性能出现明显差异，在24h时，Y2还具有较好的工作性能，其稠度为60mm，而此时Y3无法测试其稠度，无法施工。引气剂Y4可能由于引气剂效果较差，初始表观密度比其他引气剂高约100kg/m³，分层度为9mm，初始工作性能较差。

从表3可以看出，当Y2掺量超过2.0%时，再增加其掺量，湿拌砂浆的各项性能没有明显的差异，说明引气剂的掺量已经达到饱和点，继续增加引气剂掺量不会改善湿拌砂浆的工作性能。

引气剂是影响湿拌砂浆工作性能的关键原材料，引气效果好的引气剂能够提高湿拌砂浆的初始工作性能，稳泡效果好的引气剂能够改善湿拌砂浆损失后的工作性能，所以只有兼具引气效果和稳泡效果的引气剂才能满足湿拌砂浆外加剂的需求。

表 2 不同引气剂对湿拌砂浆工作性能的影响

编号	引气剂种类	引气剂掺量/%	稠度/mm		表观密度/（kg/m³）		分层度/mm	保水率/%
			0h	24h	0h	24h		
S1	Y1	2.0	90	45	1750	1870	3	90.1
S2	Y2	2.0	90	60	1740	1800	2	91.2
S3	Y3	2.0	88	—	1750	—	5	89.1
S4	Y4	2.0	80	—	1850	—	9	83.5
S5	Y5	2.0	89	46	1760	1880	3	89.5

注：引气剂掺量是指引气剂在外加剂中的占比，“—”表示无法测试对应数据。

表 3 引气剂掺量对湿拌砂浆工作性能的影响

编号	引气剂种类	引气剂掺量/%	稠度/mm		表观密度/（kg/m³）		分层度/mm	保水率/%
			0h	24h	0h	24h		
S6	Y2	1.0	86	37	1780	1920	5	88.1
S7	Y2	1.5	90	50	1760	1850	3	90.5
S2	Y2	2.0	90	60	1740	1800	2	91.2
S8	Y2	2.5	92	67	1720	1780	2	91.5
S9	Y2	3.0	92	68	1720	1780	2	91.3

注：引气剂掺量是指引气剂在外加剂中的占比。

2.2 保水剂对湿拌砂浆工作性能的影响

为了考察保水剂对湿拌砂浆工作性能的影响，引气剂使用 Y2，掺量固定为 2.0%，试验结果见表 4。

表 4 保水剂对湿拌砂浆工作性能的影响

编号	保水剂掺量/%	稠度/mm		表观密度/（kg/m³）		分层度/mm	保水率/%
		0h	24h	0h	24h		
S10	0.1	88	57	1750	1820	8	86.8
S11	0.2	90	57	1750	1820	6	88.5
S2	0.3	90	60	1740	1800	2	91.2
S12	0.4	90	60	1730	1800	2	91.7
S13	0.5	90	61	1730	1790	2	91.7

注：保水剂掺量是指保水剂在外加剂中的占比。

从表 4 可以看出，随着保水剂掺量的增加，湿拌砂浆的初始及 24h 稠度、表观密度无明显差异，但其分层度不断降低后保持不变、保水率不断提高后保持稳定。说明保水剂仅对湿拌砂浆的保水率及存放期间稳定性产生影响，对于保水剂掺量较低的湿拌砂浆，在使用时宜拌制均匀后使用，防止砂浆不均匀而产生质量事故。

2.3 稳泡剂对湿拌砂浆工作性能的影响

为了考察稳泡剂对湿拌砂浆工作性能的影响，引气剂使用 Y2，掺量固定为 2.0%，保水剂掺量固定为 0.3%，试验结果见表 5。

表 5 稳泡剂对湿拌砂浆工作性能的影响

编号	稳泡剂掺量/%	稠度/mm		表观密度/（kg/m³）		分层度/mm	保水率/%
		0h	24h	0h	24h		
S2	0.0	90	60	1740	1800	2	91.2
S14	0.1	89	60	1750	1800	2	91.3

续表

编号	稳泡剂掺量/%	稠度/mm		表观密度/（kg/m³）		分层度/mm	保水率/%
		0h	24h	0h	24h		
S15	0.3	90	59	1750	1810	2	91.5
S16	0.5	90	68	1740	1780	2	91.1
S17	0.7	90	75	1740	1750	2	91.0
S18	0.9	90	83	1740	1750	2	91.1

注：稳泡剂掺量是指稳泡剂在外加剂中的占比。

从表5可以看出，稳泡剂的加入，对湿拌砂浆初始稠度、表观密度、分层度和保水率没有影响，其掺量在0.0%～0.9%之间时，湿拌砂浆的初始稠度为90mm左右、初始表观密度在1750kg/m³左右、分层度为2mm、保水率在91.0%左右。此外，稳泡剂对湿拌砂浆24h稠度及表观密度的影响需要其掺量增加到0.5%后才能显现，当稳泡剂掺量低于0.5%时，湿拌砂浆24h经时工作性能无差异，掺量提高到0.5%后，随着掺量的增加，湿拌砂浆24h稠度不断增加，最终在0.9%掺量下，湿拌砂浆24h稠度高达83mm，相对于初始稠度仅损失7.8%，此时湿拌砂浆的表观密度几乎与初始表观密度相等，说明其工作性能维持较好。

稳泡剂有利于维持湿拌砂浆内部微小气泡的长期存在，由于湿拌砂浆存放时间较长，在长达24h或更长的时间内，需要足够的稳泡剂才能维持湿拌砂浆长期的工作性能。

2.4 超缓释剂对湿拌砂浆工作性能的影响

为了考察超缓释剂对湿拌砂浆工作性能的影响，引气剂使用Y2，掺量固定为2.0%，保水剂掺量固定为0.3%，试验结果见表6。

表6 超缓释剂对湿拌砂浆工作性能的影响

编号	超缓释剂掺量/%	稠度/mm		表观密度/（kg/m³）		分层度/mm	保水率/%
		0h	24h	0h	24h		
S2	0.0	90	60	1740	1800	2	91.2
S19	0.5	90	64	1740	1810	2	91.1
S20	1.0	90	69	1750	1800	2	91.2
S21	1.5	90	75	1750	1790	2	91.0
S22	2.0	90	83	1740	1780	2	91.4
S23	2.5	90	89	1740	1780	2	91.2

注：超缓释剂掺量是指超缓释剂在外加剂中的占比。

从表6可以看出，随着超缓释剂掺量的增加，湿拌砂浆24h稠度不断增加，当超缓释剂掺量从0.0%增加到2.5%时，湿拌砂浆24h稠度从60mm增加到89mm，相对于初始稠度，湿拌砂浆24h稠度损失率从33.3%降低到1.1%。从试验结果看，超缓释剂对湿拌砂浆初始稠度、初始表观密度、分层度和保水率没有影响。

超缓释剂是高分子梳状结构，对包括水泥、粉料等无机颗粒有极强的分散保持性能，能够使微小颗粒均匀分散，保证湿拌砂浆在损失后的浆体丰富，以维持其施工稠度。

结论

通过本文试验，得出如下结论：

（1）引气剂Y2的24h工作性能保持能力最强，其24h稠度损失率33.3%、24h表观密度增长率34.5%，同时引气剂Y2存在饱和点掺量，当其掺量超过2.0%时，增加掺量无法明显改善湿拌砂浆24h后的工作性能。

（2）保水剂对湿拌砂浆稠度及表观密度几乎无影响，但会显著影响湿拌砂浆的稳定性，当保水剂掺量低于 0.3%时，湿拌砂浆分层度大于 5mm、保水率低于 89%。

（3）稳泡剂掺量超过 0.5%时明显改善了湿拌砂浆 24h 工作性能，且随着掺量的增加，湿拌砂浆 24h 稠度不断增加，在 0.9%掺量时高达 83mm，相对于初始稠度仅损失 7.8%。

（4）超缓释剂能明显改善湿拌砂浆 24h 工作性能，其掺量从 0.0%增加到 2.5%时，湿拌砂浆 24h 稠度从 60mm 增加到 89mm，相对于初始稠度，湿拌砂浆 24h 稠度损失率从 33.3%降低到 1.1%。

参考文献

［1］ 张小芳，钟丽娜，方云辉，等．开放时间调节剂对湿拌砂浆性能的影响［J］．新型建筑材料，2021，48（7）：159-162.

［2］ 杨林，李从号．稳塑剂对掺不同石粉湿拌砂浆性能影响研究［J］．中国建材科技，2023，32（2）：33-36.

［3］ 郑宝春，张华，贾康伟，等．不同的引气剂对湿拌砂浆化学改性研究［J］．粘接，2023，50（2）：1-3.

［4］ 孙浩，刘万刚，于林玉．不同缓凝组分对湿拌砂浆性能影响研究［J］．低温建筑技术，2023，45（1）：48-52.

［5］ 林建辉，王凯翀．机制砂含水率对湿拌砂浆工作性能及强度的影响［J］．广东建材，2022，38（10）：13-15.

［6］ 李星辰．机制砂湿拌砂浆的制备及其性能研究［D］．长春：吉林建筑大学，2023.

［7］ 闫孝伟．新型湿拌砂浆外加剂的研究［J］．四川建材，2019，45（7）：19-21.

［8］ 罗城，韦肖芳．单掺型湿拌砂浆添加剂的试验探究［J］．广东建材，2019，35（12）：7-9.

［9］ 朱玉雪，郝利国，赵海洋，等．新型湿拌砂浆外加剂及其应用［J］．硅酸盐通报，2020，39（3）：787-791.

［10］ 任政，陈超，余松柏，等．外加剂对湿拌砂浆工作性能及电阻率的影响研究［J］．四川建材，2021，47（10）：8-10.

水泥和胶粉掺量对陶瓷砖胶粘剂柔韧性的影响

王朋飞[1]　王昭雨[1]

1. 壁贝建材河北股份有限公司　保定　072650

摘　要　研究了P·O 42.5水泥和再分散乳胶粉掺量对陶瓷砖胶粘剂横向变形、拉伸粘结强度的影响。结果表明：陶瓷砖胶粘剂横向变形数据随P·O 42.5水泥掺量的提高先增加后减小，P·O 42.5水泥掺量为30％时，陶瓷砖胶粘剂的横向变形数据最高，陶瓷砖胶粘剂柔韧性最佳；陶瓷砖胶粘剂中P·O 42.5水泥掺量为30％时，陶瓷砖胶粘剂横向变形数据随可再分散乳胶粉用量的提高而增加。当可再分散乳胶粉掺量为2.5％时，陶瓷砖胶粘剂达到S1级别。

关键词　陶瓷砖胶粘剂；水泥；可再分散乳胶粉；横向变形；柔韧性

The Influence of Cement and Glue Powder on the Flexibility of Ceramic Brick Adhesive

Pengfei Wang[1]　Zhaoyu Wang[1]

1. Bibei Building Materials Hebei Co., Ltd.　Baoding　072650

Abstract　The influence of the content of P·O 42.5 cement and redispersed emulsion powder on the transverse deformation and tensile bond strength of ceramic tile adhesive was studied. The results show that the transverse deformation data of ceramic tile adhesive increases first and then decreases with the increase of P·O 42.5 cement content. When the P·O 42.5 cement content is 30％, the transverse deformation data of ceramic tile adhesive is the highest, and the flexibility of ceramic tile adhesive is the best. When the content of P·O 42.5 cement is 30％, the transverse deformation data of ceramic tile adhesive increases with the increase of the amount of redispersible emulsion powder. When the content of redispersible emulsion powder is 2.5％, the ceramic tile adhesive reaches S1 level.

Keywords　Ceramic brick adhesive; Cement; Redispersable latex powder; Transverse deformation; Flexibility

引言

随着建筑业的发展，人们对于建筑装饰的要求不断提高。瓷砖因具有抗冲击性好、耐磨性优良、美观、易清洁的优点，被广大消费者喜爱。但随着瓷砖向大型化、薄层化、全玻化方向发展，使用传统的粘结材料往往会导致瓷砖空鼓、脱落。

第一作者简介：王朋飞（1993—　　），男，研发助理，从事石膏砂浆、腻子、瓷砖胶等建材领域的研发工作。E-mail：18332821035@163.com

通常陶瓷砖产生脱落的原因主要有：(1) 新混凝土基层干缩变形；(2) 外界因素，如建筑沉降及蠕变；(3) 温度的骤变产生变形；(4) 多孔瓷砖中的水气膨胀而产生剪应力；(5) 瓷砖表面比较光滑，胶粘剂与瓷砖之间机械锚固力非常小，导致因其他原因产生很小应力造成粘结力破坏[1]。总结以上因素，不难发现瓷砖脱落源于粘结面横向产生的剪切力，而不是垂直于粘结面方向的拉力。要通过陶瓷砖胶粘剂解决瓷砖空鼓脱落的问题，就要提高陶瓷砖胶粘剂的柔韧性以能够抵抗横向应力。

目前，在提高陶瓷砖胶粘剂柔韧性方面，主要通过提高可再分散乳胶粉用量实现，可再分散乳胶粉的掺入提高了水泥基陶瓷砖胶粘剂的柔韧性，随着掺量的增加，陶瓷砖胶刚性降低，柔韧性增加[2]。但是提高可再分散乳胶粉用量会造成粘贴施工材料成本的提高和陶瓷砖胶粘剂施工性能的降低，不利于陶瓷砖胶粘剂在市场的推广。考虑到水泥为刚性材料，是影响陶瓷砖胶粘剂的重要因素，本文探究了水泥和胶粉掺量对陶瓷砖胶粘剂柔韧性的影响，为开发出具有低成本、优异施工性能的 C1S1 级别的陶瓷砖胶粘剂提供参考。

1 材料与方法

1.1 试验原材料

水泥：金隅 P·O 42.5 水泥，其物理性能见表 1。砂：河砂，40～120 目。纤维素醚：天普 2020P。可再分散乳胶粉：贝耐德 6876。淀粉醚：荷兰 AVEBE301。甲酸钙：来自龙湖科技。重钙粉：来自易县金泰，其物理性能见表 2。木质纤维 H300。BASF 偏高岭土 HRM。

表 1 水泥物理性能

325 目负压筛筛余/%	抗压强度/MPa		抗折强度/MPa	
	3d	28d	3d	28d
5	36.0	59.8	6.3	9.2

表 2 重钙粉物理性能

100 目标准筛干筛筛余/%	325 目负压筛筛余/%
无筛余	5

1.2 试验配合比及试验方法

1.2.1 陶瓷砖胶粘剂配合比

陶瓷砖胶粘剂配合比见表 3。

表 3 陶瓷砖胶粘剂配合比 %

试样编号	水泥	HPMC	偏高岭土	胶粉	重钙粉	砂子	木质纤维	301 淀粉醚	甲酸钙
1	28	0.35	3	1.5	6	60.3	0.3	0.05	0.5
2	30	0.35	3	1.5	4	60.3	0.3	0.05	0.5
3	32	0.35	3	1.5	2	60.3	0.3	0.05	0.5
4	34	0.35	3	1.5	0	60.3	0.3	0.05	0.5
5	30	0.35	3	1.6	3.9	60.3	0.3	0.05	0.5
6	30	0.35	3	1.9	3.6	60.3	0.3	0.05	0.5
7	30	0.35	3	2.2	3.3	60.3	0.3	0.05	0.5
8	30	0.35	3	2.5	3	60.3	0.3	0.05	0.5

1.2.2 测试方法

试件的制备、养护、及性能测试方法均按 JC/T 547—2017《陶瓷砖胶粘剂》进行。

称取 600g 充分拌匀的试样，精确到 1g。在搅拌锅中加入估计为标准扩散度用水量的水。将试样在 30s 内均匀地撒入水中静置 1min，湿润后搅拌 30s，抬起搅拌叶，1min 内刮下搅拌叶和锅壁上的胶粘剂；重新放下搅拌叶后再搅拌 1min，静置熟化 15min，然后继续搅拌 15s 得到均匀的料浆。迅速分两层装入截锥圆模内。第一层装到截锥圆模高的三分之二处，用圆柱捣棒自边缘至中心均匀捣压 15 次，接着装第二层浆，装到高出截锥圆模约 20mm，同样用圆柱捣棒自边缘至中心均匀捣压 10 次。其捣压深度为：第一层捣至浆高度的三分之一，第二层捣至不超过已捣实的底层表面。装填和捣实浆时，应用手将截锥圆模扶住，避免移动。捣压完毕，取下模套，用铲刀将高出截锥圆模的浆刮去并抹平，然后垂直向上轻轻提起截锥圆模。将截锥圆模内壁粘的料浆用刮刀刮下后放于跳桌上浆体的中间。立即开动跳桌，以每秒 1 次的速度连续跳动 15 次。跳动完毕，在两个互相垂直的方向上测量试饼的直径，精确到 1mm，两个方向直径的平均值即标准扩散度。它等于（150±5）mm 时则达到标准要求，否则，应改变加水量重新拌和。

2　结果与分析

2.1　水泥掺量对陶瓷砖胶粘剂柔韧性的影响

图 1 为水泥掺量对陶瓷砖胶粘剂柔韧性的影响。由图 1 可以看出，在确定陶瓷砖胶粘剂胶粉用量的情况下，陶瓷砖胶粘剂横向变形数据随水泥掺量的提高先增加后减小，水泥掺量为 30%时，陶瓷砖胶粘剂的横向变形最大，陶瓷砖胶粘剂柔韧性最佳，这可能是由于在水泥掺量过少时胶凝材料不足以包裹陶瓷砖胶粘剂料浆中的骨料造成陶瓷砖胶粘剂成型后内聚力过小，导致前期陶瓷砖胶粘剂横向变形数据随水泥掺量的提高而增加；当水泥掺量过大时，陶瓷砖胶粘剂刚性增加，柔韧性降低，导致后期陶瓷砖胶粘剂横向变形数据随水泥掺量的提高而减小。

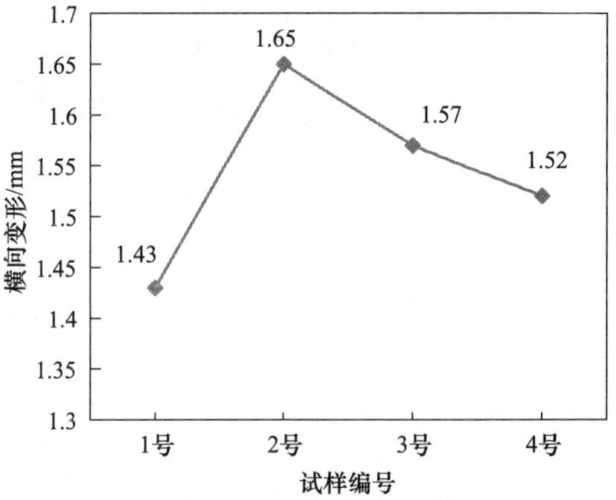

图 1　水泥掺量对陶瓷砖胶粘剂柔韧性的影响

2.2　水泥掺量对陶瓷砖胶粘剂拉伸粘结强度的影响

图 2 为水泥掺量对陶瓷砖胶粘剂拉伸粘结强度的影响。由图 2 可以看出陶瓷砖粘结剂的原拉伸粘结强度、浸水后拉伸粘结强度、热老化后拉伸粘结强度随水泥掺量的提高而提高。晾置 30min 拉伸粘结强度在水泥掺量高于 32%后出现降低，可能是由于随着水泥掺量的提高，在晾置阶段陶瓷砖胶粘剂的料浆表面更易收缩，瓷砖胶表面致密反而不利于与瓷砖的机械锚合[3]，不利于与陶瓷砖粘结，造成晾置 30min 拉伸粘结强度出现下降。

2.3　胶粉用量对陶瓷砖胶粘剂柔韧性的影响

图 3 为胶粉用量对陶瓷砖胶粘剂柔韧性的影响。由图 3 可以看出在确定陶瓷砖胶粘剂水泥用量的情况下，陶瓷砖胶粘剂横向变形数据随胶粉掺量的提高而提高，当胶粉掺量为 2.5%时，陶瓷砖胶粘剂达到 S1 级。

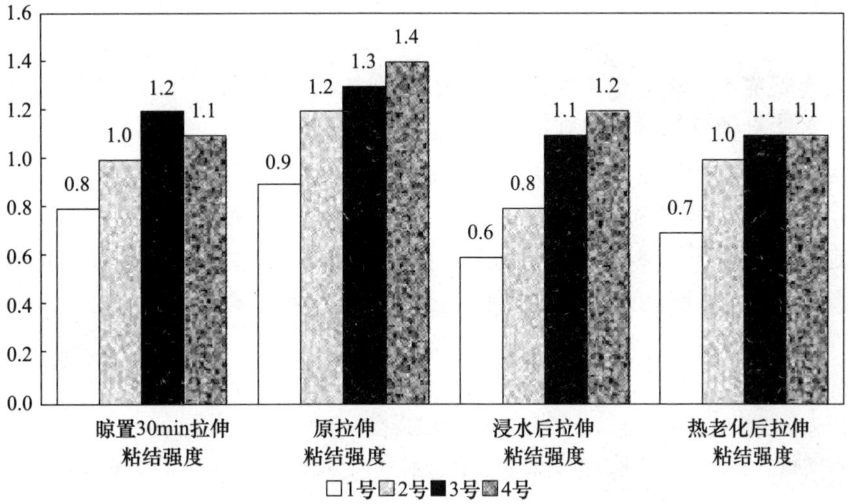

图 2　水泥掺量对陶瓷砖胶粘剂拉伸粘结强度的影响

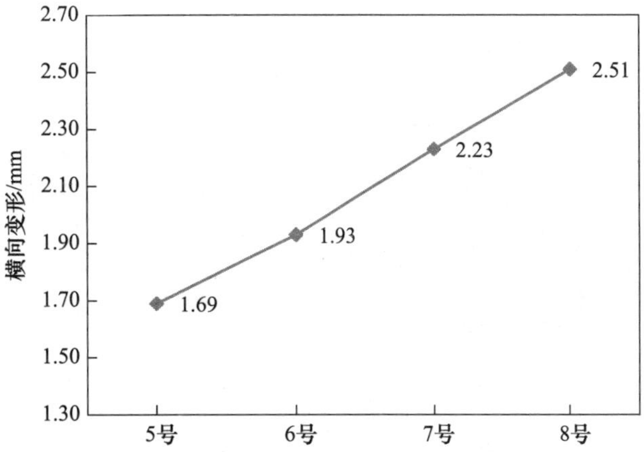

图 3　胶粉用量对陶瓷砖胶粘剂柔韧性的影响

2.4　胶粉用量对陶瓷砖胶粘剂拉伸粘结强度的影响

图 4 为胶粉用量对陶瓷砖胶粘剂拉伸粘结强度的影响。由图 4 可以看出陶瓷砖胶粘剂的原拉伸粘结强度、晾置 30min 拉伸粘结强度、热老化后拉伸粘结强度随水泥掺量的提高而提高；在胶粉掺量低于 2.5%时，陶瓷砖胶粘剂浸水后拉伸粘结强度达到 C2 级别，胶粉掺量高于 2.5%时，陶瓷砖胶粘剂浸水后拉伸粘结强度反而会因胶粉溶胀造成强度降低，因此设计 C2 型陶瓷砖胶粘剂配方时，胶粉用量不宜过高。

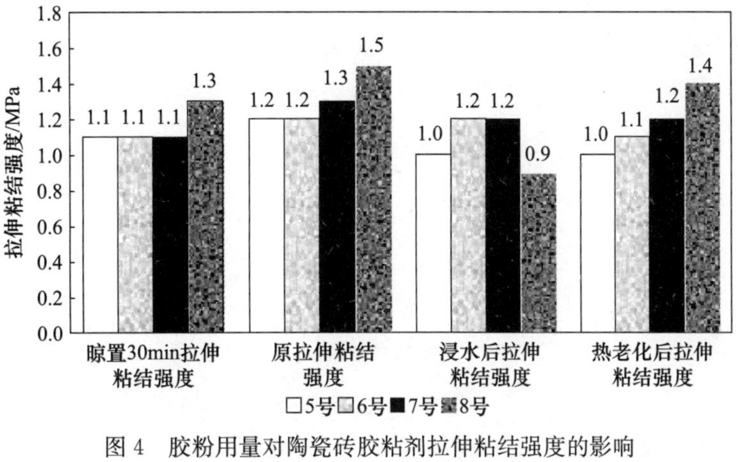

图 4　胶粉用量对陶瓷砖胶粘剂拉伸粘结强度的影响

结论

为开发出具有低成本、优异施工性能的C1S1级别的陶瓷砖胶粘剂，本文探究了水泥和胶粉用量对陶瓷砖胶粘剂柔韧性的影响，得到以下结论：

（1）在确定瓷砖胶胶粉用量的情况下，瓷砖胶横向变形数据随水泥掺量的提高先增加后减小，水泥掺量为30%时，瓷砖胶的横向变形数据最高，瓷砖胶柔韧性最佳。

（2）在确定瓷砖胶水泥掺量30%的情况下，瓷砖胶横向变形数据随胶粉用量的提高而增加。当胶粉掺量为2.5%时，瓷砖胶达到C1S1级别。

参考文献

[1] 韩朝辉．增强型瓷砖胶粘剂性能研究［J］．新型建筑材料，2013，40（2）：12-15.

[2] 钱中秋，雷文晗，季亚军．可再分散乳胶粉在瓷砖胶粘剂中的应用性能［J］．粉煤灰，2014，26（5）：39-40，43.

[3] 王娟，寇玉德，陈宁．不同胶粉及水泥用量的瓷砖胶耐久性影响因素研究［J］．新型建筑材料，2018，45（5）：30-33.

轻质水泥基隔声砂浆性能试验研究

于　鹏[1]　吴良凯[1]　赵　伦[1]　严兴李[1]　伍艳峰[1]
1. 东方雨虹砂粉科技集团有限公司　北京　100123

摘　要　本文分析对比使用不同掺量水泥、玻化微珠、胶粉、减水剂对水泥基隔声砂浆抗压强度、软化系数、线收缩率性能的影响，同时研究了胶粉、减水剂掺量对力学性能、产品状态稳定性的影响。结果表明：水泥掺量增加，砂浆体积密度增大，抗压强度、软化系数、线收缩率均增高；而隔声砂浆脆性随着轻骨料玻化微珠掺量的增加而增大，体积密度、抗压强度、软化系数、线收缩率呈反向降低的趋势。轻质水泥基隔声砂浆材料最佳掺量为水泥 45％～50％，玻化微珠 15％～18％，可再分散乳胶粉 0.2％～0.3％，减水剂 0.05％～0.1％。

关键词　楼地面隔声砂浆；玻化微珠；轻质隔声

Experimental Study on Lightweight Cement-based Sound Insulation Mortar

Peng Yu[1]　Liangkai Wu[1]　Lun Zhao[1]　Xingli Yan[1]　Yanfeng Wu[1]
(1. Oriental Yuhong Sand Powder Technology Group Co., Ltd.　Beijing　100123)

Abstract　In this paper, the effects of different contents of cement, vitrified beads, rubber powder and water reducer on the compressive strength, softening coefficient and linear shrinkage of cement-based sound insulation mortar are analyzed and compared, the effects of the content of rubber powder and water reducing agent on mechanical properties and product state stability were also studied. The results show that: The greater the cement content, the greater the bulk density, and the higher the values of compressive strength, softening coefficient and linear shrinkage. However, the addition of vitrified beads is inversely proportional to the above properties. At the same time, the influence of the content of rubber powder and water reducer on mechanical properties and construction performance and the stability of product system. According to the comprehensive test, the optimum content of lightweight cement-based sound insulation mortar material is 45％～50％ cement, 15％～18％ vitrified beads, 0.2％～0.3％ redispersible latex powder and 0.05％～0.1％ water reducer.

Keywords　Floor sound insulation mortar; Vitrified microbeads; Lightweight sound insulation

引言

随着城市建筑工程朝着高品质的方向发展和人民生活质量的不断提升，人们的需求不仅体现在

第一作者简介：于鹏（1984—　），男，工程师，目前主要从事建筑保温砂浆、隔声砂浆研究。E-mail：yupeng03@yuhong.com.cn

物质方面，而且对居住环境的舒适度也更加关注；特别是噪声污染已经成为影响居民清净生活的一大公害。面对噪声污染，有关职能和科研部门开始加以重视，各管理部门和技术科研单位均在加快研究隔声产品和解决降噪方法；尤其是砂浆行业，根据砂浆产品特点和性能优势，各科研单位和生产厂家也在大力研发隔声效果和力学性能均良好的隔声砂浆产品。

根据国家建筑隔声规范 GB 50118—2010《民用建筑隔声设计规范》的规定[1]，住宅楼板撞击声（现场测量）≤75dB，高要求住宅≤65dB；同时，GB 50118—2010《民用建筑隔声设计规范》里说明 120mm 厚的钢筋混凝土楼板的撞击声压级在 80dB 左右，仅靠钢筋混凝土楼板无法达到相关标准对撞击声隔声性能的要求。

隔声砂浆是多孔、疏松和透气的典型多孔性吸声材料[2]。隔声砂浆中具有大量的互相贯通的从表到里的微孔，具有一定的透气性，能够减弱透射声能，阻挡声音和撞击声的传播。隔声砂浆产品各项物理性能指标数据满足行业标准 JC/T 2707—2022《隔声砂浆》[3]，完全符合建筑隔声要求，隔声砂浆产品已具备规模化投入市场进行推广应用和技术可行性。楼地面轻质隔声砂浆具有质量稳定、不空鼓、不开裂、能耗低、无污染、施工方便、适用性强等优点，符合国家关于绿色建筑工程的要求。

1 材料与方法

1.1 试验原材料

（1）水泥：P·O 42.5 水泥，英德海螺水泥有限公司生产，其物理性能见表 1。

表 1 水泥物理性能

标准稠度用水量/%	凝结时间		抗压强度	抗折强度
	初凝	终凝	28d	28d
26.7	3h25min	3h33min	59.3MPa	8.2MPa

（2）玻化微珠：信阳市申华珍珠岩应用有限公司生产，主要性能见表 2。

表 2 玻化微珠主要性能

外观	堆积密度	含水率	筒压强度	体积吸水率	体积漂浮率
表面有玻璃光泽，颜色均匀	145kg/m³	0.6%	225MPa	25%	90%

（3）胶粉：可再分散乳胶粉，乙酸乙烯和乙烯的共聚物，瓦克化学生产，5010 型，主要技术性能见表 3。

表 3 可再分散乳胶粉主要技术性能

外观	堆积密度	不挥发物含量	灼烧残渣	pH 值	最低成膜温度
白色粉末无结块	535kg/m³	99.2%	5%	8	4℃

1.2 配合比及试验方法

（1）配合比：以 P·O 42.5 水泥为胶凝材料，玻化微珠为轻质骨料，再加入可再分散乳胶粉以及减水剂、纤维素醚等外加剂，按照试验设计配合比进行混合。隔声砂浆的初始配合比见表 4。

表 4 试验基本配合比（质量比） %

原材料	水泥	玻化微珠	重钙粉	石英砂	可再分散乳胶粉	减水剂	纤维素醚
占比	40～70	9～25	10	15～25	0.1～0.4	0.05～0.2	0.2

（2）测试方法：参照 JC/T 2707—2022《隔声砂浆》规定的方法测试隔声砂浆的干密度、力学

性能、软化系数、线收缩率。

2 结果与分析

2.1 水泥掺量对隔声砂浆力学性能的影响

由表5可以看出，随着水泥掺量的增加，28d抗压强度明显处于稳步增长态势，软化系数同样逐渐变大，但水泥掺量为40%时软化系数低于标准值，而线收缩率在水泥掺量为60%时已高出临界值，所以水泥的最佳掺量为50%。

表5 水泥掺量对隔声砂浆性能的影响

项目	水泥掺量/%			
	40	50	60	70
28d抗压强度/MPa	4.8	5.7	6.4	7.5
软化系数 *b*/%	0.76	0.89	0.97	1.05
线收缩率/%	0.12	0.16	0.21	0.25

2.2 玻化微珠添加量对隔声砂浆性能的影响

试验采用的玻化微珠为闭孔珍珠岩，颗粒有着连续和比较平滑的表面，孔隙封闭，无裂纹。显微镜下观察每一颗粒都有着完整的玻璃化外壳，而内部基本为空心结构（图1），较开孔型玻化微珠抗压强度更好，吸水率更低，流动性更高。图2为隔声砂浆内部多孔结构，当声音振动传播到隔声砂浆内部及玻化微珠外壳上时，会引起空心结构内部空气振动摩擦，消耗一部分撞击声传播的能量，起到隔声的效果。

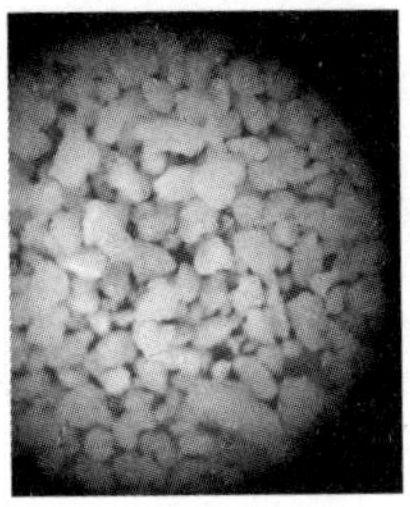

(a)×30倍

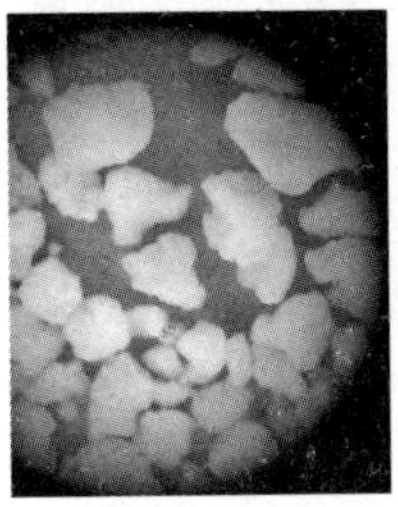

(b)×50倍

图1 显微镜下玻化微珠形态

图2 隔声砂浆内部多孔结构

图3为玻化微珠掺量对隔声砂浆性能的影响。由图3可以看出，随玻化微珠添加量的增加，产品体积干密度降低，28d抗压强度和28d拉伸粘结强度同时也呈下降趋势。其中拉伸粘结强度在玻化微珠掺量为21%时趋于临界值，抗压强度在玻化微珠添加量约为18%时趋于临界值。所以综合考虑力学性能数值富余及产品成本，玻化微珠的添加量为15%～18%。

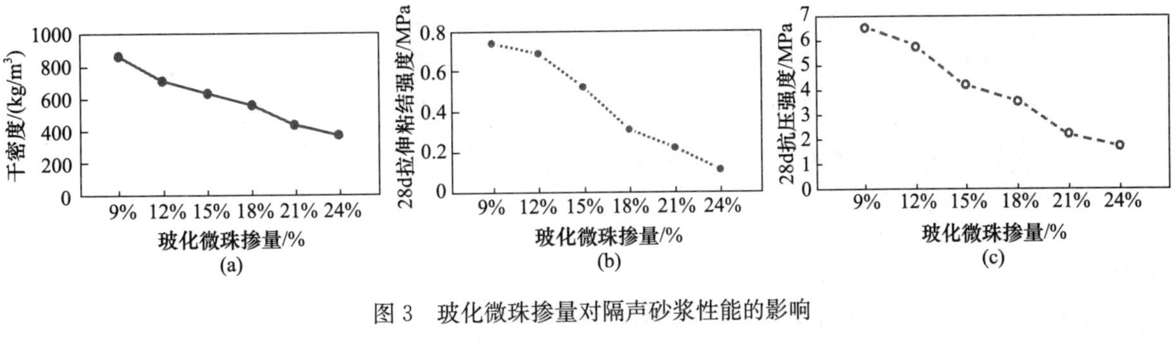

图3 玻化微珠掺量对隔声砂浆性能的影响

2.3 可再分散乳胶粉掺量对隔声砂浆强度的影响

图4为可再分散乳胶粉掺量对隔声砂浆强度的影响。由图4（a）可以看出，在无添加胶粉情况下，28d拉伸粘结强度低于标准值，随着胶粉掺量的增加，拉伸粘结强度呈递增的趋势，掺量在0.3%时增幅明显；图4（b）中28d抗压强度随胶粉掺量的增加同样呈增长趋势，符合乳胶粉对砂浆性能的改善机理[4]；综合考虑力学性能数值富余及产品成本，可再分散乳胶粉的掺量是0.2%～0.3%。

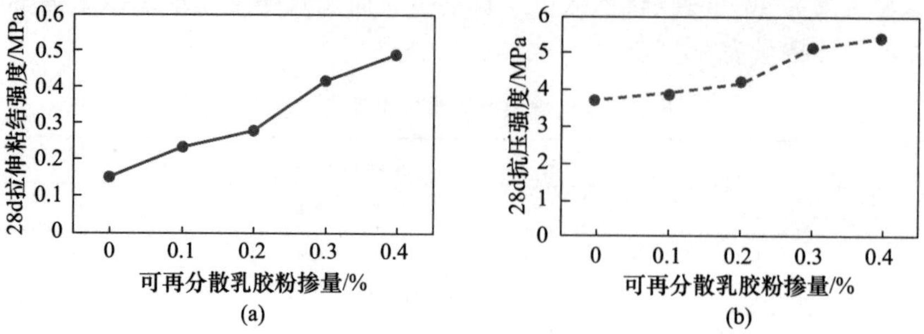

图4 可再分散乳胶粉掺量对强度的影响

2.4 减水剂掺量对隔声砂浆的影响

表6为减水剂掺量对隔声砂浆性能的影响。由表6可以看出，无添加减水剂时产品流动较差，随着减水剂掺量的增加，流动性提升，然后趋于相对稳定状态[5]；同时28d抗压强度和拉伸粘结强度都处于稳步提升状态，但掺量高于0.15%时产品出现泌水现象，减水剂最佳掺量为0.05%～0.10%。

表6 减水剂掺量对隔声砂浆的影响

项目	减水剂掺量/%			
	0	0.05	0.10	0.15
初始流动度/mm	70	95	100	105
28d抗压强度/MPa	3.5	3.9	4.4	4.8
28d拉伸粘结强度/MPa	0.37	0.44	0.52	0.56
容器中状态	流动性差	流动性较好	流动性好	轻微泌水

结论

通过试验研究胶凝材料水泥、轻骨料玻化微珠、可再分散乳胶粉、聚羧酸减水剂不同掺量对隔声砂浆性能的影响：

（1）水泥作为隔声砂浆主要胶凝材料，随着水泥掺量的增加抗压强度以及耐水性能会提高，但砂浆用水量同时会增大，而受空气中湿度变小影响，收缩率会增加。所以，综合整体性能指标，水泥50%掺量为最佳方案。

（2）隔声砂浆的密度随着玻珠掺量增大密度而越低。同时玻化微珠是脆性材料，掺量的提高会导致隔声砂浆脆性的增加，砂浆抗压强度、拉伸粘结强度同时会降低。

（3）胶粉的掺加可以防止砂浆受到应力作用在过渡区产生裂纹，提高砂浆抗裂性能，砂浆的拉伸粘结强度随之增大；而砂浆开裂产生的受压破坏减少，隔声砂浆抗压强度得到增长。

（4）隔声砂浆的用水量随着减水剂掺量增加而降低，其密度和流动性会随之增加，脆性降低，抗压强度和拉伸粘结强度增大。

参考文献

[1] 中华人民共和国住房和城乡建设部．民用建筑隔声设计规范：GB 50118—2010［S］．北京：中国建筑工业出版社，2011.

［2］　梁志远，牛云辉，吕淑珍，等．丙烯酸乳液改性玻化微珠保温砂浆性能与孔结构研究［J］．新型建筑材料，2022，49（6）：46-50，55.

［3］　中华人民共和国工业和信息化部．隔声砂浆：JC/T 2707—2022［S］．北京：中国建材工业出版社，2023.

［4］　王志华．可再分散乳胶粉对保温砂浆性能的影响［J］．江西建材，2023，（10）：31-33.

［5］　王文军，王道正，祝顺，等．一种新型降黏型聚羧酸减水剂的制备及应用［J］．新型建筑材料，2023，50（12）：135-138.

低温下内墙腻子和轻质抹灰石膏的相容性研究

赵守佳[1]　李广涛[1]　李　雪[1]　王兴宝[1]
1. 山东天盛纤维素股份有限公司　菏泽　274051

摘　要　本文探索了环境温度、轻质抹灰石膏和内墙腻子养护时间、内墙腻子种类、界面剂种类等对内墙腻子和轻质抹灰石膏之间相容性的影响。结果表明：在低温条件下，灰钙基腻子和一般型水泥基腻子与抹灰石膏的粘结强度分别是一般型内墙腻子的 6.5 倍和 9 倍，而使用 VAE 乳液类界面剂涂刷抹灰石膏层，一般型内墙腻子的粘结力增加 6.5 倍。

关键词　轻质抹灰石膏；内墙腻子；相容性

Study on Compatibility between Putty for Interior Wall and Light-weight Gypsum Plaster at Low Temperature

Shoujia Zhao[1]　Guangtao Li[1]　Xue Li[1]　Baoxing Wang[1]
1. Shandopng Tiansheng Cellulose Corp. Ltd　Heze　274051

Abstract　The effects of ambient temperature on the job-site, conditioning time of light-weight gypsum plaster and putty for interior wall, types of putty for interior wall and interfacial agents on the compatibility between putty for interior wall and light-weight gypsum plaster were explored. The test results showed that hydrated lime-based putty and general cement-based putty's adhesive strength with gypsum plaster are 6. 5 and 9 times higher than that of general puty at low temperature, and the application of VAE-type interfacial agent on light-weight gypsum plaster makes adhesive strength of general putty for lnterior increase by 6. 5 times.

Keywords　Lightweight gypsum plaster; Putty for interior wall; Compatibility

引言

随着社会经济的不断发展及人民生活水平的逐渐提高，消费者对于墙面装修的整体性能要求逐渐从经济实用提升到精致美观。建筑内墙装饰系统如图 1 所示，至少包括基层、抹灰石膏粗找平、内墙腻子精细找平、装饰材料等，各组成部分之间的相容性至关重要。

第一作者简介：赵守佳（1965—　　），高级工程师，现任山东天盛纤维素股份有限公司技术总监，从事纤维素醚的化学和物理改性及其在内外墙腻子、建筑防水材料、瓷砖胶和抹灰石膏等在建筑砂浆中的应用研究。E-mail：zhaoshoujia@sohu. com

图1　建筑内墙装饰系统

抹灰石膏是近年来国内应用广泛的一种环保建筑材料，是由工业副产石膏、集料、填料及添加剂等混合而成的新型内墙粗找平抹灰材料，适用于各类建筑内墙墙面抹灰，特别用于混凝土墙体及加气砖墙体上直接施工，效果尤为突出。抹灰石膏的用量表现出快速的增长，2018年需求量为986万t，2020年为1350万t，2021年为1700万t，在2021年，轻质抹灰石膏占2/3。尽管如此，中国石膏砂浆仅占内墙抹灰材料的20%，而在德国，80%的干粉砂浆为石膏基的，因此中国的抹灰石膏仍存在较大的市场潜力[1]。由于石膏的良好特性，又能综合利用工业副产石膏，符合国家的“双碳”政策，达到节约资源、保护环境的目的，抹灰石膏会有更好的发展前景。

建筑腻子作为一种古老的建筑材料，最早的应用可以追溯到中国、古埃及和古罗马等古代文明，无论是殷商时期的青铜器，还是古埃及的法老墓，以及古罗马的建筑中，都有类似腻子粉的材料用于填补器物或者建筑表面的缝隙和不平整[2]。时至今日，建筑腻子最主要的功能仍是精细找平墙面基层。作为建筑涂料的配套材料，腻子层需要同时兼顾基材和涂料的适配性，既要与基材形成较强的粘结力，又需要便于涂料的涂刷。

建筑腻子和抹灰石膏是内墙装饰体系的重要找平材料，它们之间的搭配十分重要[3]。每当冬季或秋冬之交会发生一般型内墙腻子从抹灰石膏层上脱落，或者内墙腻子和抹灰石膏粘结力差，用抹刀轻轻一铲，腻子层会从抹灰石膏层上成片脱落，如图2所示。其原因主要是抹灰石膏表面强度低。冬季气温低，β-建筑石膏的水化速度慢，导致抹灰石膏层强度低。在冬季，空气中潮气少，湿度低，抹灰石膏层表面的水分很快失去，表层的β-建筑石膏水化不完全，在表面形成一层很薄的疏松层，起到隔离作用。轻质抹灰石膏更是如此。

图2　内墙腻子从抹灰石膏层上脱落

另外，由于施工厚度大，抹灰石膏层短时间内难以干透，加上冬季气温低，施工现场通风不畅等因素，水分挥发更慢。在抹灰石膏上刮抹内墙腻子后，抹灰石膏层中的水分滞留在抹灰石膏层中，更难从抹灰石膏层内部流出，水分存在于抹灰石膏和内墙腻子的界面处，降低腻子与石膏的粘结力，内墙腻子层有可能脱落。

底层抹灰石膏与建筑腻子之间的粘结力直接影响内墙装饰系统的后期性能，杨成贵等[4]试验了在常温下抹灰石膏（轻质和重质抹灰石膏）和不同种类的建筑腻子（一般型腻子、灰钙基耐水腻子、水泥基耐水腻子等）之间的匹配性，发现一般型建筑腻子与抹灰石膏具有良好的匹配性。但是在冬期施工时，也会有一般型建筑腻子从抹灰石膏层上脱落或剥离的现象。本文探索了施工环境温度、内墙装饰系统各组成部分及界面剂对轻质抹灰石膏和内墙腻子之间相容性（拉伸粘结强度）的影响，希望对内墙装饰系统的低温下（约5℃）施工提供指导。

1 材料与方法

1.1 试验原材料

（1）抹灰石膏：市售，满足GB/T 28627—2023《抹灰石膏》中轻质抹灰石膏的技术要求，涂布率为175m²/（t·cm），粘结强度为0.42MPa。

（2）白水泥：江西银杉白水泥有限公司生产的P·W 32.5白水泥，3d抗压强度为24.0MPa，28d抗压强度为38.0MPa。

（3）灰钙粉：浙江省衢州市瑞邦钙业有限公司生产，蓝光白度为85%，堆积密度为406kg/m³。

（4）重钙粉：河南南召重钙粉有限公司生产，280目筛余率为2.4%，蓝光白底为82%，堆积密度为880kg/m³。

（5）纤维素醚：山东天盛纤维素股份有限公司生产的N4012，改性HPMC，黏度为57500～75000mPa·s（2%水溶液，Brookfield黏度计，20℃，7号转子，6r/min）；N40752，改性HPMC，黏度为105000～130000mPa·s（2%水溶液，Brookfield黏度计，20℃，7号转子，6r/min）。

（6）预糊化淀粉：广西明阳淀粉化工有限公司生产的预糊化木薯淀粉E1400。

（7）膨润土：北京稀德玛科技发展有限公司生产的有机改性膨润土Bentonitex NS5。

（8）聚乙烯醇：内蒙古双欣环保材料股份有限公司生产的聚乙烯醇PVA1788粉状产品，使用前过120目筛。

1.2 内墙腻子的制备

按照表1所示的内墙腻子质量配比，制备满足JG/T 298—2010《建筑室内用腻子》规定技术要求的一般型和耐水型内墙腻子，作为本试验中的内墙腻子样品。

表1 内墙腻子各组分质量配比 kg

样品	325目重钙粉	P·W 32.5白水泥	灰钙粉	纤维素醚N4012	纤维素醚N40752	聚乙烯醇2488	预糊化木薯淀粉E1400	膨润土NS5
一般型内墙腻子1	1000	—	—	3.5	—	4.0	—	5.0
一般型内墙腻子2	1000	—	—	3.5	—	1.0	6.0	5.0
一般型水泥基腻子	950	50	—	—	4.0	1.0	—	—
灰钙基耐水腻子	800	—	200	4.0	—	—	—	—
水泥基耐水腻子	800	200	—	—	4.0	—	—	—

1.3 测试方法

抹灰石膏与内墙腻子之间的粘结强度：参考JG/T 298—2010《建筑室内用腻子》的规定，环境温度和养护时间由本试验规定。

抹灰石膏层中水分含量的测定：将400mm×200mm的水泥砂浆板清理干净，涂刷自流平砂浆专用界面剂，防止抹灰石膏层的水分被基层吸收。一次性施工 30mm 轻质抹灰石膏浆料，并用抹刀刮平。截取如图 3 所示的不同厚度抹灰石膏层（表层 3～4mm；紧挨着 5～6mm；再次紧挨着 5～6mm），放入 40℃烘箱中 72h，计算出不同厚度范围抹灰石膏层的水分含量。

图 3　抹灰石膏层分层示意图

1.4　试验方案

在清理干净的混凝土板上，一次性刮抹 30mm 厚的轻质抹灰石膏，养护到期后，（根据试验要求，判断是否涂刷各种类型的界面剂。如果要涂刷界面剂，待界面剂实干后）刮抹内墙腻子，测试不同试验条件下抹灰石膏和内墙腻子之间的拉伸粘结强度。

2　结果与分析

2.1　放置时间对抹灰石膏层中水分含量测定的影响

在建筑内墙装饰系统中，轻质抹灰砂浆是建筑内墙腻子的基层，所以轻质抹灰石膏的强度对于内墙装饰系统的长期使用性能十分重要。抹灰石膏的强度与水分含量有直接关联[5]，一般来说，抹灰石膏的含水率从 30%降低到 5%，它的强度几乎不变。只有在含水率低于 5%时，抹灰石膏的强度才会明显提高。含水率降低到 3%以下时，抹灰石膏的强度会直线上升。所以抹灰石膏的含水率必须在 3%以下，最好在 1%以下。

试验测定了轻质抹灰石膏不同养护时间，不同厚度范围的抹灰石膏中的水分含量，试验结果见图 4。随着时间的延长，抹灰石膏层含水率降低，起初下降幅度大，7d 之后，下降幅度变小。在通风良好的施工环境，抹灰石膏层放置 4～5d 后，刮抹内墙腻子是比较合适的。

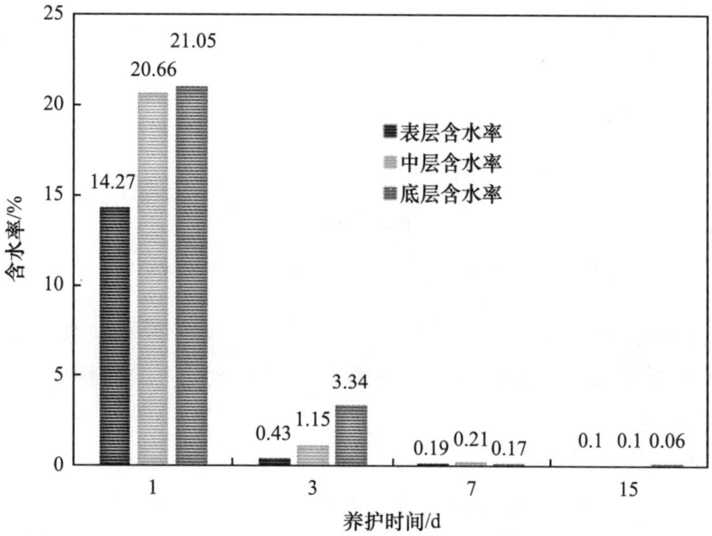

图 4　抹灰石膏层水分与放置时间的关系

2.2　抹灰石膏养护时间对内墙腻子粘结强度的影响

建筑石膏与水反应生成二水石膏，从而建立抹灰石膏的强度。冬季气温低，建筑石膏的水化速度缓慢，但是其强度随着时间的延长逐渐变大。另外，抹灰石膏中的水分随着养护时间的延长而降低，加大抹灰石膏的强度。我们试验了抹灰石膏在5℃环境温度下养护1d、2d、3d、4d、5d后与内墙腻子的粘结强度，试验结果见表2。

表2　抹灰石膏养护时间对内墙腻子粘结强度的影响

间隔时间/d	1	2	3	4	5
拉伸粘结强度/MPa	0.105	0.069	0.096	0.260	0.280

在冬期施工，建筑石膏水化速度慢和抹灰石膏层不易干燥，对粘结强度有副作用。随着养护时间的延长，粘结强度明显提高。所以冬期施工时，抹灰石膏层完工4～5d后，才能刮抹建筑内墙腻子。

2.3　环境温度对内墙腻子粘结强度的影响

轻质抹灰石膏放置2d后施工一般型内墙腻子，将试件放置在23℃和5℃的环境中，测试7d后内墙腻子的拉伸粘结强度，试验结果见表3。

表3　环境温度对内墙腻子粘结强度的影响

腻子种类	一般型内墙腻子1		一般型内墙腻子2	
环境温度/℃	23	5	23	5
拉伸粘结强度/MPa	1.02	0.081	0.84	0.12

由表3可知，当环境温度低时，内墙腻子与抹灰石膏之间的拉伸粘结强度也低，在冬期施工时不要在抹灰石膏层上施工一般型内墙腻子。

2.4　内墙腻子养护时间对内墙腻子粘结强度的影响

在环境温度为5℃的条件下，轻质抹灰石膏养护2d后刮抹一般型内墙腻子，将内墙腻子养护3d、7d、15d后，测定内墙腻子的拉伸粘结强度，试验结果如图5所示。

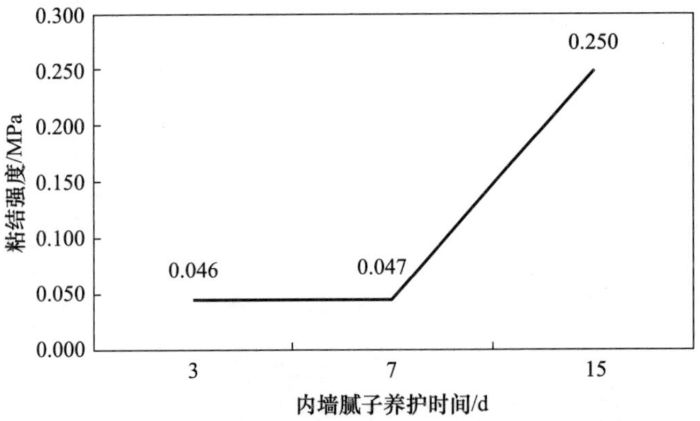

图5　内墙腻子养护时间对内墙腻子粘结力的作用

由图5可知，对于一般型内墙腻子，随着养护时间的延长，腻子的强度逐渐增强，但是初期（7d之内），内墙腻子的强度很低，在此阶段，内墙腻子层可能发生脱落现象，后期粘结强度的升高没有意义。

2.5　内墙腻子种类对内墙腻子粘结强度的影响

在5℃温度下，30mm厚的轻质抹灰石膏养护2d后刮抹四种市场上常见的内墙腻子，按照JG/T 298—2010《建筑室内用腻子》的规定测定内墙腻子的拉伸粘结强度，试验结果见表4。

表4　内墙腻子种类对粘结力的作用

内墙腻子种类	一般型内墙腻子1	一般型水泥基腻子	灰钙基耐水腻子	水泥基耐水腻子
拉伸粘结强度/MPa	0.02	0.13	0.18	0.22

由表 4 可以看出，冬季在轻质抹灰石膏层上施工内墙腻子，一般型内墙腻子的强度很低，仅为 0.02MPa。和一般型内墙腻子相比，一般型水泥基腻子粘结强度增加了 5.5 倍，灰钙基耐水腻子增加了 8 倍，所以低温施工，最好使用一般型水泥基腻子或灰钙基腻子。水泥基耐水腻子的粘结强度有很大提高，和一般型内墙腻子相比，增加了 10 倍。杨成贵等[4]探索了常温下抹灰石膏与水泥基腻子的匹配性后发现，水泥基耐水腻子虽然与抹灰石膏的粘结强度高，但是由于轻质抹灰石膏与水泥基耐水腻子的弹性模量相差很大，后期水泥基耐水腻子会从抹灰石膏层上剥离，甚至脱落。

2.6 界面剂种类对内墙腻子粘结强度的作用

由于气候干燥的缘故，冬期施工的轻质抹灰石膏，表层容易形成很薄酥松层。在轻质抹灰石膏表面涂刷界面剂，一方面可以增强抹灰石膏的强度，另一方面可增加一般型内墙腻子与抹灰石膏的粘结力。轻质抹灰石膏养护 2d 后刷涂各种界面剂，待界面剂实干后刮抹一般型内墙腻子，在 5℃温度下养护 7d 后检测内墙腻子的粘结强度，试验结果见表 5。

表 5　不同的界面剂对内墙腻子粘结力的作用

界面剂类型	空白	8%VAE 界面剂	8%苯丙乳液	20%苯丙乳液	8%弹性苯丙乳液
拉伸粘结强度/MPa	0.024	0.18	0.08	0.12	0.06

由表 5 可以看出，使用界面剂后，一般型腻子的粘结强度均有较大幅度的增加，仅是增加幅度不同而已。其中，VAE 乳液类界面剂效果最好，和未使用界面剂相比，粘结强度增加了 6.5 倍。VAE 乳液 T_g 高，保护胶体为聚乙烯醇，两者均能提高与抹灰石膏和内墙腻子的粘结力，另外，VAE 乳液粒径大，在抹灰石膏上不能形成连续光滑的聚合物薄膜；VAE 乳液形成的聚合物胶粒均匀分布在抹灰石膏层上，和苯丙乳液相比，其粗糙度大，增加了与内墙腻子的粘结力。和通用的苯丙乳液（T_g 为 10～15℃）相比，弹性苯丙乳液（T_g 为－8～－16℃）与抹灰石膏和内墙腻子的粘结力差。

结论

为了从根本上解决低温下轻质抹灰石膏和建筑腻子的相容性问题，本文探索了施工环境温度、轻质抹灰石膏、不同种类的内墙腻子及界面剂对抹灰石膏和内墙腻子之间拉伸粘结强度的影响，具体结论如下：

（1）作为建筑腻子的基层的抹灰石膏层应养护 4～5d，使抹灰石膏中水分含量低于 5%。

（2）一般型水泥基腻子或灰钙基耐水腻子在低温下和抹灰石膏的粘结力强于一般型内墙腻子，冬期施工，可用一般型水泥基腻子或灰钙基腻子。

（3）在抹灰石膏层上涂刷 VAE 乳液类界面剂会增加一般型内墙腻子的粘结力，粘结强度增加了 6.5 倍。所以，在施工一般型内墙腻子前，应用 VAE 乳液类界面剂处理抹灰石膏层。

参考文献

[1]　李洪伟，习海平．轻质抹灰石膏砂浆性能影响机制研究［J］．江西建材，2022（7）：20-22，25.

[2]　BRANCO F G，BELGAS M DE L，MENDES C，et al. Characterization of Fresh and Durability Properties of Different Lime Mortars for Being Used as Masonry Coatings in the Restoration of Ancient Constructions［J］. Sustainability，2021，13（9）：4909

[3]　王肇嘉，郭晞，王培铭，等．2021 年中国预拌砂浆行业发展报告［J］．混凝土世界，2022（10）：9-37.

[4]　杨成贵，卢云飞，麦观水．底层抹灰石膏与水泥基面层腻子匹配性的应用研究［C］//郭晞，王培铭，张泳东．2022'第十届中国国际预拌砂浆生产应用技术研讨会论文集．北京：中国建材工业出版社，2022.

[5]　杨再银，张云龙．石膏的物理化学［A］．中国建筑材料联合会石膏建材分会．机喷石膏生产石膏技能培训讲义．北京，2018.

应 用 研 究

石膏基自流平砂浆及其表面薄贴瓷砖试验研究

钱耀丽[1,2,3]

1. 上海市建筑科学研究院有限公司　上海　201108

2. 上海工业固体废弃物资源化利用工程技术研究中心　上海　201108

3. 上海建科集团股份有限公司　上海　200032

摘　要　石膏基自流平砂浆作为一种绿色低碳建材，近年来因其显著的优点在地面回填找平应用中快速发展，但石膏基自流平砂浆表面能否薄贴瓷砖尚无定论。本文研究了养护条件、加热时间、浸水时间对石膏基自流平砂浆性能的影响以及冷热循环、浸水再加热循环对石膏基自流平与陶瓷砖粘结性能的影响。结果表明：石膏基自流平砂浆在>90%的条件下养护，含水率高、强度随龄期发展缓慢，28d抗压强度约为其绝干抗压强度的57%，但其绝干强度与湿度较低条件下养护的试件基本相近；石膏基自流平砂浆在≤60℃条件下长期加热、短期浸水再烘干性能无下降，冷热循环、浸水加热循环与陶瓷砖的粘结性能无降低，完全适用于地暖系统。

关键词　石膏基自流平砂浆；薄贴瓷砖；含水率；抗压强度；长期加热；浸水；冷热循环

Experimental Study on Gypsum-based Self-leveling Compound and Thin Tiling

Yaoli Qian[1,2,3]

1. Shanghai Research Institute of Building and Science Co., Ltd. Shanghai　201108

2. Shanghai Engineering Technology Research Center of Industrial Solid Waste Recycling　Shanghai　201108

3. Shanghai Research Institute of Building Sciences Group Co., Ltd. Shanghai　200032

Abstract　As a green and low-carbon building material, gypsum-based self-leveling mortar has developed rapidly in the application of ground backfill leveling due to its remarkable advantages in recent years. The effects of curing conditions, heating time and soaking time on the properties of gypsum-based self-leveling mortar and the effects of cooling and heating cycles and soaking and reheating cycles on the bonding properties of gypsum-based self-leveling mortar to ceramic tiles were studied, the results show that the gypsum-based self-leveling mortar is cured under the condition of

作者简介：钱耀丽（1986—　），女，高级工程师，硕士研究生，研究方向：固废资源化利用与新型建筑材料开发、应用。E-mail：18217641412@163.com

>90%, the moisture content is high, the strength develops slowly with the age, and the 28day compressive strength is about 57% of its absolute dry compressive strength, however, the absolute dry strength of the mortar is similar to that of the mortar cured under lower humidity, and the properties of the gypsum-based self-leveling mortar do not decrease after long-term heating and short-term soaking under the condition of ≤60℃, after cooling and heating cycle, soaking heating cycle and ceramic tile bonding performance does not reduce, fully suitable for floor heating system. The research in this paper provides a reference for the research of gypsum-based self-leveling mortar and its application.

Keywords Gypsum-based self-leveling mortar; Thin tiling; Moisture content; Compressive strength; Long-term heating; Immersion; Cold-heat cycle

引言

建材工业是我国能源消耗和碳排放最大的工业部门之一，其碳排放约占全国碳排放总量的15%，且80%以上的碳排放来自水泥。作为三大胶凝材料之一的石膏，生产能耗仅为水泥的1/3～1/4，碳排放仅为其1/4～1/9[1-2]，在“双碳”背景下，室内非结构材料中石膏等低碳胶凝材料替代水泥将是低碳产业发展的必然选择。

石膏基自流平砂浆作为地面找平材料，相比传统的水泥砂浆/细石混凝土，具有凝结快、不开裂、不空鼓、施工便捷、平整度高等优点[3]，近年来成为石膏行业关注的热点和重点发展的产品之一。据中国建筑材料联合会石膏建材分会统计，2016年，石膏基自流平砂浆产量1000t，2022年产量已达到270万t，根据2023年国内新建住宅竣工面积以及30%建筑使用石膏基自流平测算，预计未来用量每年可近900万t。另外，瓷砖大板、大理石岩板等在地面的使用越来越多，瓷砖尺寸越大，对基层的平整度要求越高，从而对自流平的发展也起到推动作用。经调研，水泥自流平薄贴瓷砖技术已较为成熟，而石膏自流平薄贴瓷砖却鲜见报道。石膏是一种气硬性胶凝材料，且高温下石膏建材容易脱水，若石膏自流平长期处于潮湿环境、地暖管长期加热或漏水等均有可能对其性能产生影响，进而影响其与陶瓷砖的粘结性能。因此本文研究了不同养护条件、加热时间、浸水时间对石膏基自流平砂浆性能的影响，并模拟地暖使用情况，研究了冷热循环、浸水再加热循环等对石膏基自流平薄贴瓷砖粘结性能的影响，对石膏基自流平砂浆及其薄贴瓷砖技术的推广应用具有重要意义。

1 原材料与试验方法

1.1 试验原材料

石膏基自流平砂浆：石膏基自流平砂浆1号，由安徽倍司德提供，脱硫建筑石膏+高强石膏+砂体系，初始流动度用水量33%；石膏基自流平砂浆2号，由锦洋新材提供，脱硫建筑石膏+氟石膏+砂体系，初始流动度用水量28%；石膏基自流平砂浆3号，市售，脱硫建筑石膏+砂体系，初始流动度用水量34%。

界面剂：苯丙乳液5041，固含量50%，使用时加水稀释到固含量15%。

瓷砖胶：市售，满足JC/T 547—2017《陶瓷砖胶粘剂》的C1普通型水泥基胶粘剂。

1.2 试验设计与方法

(1) 石膏基自流平砂浆试件制备：参照JC/T 1023—2021《石膏基自流平砂浆》进行石膏基自流平砂浆的料浆制备、强度试件、收缩率试件成型以及石膏基自流平砂浆板基材成型（尺寸为400mm×200mm×40mm）。

(2) 不同养护条件下石膏基自流平砂浆强度、含水率测试：试件拆模后，将试件分别在不同的养护条件［A：（20±2)℃、（55±10)%湿度；B：室内自然养护（平均 27℃、75%湿度）；C：(20±2)℃、90%以上湿度］养护至不同的龄期（24h、3d、7d、28d)，按 GB/T 17669.3—1999《建筑石膏 力学性能的测定》测试试件的抗压强度；同时取已测试强度后破碎试样，按 GB/T 5484—2012《石膏化学分析方法》进行试样含水率测试。

（3）长期加热条件下石膏基自流平砂浆强度、尺寸变化率测试：强度试件拆模后，将试件在(20±2)℃、(55±10)%湿度条件下分别养护至 7d、14d、28d 后，在（40±2)℃烘箱中烘至恒重，按 GB/T 17669.3—1999《建筑石膏 力学性能的测定》进行不同龄期试件绝干抗折抗压强度测试；另取 4 组强度试件，在养护 7d 烘至恒重后，分别放置在（50±2)℃、（60±2)℃条件下测试 7d、14d 抗压强度；试件在 24h 拆模后测初长，在养护 7d 烘至恒重后测其长度，按 JC/T 1023—2021《石膏基自流平砂浆》计算烘干尺寸变化率；其余试件分成两组，分别测试其在（50±2)℃、(60±2)℃条件下 7d、14d 的长度，计算与初长相比的尺寸变化率。

（4）浸水条件下石膏基自流平砂浆强度测试：强度试件拆模后，将试件在(20±2)℃、(55±10)%湿度条件下养护 28d 后在（40±2)℃烘箱中烘至恒重，按 GB/T 17669.3—1999《建筑石膏 力学性能的测定》进行一组试件的绝干抗折强度、绝干抗压强度测试，其余试件分别浸水 3d、7d、14d、28d 后在（40±2)℃烘箱中烘至恒重，分别按标准测试烘干后试件抗折、抗压强度。

（5）石膏基自流平砂浆与陶瓷砖粘结性能测试：参照 JC/T 547—2017《陶瓷砖胶粘剂》进行石膏基自流平砂浆与陶瓷砖在不同条件下的拉伸粘结强度的测试，其中混凝土板基材替换为石膏基自流平砂浆板基材。不同条件设计包括冷热循环［5℃ 12h、（50±2)℃ 12h 为一次循环，经 10 次循环］、浸水加热循环［（20±2)℃水浸泡 12h、(40±2)℃烘 12h 为一次循环，经 10 次循环］。

2 结果与分析

2.1 养护条件对石膏基自流平砂浆性能的影响

不同养护条件下，三种石膏基自流平砂浆养护到不同龄期的含水率和抗压强度分别如图 1 和图 2所示。

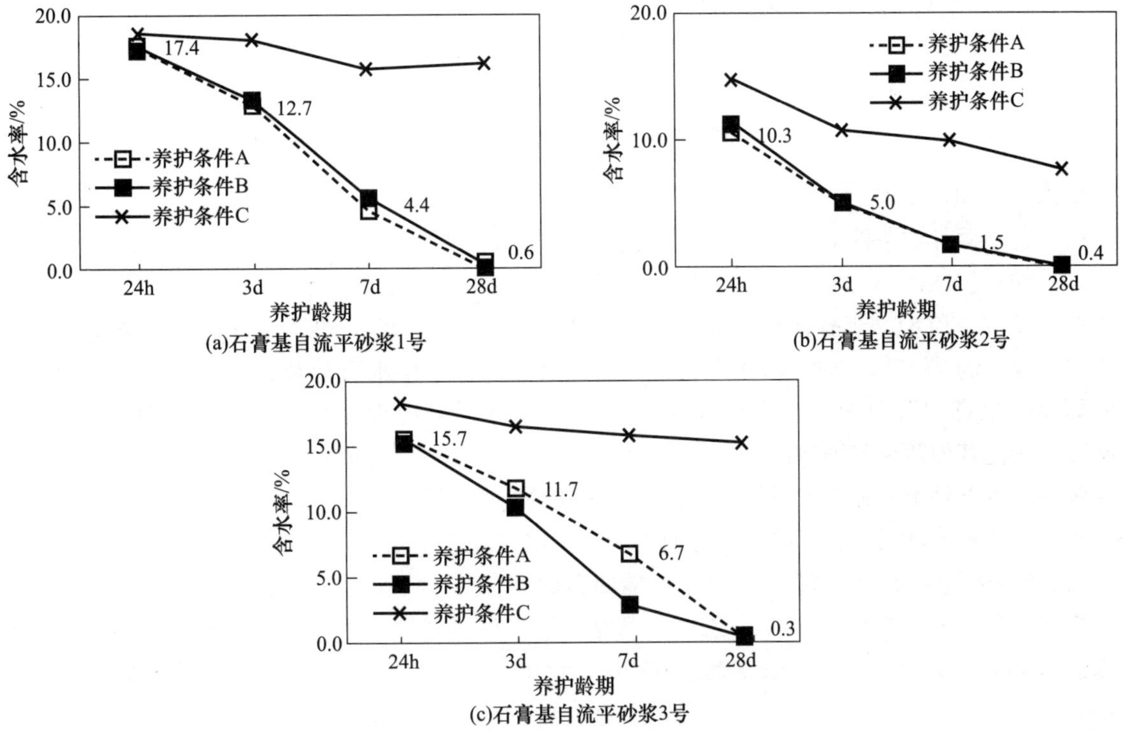

图 1 养护条件对石膏基自流平砂浆含水率的影响

由图 1 可知：

（1）石膏基自流平砂浆初始流动度用水量越低（2 号用水量比 1 号和 3 号低 5%～6%），其起始含水率越低，在相同养护条件下同龄期含水率也越低。

（2）试件的含水率随养护龄期的延长而降低，在养护条件 A 和养护条件 B 两种湿度相对较低条件下养护至 28d，三种石膏基自流平砂浆试件的含水率均接近 0%。而在高湿（湿度＞90%）条件下，试件含水率下降速度慢，当养护龄期从 24h 到 28d，石膏基自流平砂浆 1 号和 3 号含水率仅分别下降 2.4%和 3.2%，28d 含水率仍都在 15%以上；石膏基自流平砂浆 2 号含水率降低了 7%，其 28d 含水率为 7.5%，主要是因为 2 号起始含水率低，且 2 号中含有的氟石膏是一种硬石膏，水化速度慢，随着龄期的延长进一步水化，还需消耗部分水。

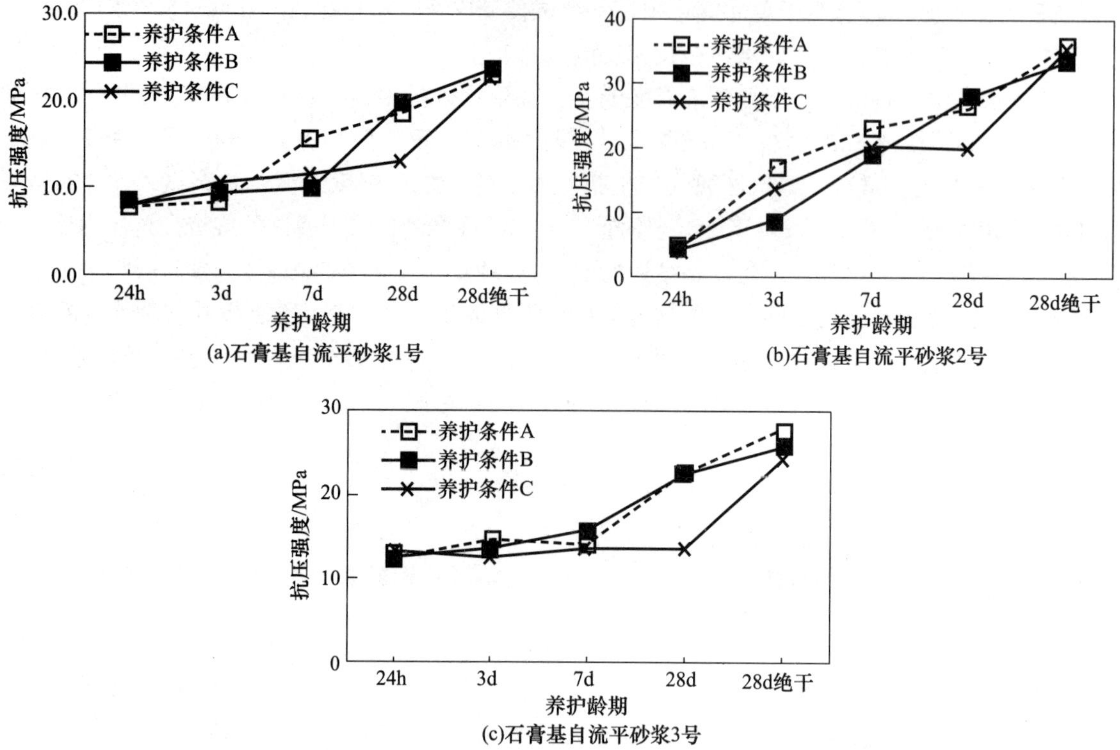

图 2　养护条件对石膏基自流平砂浆抗压强度的影响

由图 2 可知：

（1）在不同养护条件下，同种石膏基自流平砂浆 28d 绝干抗压强度相近。

（2）在养护条件 A 下，石膏基自流平砂浆 1～3 号的 28d 抗压强度分别为其绝干抗压强度的 79.9%、72.7%和 81.6%；在养护条件 B 下，石膏基自流平砂浆 1～3 号的 28d 抗压强度分别为其绝干抗压强度的 84.7%、84.5%和 88.3%；因此对于 2 号以半水石膏和无水石膏共同作为胶凝材料的体系，早期可在低温、高湿的条件下养护；该体系高湿度条件下，7d 抗压强度也能达到 20MPa。相比其他两种养护条件，高湿度（湿度＞90%）条件下石膏基自流平砂浆的强度发展趋势总体较缓。该条件下三种自流平的 28d 抗压强度均约为其绝干抗压强度的 57%，因为石膏是气硬性胶凝材料，含水率越高、强度越低，与图 1 含水率相对应。

2.2　长期加热条件对石膏基自流平砂浆性能的影响

模拟一般地暖加热温度 55℃，选取石膏基自流平砂浆 1 号，研究其不同龄期绝干强度以及在较高温（50℃、60℃）条件下长期加热（7d、14d）后强度、尺寸变化情况，结果如图 3 和表 1 所示。

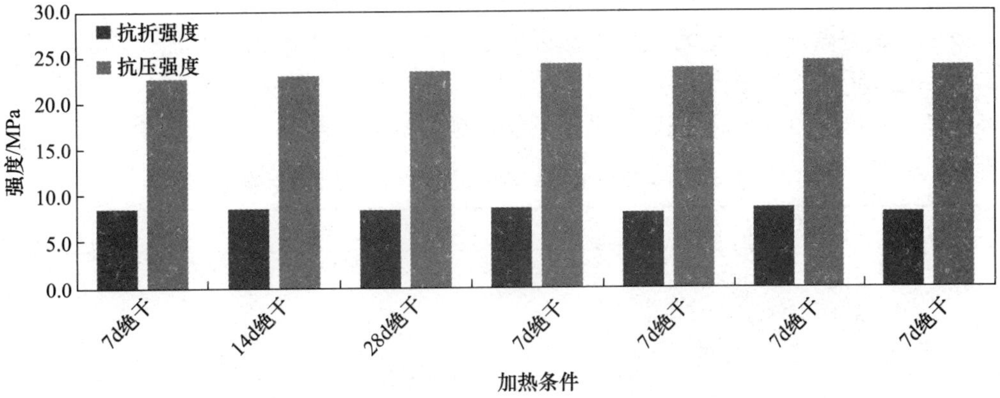

图 3　长期加热条件对石膏基自流平砂浆强度的影响

表 1　长期加热条件对石膏基自流平砂浆尺寸变化率的影响　　%

加热条件	7d 绝干	7d 绝干+50℃ 7d	7d 绝干+50℃ 14d	7d 绝干+60℃ 7d	7d 绝干+60℃ 14d
尺寸变化率	0.02	0.02	0.02	0.03	0.03

由图 3 和表 1 可知，石膏基自流平砂浆 7d 绝干强度基本与 14d、28d 绝干强度相当，主要是因为其 7d 基本完成水化，随着材料烘干干燥，达到最终强度；石膏基自流平砂浆在 50℃、60℃条件下长期加热，强度未发生下降，且尺寸变化较小，因此石膏基自流平砂浆具有良好的热稳定性，当地暖温度不超过 55℃时，石膏基自流平砂浆完全适用。

2.3　浸水对石膏基自流平砂浆性能的影响

选取石膏基自流平砂浆 1 号，模拟地暖水管破裂后石膏基自流平砂浆浸水，研究 28d 绝干后不同浸水时间（3d、7d、14d、28d）对其强度的影响。结果如图 4 所示。

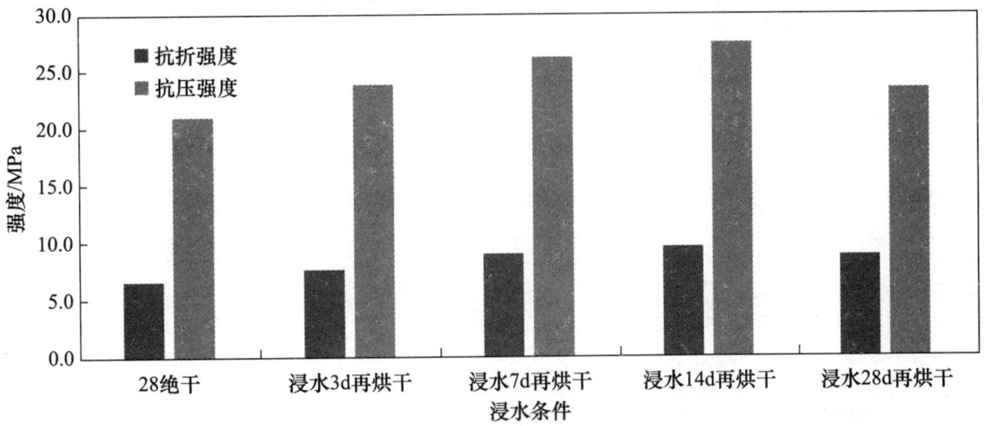

图 4　浸水条件对石膏基自流平砂浆强度的影响

由图 4 可知，石膏基自流平砂浆浸水（浸水时间≤28d）再烘干，其抗折强度、抗压强度均高于 28d 绝干强度，且试件浸水时间较长（14d），强度提高更为明显，主要是因为自流平体系中含少量水硬性胶凝材料，经浸水后进一步水化，提高了试件强度；随着浸水时间进一步增加（浸水 28d），其烘干强度开始下降，但也高于原绝干强度。因此，在地暖使用过程中，如发生地暖管漏水等情况，若及时修理后继续使用，不会降低石膏基自流平砂浆的强度。

2.4　冷热循环、浸水再加热循环对石膏基自流平砂浆与陶瓷砖粘结性能的影响

石膏基自流平砂浆表面比较光滑，在前期研究界面剂种类、含固量对石膏基自流平砂浆与陶瓷砖粘结性能影响的基础上，采用 15%含固量苯丙乳液（5041）涂刷石膏基自流平砂浆板基材（含水

率≤1%）表面，并采用C1普通型水泥基胶粘剂粘贴陶瓷砖，测试石膏基自流平砂浆与陶瓷砖的粘结性能；模拟地暖间歇加热、地面受水浸泡后地暖烘干等现象，研究冷热循环［5℃12h、（50±2)℃12h为一次循环，经10次循环］、浸水加热循环［(20±2)℃水浸泡12h、(40±2)℃烘12h］为一次循环，经10次循环）后与陶瓷砖的粘结性能。测试结果见表2。

表2 石膏基自流平砂浆与陶瓷砖粘结性能的影响 MPa

测试项目	粘结强度
与陶瓷砖粘结性能	1.03
冷热循环后与陶瓷砖粘结性能	1.25
浸水加热循环后与陶瓷砖粘结性能	1.26

由表2可知，经过冷热循环、浸水加热循环后石膏基自流平砂浆与陶瓷砖粘结性能未发生降低，反而有所提高，主要是因为冷热循环后，试件烘干促进界面剂成膜和粘结强度的提高；而浸水后促进C1普通型水泥基胶粘剂的进一步水化，同时浸水加热循环后烘干至恒重促进界面剂成膜和粘结强度的提高。因此在经界面剂处理过的石膏自流平砂浆表面铺贴瓷砖后，若地暖的正常间歇使用或偶尔润水不会对陶瓷砖的粘结力产生影响。

结论

在“双碳”背景下，石膏基建材具有广泛的应用前景。本文通过模拟石膏基自流平砂浆应用的环境条件及地暖应用场景，开展了石膏基自流平砂浆性能及其薄贴瓷砖相关试验研究，结论如下：

(1) 高湿（湿度>90%）条件下，石膏基自流平砂浆含水率高，强度随龄期发展缓慢，28d抗压强度约为其绝干抗压强度的57%，与石膏是气硬性胶凝材料有关；但在不同养护条件下，同种石膏基自流平砂浆28d绝干抗压强度相近。

(2) 以半水石膏和无水石膏共同作为胶凝材料的石膏基自流平砂浆体系，早期可在低温、高湿的条件下养护，以促进无水石膏的水化。

(3) 石膏基自流平砂浆7d基本水化完全，绝干后在≤60℃条件下长期加热，强度不下降、尺寸变化较小，热稳定性好，适用于地暖系统（一般55℃）。

(4) 石膏基自流平砂浆经短期浸水再烘干，其烘干强度相比原绝干强度无降低反而有所提高，因此地暖管漏水后及时修理不影响石膏基自流平砂浆性能。

(5) 经过冷热循环、浸水加热循环后石膏基自流平砂浆与陶瓷砖粘结性能相比原粘结强度有所提高，与浸水后瓷砖胶中水泥进一步水化及加热烘干后界面剂成膜有关。

参考文献

［1］ 杨再银．碳达峰碳中和形势下石膏建材的发展趋势［J］．硫酸工业，2021（8）：1-4.
［2］ 段庆奎．石膏材料与低碳经济［J］．石油化工应用，2010，29（5）：4-6.
［3］ 聂宗浩．脱硫石膏基自流平砂浆的性能研究［D］．济南：山东建筑大学，2023.

施工方式对瓷砖胶粘结强度的影响研究

刘晓斌[1]　吴良凯[1]　李海渊[1]　程　成[1]　赵　伦[1]　严兴李[1]
1. 东方雨虹砂粉科技集团有限公司　北京　101309

摘　要　近年来，用于瓷砖粘贴的瓷砖胶粘剂得到了广泛的发展和应用，作为一种干粉砂浆类材料，瓷砖胶粘剂对于使用者来说仍为半成品，需要通过现场施工的方式实现其与瓷砖及基层的连接。本文采用C1、C2和C2S1三种类型的瓷砖胶粘剂产品，模拟薄贴镘刀法、薄贴组合法、厚贴组合法、背粘法充分揉压、背粘法未充分揉压五种施工方式在实验室条件下制备试样，观察养护28d后的粘结强度，对比观察不同施工方式对瓷砖胶粘剂粘结强度的影响。结果显示，对于C1型瓷砖胶，组合法施工效果优于薄贴镘刀法和背粘法；对于C2型和C2S1型瓷砖胶，组合法、背粘法充分揉压施工效果优于薄贴镘刀法和背粘法未充分揉压。同一种施工方式下，采用瓷砖胶粘剂的等级越高，粘结强度越高。

关键词　瓷砖胶粘剂；施工工艺；组合法；背粘法；充分揉压

Research on the Influence of Tiling Methods on the Bonding Strength of Ceramic Tile Adhesive

Xiaobin Liu[1]　Liangkai Wu[1]　Haiyuan Li[1]　Cheng Cheng[1]　Lun Zhao[1]　Xingli Yan[1]
1. Oriental Yuhong Mortar & Powder Technology Group Co., Ltd.　Beijing　101309

Abstract　In recent years, ceramic tile adhesive used for tile pasting has been widely developed and applied. As a dry powder mortar material, ceramic tile adhesive is still a semi-finished product for users and needs to be connected to tiles and substrates through on-site tiling. This article uses three types of ceramic tile adhesive products, C1, C2, and C2S1, to simulate five construction methods: thin tile trowel method, thin tile combination method, thick tile combination method, back adhere method with full pressing, and back adhere method with insufficient pressing. Samples are prepared under laboratory conditions, and the bonding strength after 28 days of curing is observed. The influence of different construction methods on the bonding strength of ceramic tile adhesive is compared and observed. The results show that for C1 type ceramic tile adhesive, the combination method has a better bonding effect than the thin trowel method and back adhesion method; For C2 and C2S1 ceramic tile adhesives, the combination method and back adhesion method have better construction effects than the thin trowel method and back adhesion method without sufficient kneading. Under the same construction method, the higher the grade of ceramic tile adhesive used, the higher the bonding strength.

Keywords　Ceramic tile adhesive; Construction technology; Combination method; Back adhesion method; Fully press

第一作者简介：刘晓斌（1984—　），男，高级工程师，硕士研究生，研究方向：无机非金属建筑材料干粉砂浆。E-mail：liuxb@yuhong.com.cn

引言

室内厨卫间的瓷砖空鼓及脱落现象，已成为住宅交付前后困扰业主、开发商、施工方、材料供应方、物业管理方等多方的问题[1]。行业内对瓷砖空鼓、脱落问题的研究有很多，大致可归因于五个方面：一是设计存在一定问题，例如瓷砖间未预留足够的缝隙释放尺寸变形；二是界面处理不到位，诸如基层强度不足，瓷砖未充分处理脱模剂，玻化砖背胶涂刷厚度不足、强度不够等；三是材料不匹配，例如采用低等级的瓷砖胶粘贴超出其使用范围的瓷砖；四是施工工艺不匹配，未能充分发挥瓷砖粘贴材料的功效；五是环境因素的影响，例如在高温、大风等环境下施工，导致粘贴强度低并最终失效[2-4]。针对以上原因，研究人员给出了多种措施，目标是降低或消除瓷砖空鼓、脱落问题[5-6]，包括如下措施：瓷砖间预留足够的缝隙；采用多种方法进行基层及界面的处理，改善界面粘结强度；严格采用匹配的粘贴材料及施工工艺；避免极端环境下施工等。但人们对于不同的瓷砖胶粘贴方式对粘贴效果的影响研究较少。

本文研究了薄贴镘刀法、薄贴组合法、厚贴组合法、背粘法充分揉压、背粘法未充分揉压五种施工方式对瓷砖胶粘剂粘结强度的影响，给出对于不同等级瓷砖胶粘剂适合的瓷砖粘贴方式。

1 材料与方法

1.1 试验原材料

本文采用的原材料主要是三种型号的瓷砖胶粘剂成品，分别满足 JC/T 547—2017《陶瓷砖胶粘剂》标准中规定的 C1 普通型、C2 增强型和 C2S1 柔性 S1 级增强型。

1.2 试验方法

参照 JC/T 547—2017《陶瓷砖胶粘剂》标准规定的制样方法、养护环境和测试方法，主要区别是压块的质量及瓷砖粘贴层的最终厚度。瓷砖胶的状态采用跳桌流动度来表示，测试结果见表 1；粘贴方式的实现方法及差异见表 2，其中，薄贴镘刀法采用 JC/T 547—2017《陶瓷砖胶粘剂》（简称行标）中规定的原强度制样方法；薄贴组合法按照行标中冻融循环粘结强度的制样方法；厚贴组合法在行标组合法制样的基础上，采用 600g 的压块，并通过瓷砖背面厚层施工的方式使瓷砖胶层制样厚度最终约为 10mm；背粘法充分揉压制样时，采用 2000g 的压块，仅在瓷砖背面刮浆，使瓷砖胶层制样厚度约为 3mm；背粘法为充分揉压制样时，采用 600g 压块，仅在瓷砖背面刮浆，使瓷砖胶层制样厚度约为 10mm。

试验方法参照 JC/T 547—2017《陶瓷砖胶粘剂》和 GB/T 2419—2005《水泥胶砂流动度测定方法》。

表 1 瓷砖胶类型及对应的跳桌流动度 mm

瓷砖胶类型	C1 型	C2 型	C2S1 型
跳桌流动度（跳动次数为 15 次）	144	145	142

表 2 不同粘贴方式的差别

粘贴方式	薄贴镘刀法	薄贴组合法	厚贴组合法	背粘法充分揉压	背粘法未充分揉压
瓷砖胶抹涂部位	基层混凝土板	瓷砖背面和基层混凝土板	瓷砖背面和基层混凝土板	瓷砖背面	瓷砖背面
测试瓷砖的类型	AⅠa 类挤压陶瓷砖	AⅠa 类挤压陶瓷砖	AⅠa 类挤压陶瓷砖	AⅠa 类挤压陶瓷砖	AⅠa 类挤压陶瓷砖
压块质量/g	2000	2000	600	2000	600
粘贴层最终厚度/mm	≈3	≈4	≈10	≈5	≈10
说明	模拟镘刀法薄贴的施工	模拟墙面和瓷砖背面均抹胶的薄贴组合法的施工	模拟墙面和瓷砖背面均抹胶的厚贴组合法的施工	模拟瓷砖背面抹胶并充分揉压的施工	模拟瓷砖背面抹胶但未充分揉压的施工

2 结果与分析

2.1 施工方式对 C1 型瓷砖胶粘结强度的影响

采用 C1 型瓷砖胶粘剂制备试样，并按照行标规定的标准环境进行养护和测试，不同施工方式粘贴方法的瓷砖胶 28d 粘结强度的测试结果如图 1 所示。

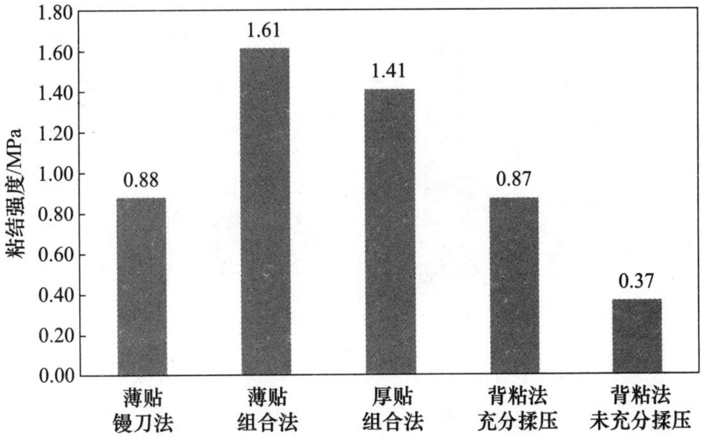

图 1 C1 型瓷砖胶 28d 粘结强度的测试结果

由图 1 可以看出，粘结强度的大小顺序为薄贴组合法＞厚贴组合法＞薄贴镘刀法≈背粘法充分揉压＞背粘法未充分揉压。这表明，对于所选用的 C1 型瓷砖胶，组合法（包括薄贴和厚贴）施工的粘贴效果优于薄贴镘刀法和背粘法，并且背粘法在未充分揉压情况下，粘结强度最低，仅为 0.37MPa。

2.2 施工方式对 C2 型瓷砖胶粘结强度的影响

采用 C2 型瓷砖胶粘剂制备试样，不同施工方式粘贴方法的瓷砖胶 28d 粘结强度的测试结果如图 2 所示。

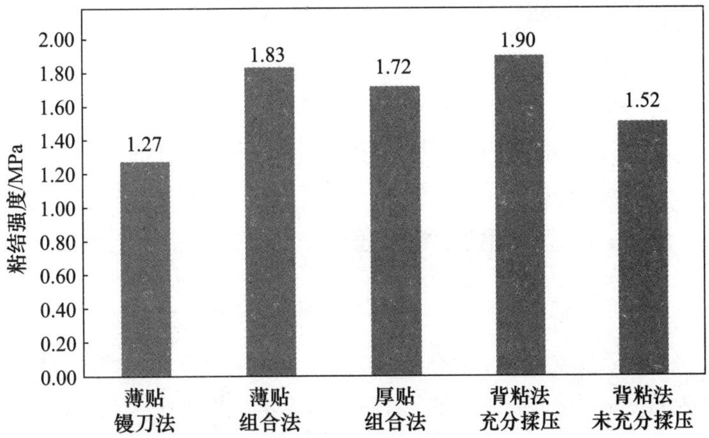

图 2 C2 型瓷砖胶 28d 粘结强度的测试结果

由图 2 可以看出，数值均超过 1MPa，粘结强度的大小顺序为：背粘法充分揉压＞薄贴组合法＞厚贴组合法＞背粘法未充分揉压＞薄贴镘刀法。这表明，对于增强型瓷砖胶，不同的施工方式对 28d 粘结强度的影响相对较小，双面抹胶或充分揉压的施工方式高于单面抹胶的方式；其中，薄贴镘刀法制样时由于进行了约 5min 的晾置再进行压块，导致强度稍低于其他四种粘贴方式。

2.3 施工方式对 C2S1 型瓷砖胶粘结强度的影响

采用 C2S1 型瓷砖胶粘剂制备试样，不同施工方式的瓷砖胶 28d 粘结强度的测试结果如图 3 所示。

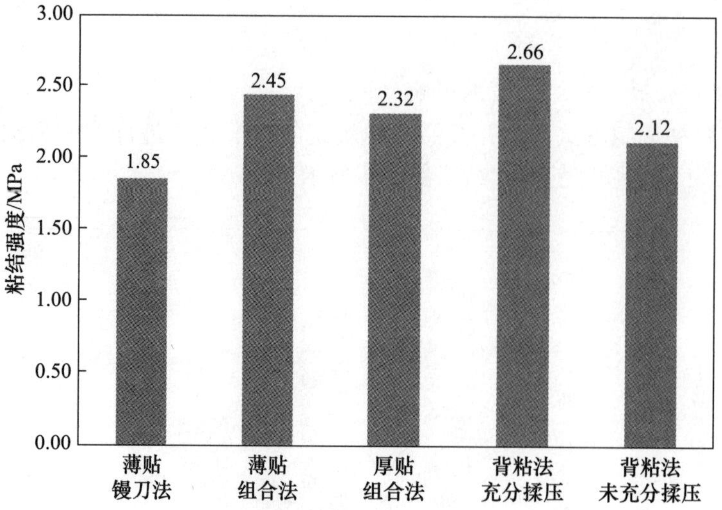

图 3　C2S1 型瓷砖胶 28d 粘结强度的测试结果

由图 3 可以看出，粘结强度的大小顺序为背粘法充分揉压＞薄贴组合法＞厚贴组合法＞背粘法未充分揉压＞薄贴镘刀法，并且粘结强度均超过 1.5MPa。这表明，对于增强型柔性瓷砖胶，不同的施工方式对 28d 粘结强度的影响相对较小，同样，双面抹胶或充分揉压的施工方式高于单面抹胶的方式；薄贴镘刀法制样时由于进行了约 5min 的晾置再进行压块，导致强度稍低于其他四种粘贴方式。

结语

本文采用实验室模拟制样的方式，观察五种施工方式对三种类型瓷砖胶粘剂 28d 粘结强度的影响，从而找出更为适合的瓷砖粘贴方式，可以得出以下结论：

（1）对于 C1 型瓷砖胶，组合法（包括薄贴和厚贴）施工的 28d 粘贴效果明显优于镘刀法和背粘法，并且背粘法在未充分揉压情况下，粘结强度低于 0.4MPa，有较大隐患。

（2）对于 C2 和 C2S1 型瓷砖胶，28d 粘结强度受施工方式影响相对较小，但仍能看出双面抹胶或充分揉压的施工方式高于单面抹胶（包括薄贴镘刀法和背粘法未充分揉压）的方式。

（3）对于单一的施工方式来说，瓷砖胶等级提升，28d 粘结强度随之增大，符合一般规律。

（4）本文仅完成了 28d 粘结强度的测试，对于更长时间的测试，将继续进行研究，从而进一步分析实际工程中，瓷砖铺贴完毕短时间内正常而超过 2 个月甚至更久之后出现空鼓、脱落的原因。

参考文献

[1]　张孟书．陶瓷砖装修工程空鼓原因及防治措施［J］．天津建设科技，2021，31（2）：63-65.

[2]　黄斌，王之杰，冯晓燕．室内墙面瓷砖空鼓的原因分析及解决措施探讨［J］．工程质量，2022，40（3）：87-90.

[3]　汪子龙．玻化砖墙面防空鼓施工技术研究［J］．低碳世界，2018（1）：226-228.

[4]　王旭明，张长春，李辉．厨卫墙砖空鼓和脱落预防方案［J］．工程建设与设计，2021（17）：129-135.

[5]　黄永东．一种新的瓷砖铺装施工方法及其应用［J］．建材技术与应用，2022（3）：32-34.

[6]　刘远宏．装饰工程中瓷砖空鼓、开裂成因及防治措施分析［J］．住宅与房地产，2020，(15)：106.

膨润土补偿收缩砂浆研究及其应用

柴玉莹[1]

1. 天津市建筑工程质量检测中心有限公司　天津市　300193

摘　要　结合北京地铁19号线金融街站洞内咬合桩应用实例，针对现场施工需求和材料特性，对比砂浆抗压强度、相对渗漏系数和弹性模量等参数，研究咬合桩素桩材料最佳配合比。结果表明：每立方米砂浆中水泥掺量为280kg、膨润土掺量为100kg、砂子掺量为860kg、水掺量为340kg、泵送剂掺量为14kg、聚丙烯纤维掺量为12kg时各项性能最优；膨润土掺量对砂浆抗压强度和弹性模量影响较大，随膨润土掺量增大，砂浆抗压强度和弹性模量显著降低，掺膨润土提高了砂浆的抗渗性能；聚丙烯纤维能够显著提高砂浆抗裂、抗冲磨等能力，随着聚丙烯纤维掺量的增加，抗压强度呈现先降低、后增加、再降低的趋势，弹性模量呈现先增加后降低的趋势。

关键词　咬合桩；膨润土；聚丙烯纤维；补偿收缩；砂浆

Research and Application of Bentonite Compensation Shrinkage Mortar

Yuying Chai[1]

1. Tianjin Construction Quality Inspection&Test Center　Tianjin　300193

Abstract　Based on the application example of the occlusal pile in the Financial Street station of Beijing Metro Line 19，the optimum mix ratio of occlusal pile material was studied by comparing the compressive strength，relative leakage coefficient and elastic modulus of mortar according to the site construction requirements and material characteristics. The results show that cement content is 280kg，bentonite content is 100kg，sand content is 860kg，water content is 340kg，pumping agent content is 14kg and polypropylene fiber content is 12kg per cubic meter of mortar. Bentonite content has a great influence on the compressive strength and elastic modulus of mortar. With the increase of bentonite content，the compressive strength and elastic modulus of mortar decrease significantly，and the permeability resistance of mortar is improved by bentonite. Polypropylene fiber can significantly improve the cracking and impact resistance of mortar. With the increase of polypropylene fiber content，the compressive strength decreases first，then increases and then decreases，and the elastic modulus increases first and then decreases.

Keywords　Articulating pile；Bentonite；Polypropylene fibre；Compensation shrinkage；Mortar

---

作者简介：柴玉莹（1990—　），女，工程师，硕士研究生，研究方向：绿色建材研究、产品检测与认证。E-mail：1261357211@qq.com

引言

咬合桩由王振信教授在国外考察时发现，随后于1999年将其首次应用在深圳地铁某区间隧道明挖段的支护工程。咬合桩围护结构是指相邻桩桩身密排且相割形成的连续挡土支护结构，具有很好的防渗作用[1]。咬合桩一般在地面上施作，多采用超缓凝混凝土，作业空间宽裕，钻机移位倒序施工方便。但是地铁暗挖车站内空间有限，在素桩混凝土初凝前无法完成钢筋混凝土桩，难以采用超缓凝混凝土，狭小空间内，施工过程烦琐，增加了事故发生概率和施工成本。

近年来，地铁暗挖车站洞内咬合桩研究越来越多，许昊[2]结合北京市某地下新建车站工程，提出洞内咬合桩帷幕止水施工方法；闫立鹏[3]重点对咬合桩的无筋桩材料、垂直度、咬合宽度、桩身局部受剪承载力等关键技术问题进行分析和优化，表明无筋桩材料可采用低强度混凝土，能够满足桩身局部受剪承载力要求；秦东平等[4]研究洞桩法暗挖隧道洞内有限空间条件下，塑性混凝土与钢筋混凝土咬合桩止水帷幕施工技术可行性，采用数值模拟、抽水试验等手段验证咬合桩帷幕的止水效果，表明咬合桩渗透系数 $k=8.6\times10^{-7}$cm/s，满足设计要求，有良好的止水效果。

针对塑性抗渗混凝土，国内外学者也开展了多方面的研究。霍凯荣等[5]运用正交试验方法，通过对不同掺量的钢纤维和聚丙烯纤维对C50高性能混杂纤维混凝土的影响研究，发现混杂纤维的掺入可明显改善桥面混凝土力学及耐久性能；王赵源[6]以减小混凝土收缩为目的，对复掺粉煤灰与矿渣粉的配合比进行优化设计；丁向群等[7]为研究膨润土对混凝土抗渗透性能的影响，测试了不同试验条件下混凝土气体渗透系数和电通量；蒋林华等[8]采用膨润土等量取代普通水泥砂浆中的水泥制成膨润土水泥砂浆，分析了膨润土种类、掺量及水胶比对其性能的影响；黄伟[9]研究了聚丙烯纤维和膨胀剂对砂浆力学性能及变形性能的影响；陈坤等[10]构建了一种新型无机聚合物防水砂浆的基础框架，并分析了其防水的基本原理。

因此，对于地铁暗挖车站洞内咬合桩施工，设计出一种具有优异的抗渗、抗裂性能，良好的塑性和韧性，以及强度低、易切削等特点的新材料是本领域急需解决的问题。

1 材料与方法

1.1 试验原材料

膨润土补偿收缩砂浆的主要组成原材料的参数情况如下：

水泥：北京金隅集团股份有限公司生产，P·O 42.5级。水泥的物理性能指标见表1。

表1 水泥的物理性能指标

水泥品种	堆积密度/（g/cm³）	凝结时间/min		抗压强度/MPa		抗折强度/MPa	
		初凝	终凝	3d	28d	3d	28d
P·O 42.5	1.2	152	210	31.5	54.3	5.3	8.1

砂子：选用水洗烘干筛分级配中砂，堆积密度为1.6g/cm³、细度模数为2.5的中砂；粒径为5～10mm的河砂。

膨润土：由张家口市宣化区冀强工贸有限公司供应的钠基膨润土三级品。膨润土的物理性能指标见表2。由表2可以看出膨润土的各项指标均合格。主要化学成分见表3。

表2 膨润土的物理性能

吸蓝量/（g/100g）	吸水率（2h）/%	膨胀指数/（mL/2g）	过筛率（75μm，干筛，质量分数）/%	水分（质量分数）/%
28	157	16	96	10

表 3 膨润土的主要化学成分 %

SiO_2	Al_2O_3	H_2O	Fe_2O_3	MnO_2	MgO	CaO	K_2O	Na_2O	TiO_2
71.53	18.21	6.7	1.93	0.34	1.88	0.94	0.16	1.65	0.23

泵送剂：SN-6 混凝土泵送剂。

聚丙烯纤维：长度为 6～9mm，截面形状为 Y 形。聚丙烯纤维的物理力学参数见表 4。

表 4 聚丙烯纤维的物理力学参数

纤维类型	长度/mm	抗拉强度/MPa	密度/（kg/m^3）	长径比
单丝束状	6～9	300	0.91	340

1.2 配合比设计

针对暗挖车站咬合桩素桩施工环境及材料特点，拟在普通砂浆配合比中去掉石子，减小砂浆强度，施工中易切削；添加膨润土和聚丙烯纤维增加塑性和韧性，切削过程中不易开裂，以及提高砂浆抗渗性能；使用泵送剂便于砂浆在暗挖车站洞内泵送灌注。

选取普通水泥砂浆的基准配合比为水泥：水：砂的质量比为 1：1：2.3，以膨润土掺量作为变量，其中膨润土等量取代砂浆中的部分水泥，并限定砂浆抗压强度为 7～8MPa，渗透系数小于 1×10^{-6}cm/s，弹性模量为 3000～4000MPa。具体配合比见表 5。

表 5 膨润土补偿收缩砂浆的配合比 kg/m^3

编号	水泥	膨润土	砂子	水	泵送剂	聚丙烯纤维
A	380	0	860	340	14	0
B	340	40	860	340	14	0
C	280	100	860	340	14	0
D	220	160	860	350	14	0
E	180	200	860	360	14	0

1.3 试验方法

膨润土补偿收缩砂浆抗渗性能通过渗透系数进行体现，塑性和韧性通过弹性模量进行体现，强度低、易切削通过抗压强度体现。渗透系数越低则抗渗性能越好，弹性模量越高则塑性和韧性越好，抗压强度越低则强度越小，越易切削。

（1）抗压强度：根据 GB/T 50081—2019《混凝土物理力学性能试验方法标准》，制作边长为 150mm 标准立方体试件并进行养护，测试其 7d 和 28d 的抗压强度。

（2）相对渗透系数：根据 SL/T 352—2020《水工混凝土试验规程》，制作上口直径 70mm、下口直径 80mm、高 30mm 圆锥体试件并进行养护，测试其 28d 相对渗透系数。

（3）弹性模量：根据 GB/T 50081—2019《混凝土物理力学性能试验方法标准》，制作边长为 150mm 标准立方体试件并进行养护，测试其 28d 静力受压弹性模量。

2 结果与分析

2.1 试验结果

以膨润土掺量作为变量的砂浆抗压强度、相对渗透系数及弹性模量试验结果见表 6。

表 6 不同配合比砂浆性能试验结果

编号	抗压强度（7d）/MPa	抗压强度（28d）/MPa	相对渗透系数/（10^{-6}cm/s）	弹性模量（28d）/MPa
A	8.1	13.4	4.1	5600
B	7.4	11.6	2.2	4000

续表

编号	抗压强度（7d）/MPa	抗压强度（28d）/MPa	相对渗透系数/（10^{-6}cm/s）	弹性模量（28d）/MPa
C	5.1	7.8	0.9	3100
D	3.6	6.4	0.28	2700
E	2.4	4.5	0.1	1600

2.2 膨润土掺量对砂浆抗压强度的影响

对不同配合比试验结果进行分析，得到了膨润土掺量与砂浆抗压强度的关系，如图 1 所示。

由图 1 可知，随着膨润土掺量的增加，各龄期砂浆的抗压强度有所下降。分析其原因是水泥的水化反应是由水泥颗粒的表面逐渐深入颗粒的内部，随着膨润土掺量的提高和水化的进行，水泥水化产物逐渐减少，堆积在水泥颗粒周围细小的膨润土颗粒不断增加，阻碍了水分继续渗入，因而砂浆抗压强度逐渐降低。从抗压强度来看，膨润土掺量为 100kg/m³ 的配比符合膨润土补偿收缩砂浆性能要求。

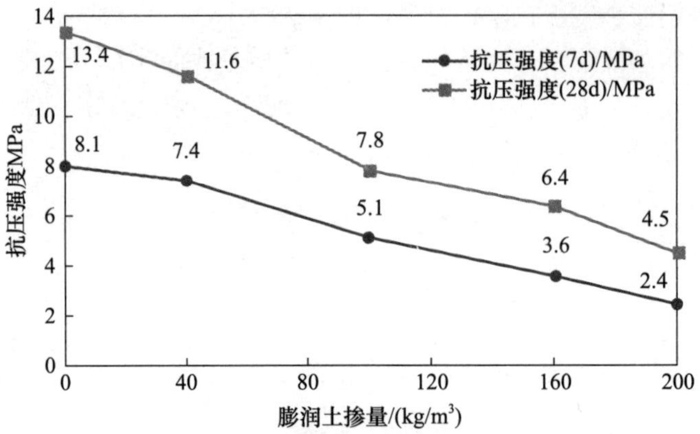

图 1　膨润土掺量对砂浆抗压强度的影响

2.3 膨润土掺量对砂浆弹性模量的影响

对不同配合比试验结果进行分析，得到了膨润土掺量与砂浆弹性模量的关系，如图 2 所示。

由图 2 可知，随着膨润土掺量的增加，28d 时砂浆的弹性模量有所下降，砂浆抗变形能力也就越差。因此，从弹性模量来看，膨润土掺量为 40kg/m³ 和 100kg/m³ 的配合比更符合膨润土补偿收缩砂浆性能要求。

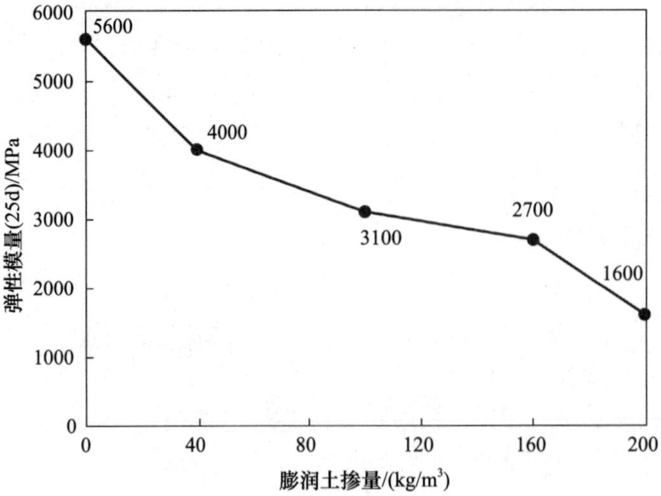

图 2　膨润土掺量对砂浆弹性模量的影响

2.4 膨润土掺量对砂浆渗透系数的影响

对不同配合比试验结果进行分析，得到了膨润土掺量与砂浆渗透系数的关系，如图 3 所示。

由图 3 可知，随着膨润土掺量的增加，砂浆的相对渗透系数逐渐减小，说明掺膨润土有助于提高砂浆的抗渗性能。分析其原因是膨润土主要矿物成分是蒙脱石，主要化学成分为 SiO_2、Al_2O_3、H_2O 及少量的 Fe_2O_3、MnO_2、MgO、CaO、K_2O、Na_2O、TiO_2 等，具有复杂的网状结构，由两层硅氧四面体和一层铝氧八面体构成。这一特殊的硅铝结构使其具有优异的离子交换性和吸水膨胀性，其结构中 Al^{3+} 可被 Mg^{2+} 所取代，使每一层复网层带负电荷。因此，复网层之间存在斥力，使略带正电荷的水化阳离子易于进入；基于水的极化和氢键的作用，水也进入层间，产生膨胀。因此，砂浆在有渗水压力作用时，膨润土颗粒就会填充于砂浆中的空隙，抑制水分子的通过，从而具备良好的抗渗性。从渗透系数来看，编号 C、D、E 的配比符合膨润土补偿收缩砂浆性能要求。

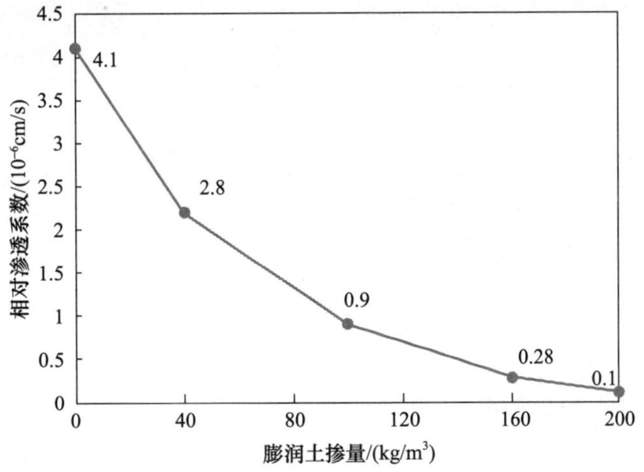

图 3 膨润土掺量对砂浆渗透系数的影响

2.5 施工配合比的确定

从试验结果及各个影响因素的分析中得出咬合桩素桩膨润土补偿收缩砂浆的配合比最优为编号 C，最优配合比及实测性能指标见表 7、表 8。

表 7 施工配合比 kg/m^3

编号	水泥	膨润土	砂子	水	泵送剂
C	280	100	860	340	14

表 8 膨润土补偿收缩砂浆性能指标

抗压强度（7d）/MPa	抗压强度（28d）/MPa	相对渗透系数/（$\times10^{-6}$cm/s）	弹性模量（28d）/MPa
5.1	7.8	0.9	3100

3 应用情况及配合比优化

3.1 施工配合比实际应用情况

北京地铁 19 号线金融街站为地下两层双柱三跨岛式站台，采用洞桩法（PBA）施工。为保护地下水资源，采用侧壁咬合桩+旋喷桩封底洞内止水施工方案，其中，侧壁采用 ϕ900@1200AB 型咬合桩，A 桩素桩材料为膨润土补偿收缩砂浆，砂浆施工配合比参照表 5，选取车站北端 20m 作为咬合桩止水试验段，共涉及 30 根素桩、30 根钢筋桩。

优先施工 A 型素桩，采用低应变法检测素桩桩身完整性，结果均为Ⅰ类桩；再施工 B 型钢筋桩，试验段施工完成，采用地质钻机对咬合桩素桩的非咬合部分进行通长取芯，取芯时注意避开钢筋笼的位置，芯样进行抗压强度和渗透性能试验，现场观察取芯材质均匀性判定塑性和韧性情况，验证施工配合比的可行性。共取芯 10 根桩，其中 5 根芯体完好，3 根芯体不连续（上部取芯较好，下部为卵石层），2 根芯体中间部分夹砂。现场取芯情况如图 4 所示。

(a)地质钻机取芯　(b)芯体完整

(c)芯体中间部分夹砂　(d)芯体不连续

图 4　素桩现场取芯情况

针对取芯不完整的情况，充分分析后有两方面原因：①地下水及其渗流对素桩材料强度形成的影响；②考虑施工钢筋桩时钻机钻进切削影响，应提高素桩的塑性和韧性，钻凿切削后还能保证完整性，达到止水帷幕的目的。

3.2　优化施工配合比

结合应用情况，对素桩材料及配合比进一步优化，增加素桩的韧性；综合研究比选，聚丙烯纤维可增强与砂浆的啮合度和物理接触力，提高抗裂、抗冲击功能，增加水泥砂浆的韧性，在表 5 施工配合比基础上，增加聚丙烯纤维的掺量分别为 0、6、12、18、24、30kg/m^3，对于掺入后材料进行试块试验。优化后的施工配合比见表 9。

表 9　优化后的施工配合比　　kg/m^3

编号	水泥	膨润土	砂子	水	泵送剂	聚丙烯纤维
C1	280	100	860	340	14	0
C2	280	100	860	340	14	6
C3	280	100	860	340	14	12
C4	280	100	860	340	14	18
C5	280	100	860	340	14	24
C6	280	100	860	340	14	30

3.3　聚丙烯纤维掺量对砂浆抗压强度的影响

对不同配合比试验结果进行分析，得到聚丙烯纤维掺量与砂浆抗压强度的关系，如图 5 所示。

由图 5 可知，随着聚丙烯纤维掺量的增加，砂浆抗压强度先减小再增大，然后又减小。当聚丙烯纤维掺量为 6kg/m^{3}时，由于聚丙烯纤维过少，没有形成纤维增强效应，与素砂浆相比，强度略有降低。聚丙烯掺量为 12kg/m^{3}时，砂浆抗压强度达到最大值 5.7MPa、8.0MPa；随着纤维掺量的进一步增加，由于聚丙烯纤维结团，在砂浆内部形成过多的缺陷，造成砂浆抗压强度逐渐减小。

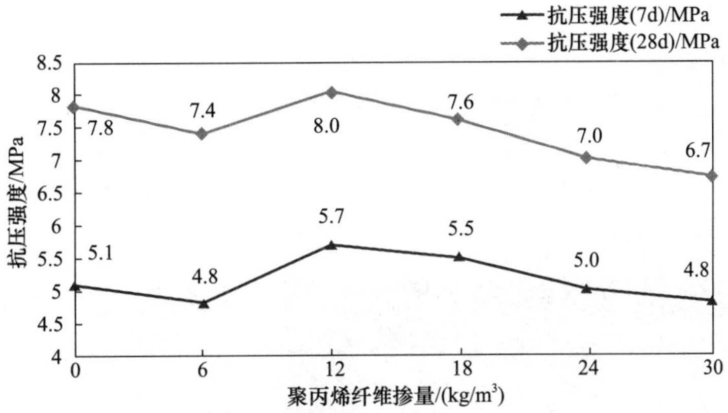

图 5　聚丙烯纤维掺量对砂浆抗压强度的影响

3.4　聚丙烯纤维掺量对砂浆弹性模量的影响

对不同配比试验结果进行分析，得到聚丙烯纤维掺量与砂浆弹性模量的关系，如图 6 所示。

由图 6 可知，随着聚丙烯纤维掺量的增加，砂浆弹性模量先增大再降低，表明聚丙烯纤维的掺入在砂浆内部乱向分布起到了均匀的约束作用，能够消耗一定掺量膨润土在砂浆内部的膨胀能，从而改善砂浆的内部结构。适量的聚丙烯纤维和膨润土复合使用，能够相互取长补短，更好地发挥各自的优势，达到最佳复合效应。当聚丙烯纤维掺量为 12kg/m^{3}时，弹性模量最大为 3800MPa，表明砂浆抗变形能力最大，韧性最好。

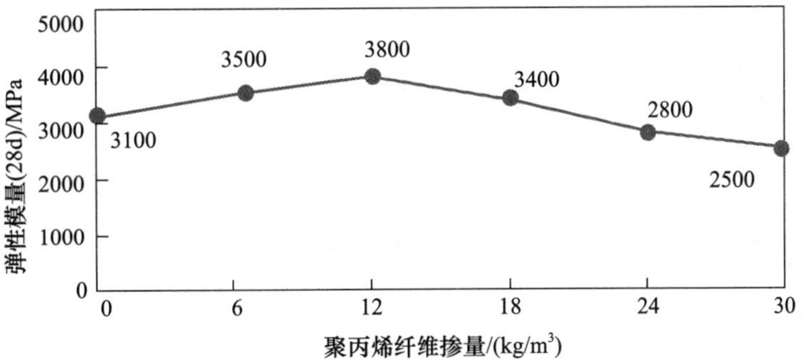

图 6　聚丙烯纤维掺量对砂浆弹性模量的影响

3.5　聚丙烯纤维掺量对砂浆相对渗透系数的影响

对不同配比试验结果进行分析，得到聚丙烯纤维掺量与砂浆相对渗透系数的关系，如图 7 所示。

由图 7 可知，随着聚丙烯纤维掺量的增加，砂浆渗透系数变化不大，但聚丙烯纤维占比越高时，呈现渗透系数增大的趋势，也就是粗大的纤维会对砂浆组分起到“承托”作用，形成网络结构，达到一定量时影响砂浆的抗渗性能，宜控制在 18kg/m^{3}以内。

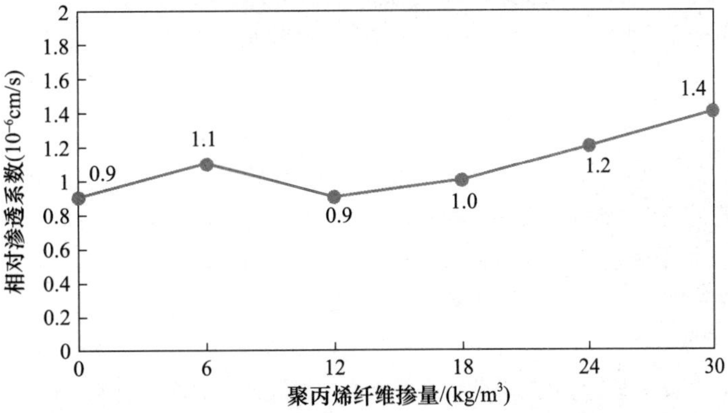

图 7　聚丙烯纤维掺量对砂浆相对渗透系数的影响

3.6 优化后配合比应用情况

综合以上分析对比，聚丙烯纤维掺量为12kg/m^{3}时，砂浆各项性能最佳。因此，优化施工配合比，增加聚丙烯纤维，采用表7中编号C3的施工配合比进行现场应用实施。

同第一阶段的试验方式，钢筋混凝土桩施工完成后，考虑切削对素桩完整性的影响，对剩余素桩桩身进行取芯，检查完整性情况，共取芯15根桩，其中13根芯体完好，2根芯体不完整，完好率87%，取芯情况如图8所示。

图8 优化后配合比素桩取芯情况

咬合桩全部实施完成后，车站进行大面积土方开挖，分别对负一层和负二层的东西侧墙暴露的咬合桩情况进行检查，整体性较好。车站负一层开挖期间，侧壁无明显渗漏水现象；负二层开挖期间，局部出现轻微渗漏水，采用防水砂浆临时封堵，不影响基坑整体稳定，以及可随时施作防水、钢筋等下一步工序，整个车站顺利施工完成并如期开通运营。

结论

针对暗挖地铁车站洞内咬合桩素桩材料，通过优化试验配比，对比砂浆抗压强度、相对渗漏系数和弹性模量等参数，结合应用实例，得出以下结论：

（1）最佳配合比为每立方米砂浆中硅酸盐水泥掺量为280kg、膨润土掺量为100kg、砂子掺量为860kg、水掺量为340kg、泵送剂掺量为14kg、聚丙烯纤维掺量为12kg。该砂浆成功应用于施工现场，具有优异的抗渗、抗裂性能，良好的塑性和韧性，以及强度低、易切削等特点，有利于洞内咬合桩的推广应用。

（2）膨润土掺量对砂浆抗压强度和弹性模量影响较大，随膨润土掺量增大，砂浆抗压强度和弹性模量显著降低，掺膨润土提高了砂浆的抗渗性能。

（3）聚丙烯纤维能够显著提高砂浆抗裂、抗冲磨等能力，随着聚丙烯纤维掺量的增加，抗压强度呈现先减小、后增加、再减小的趋势，弹性模量呈现先增加后降低的趋势，综合砂浆力学性能和变形性能，得出聚丙烯纤维掺量为12kg/m^{3}时，配置的砂浆的各项性能指标达到最佳。

参考文献

[1] 何少锋，李丙明，黄文钦，等．咬合桩发展综述［J］．福建建材，2015（7）：12-14，38.

[2] 许昊．地铁暗挖车站洞内咬合桩在施工中的应用［J］．建筑技术，2023，54（15）：1800-1803.

[3] 闫立鹏．暗挖工程中洞内咬合桩止水帷幕技术研究［J］．铁道建筑技术，2023（7）：186-189，203.

[4] 秦东平，边可，王伟东，等．咬合桩止水帷幕在PBA暗挖隧道中的应用研究［J］．都市快轨交通，2022，35（4）：135-139，181.

[5] 霍凯荣，郭立强，王毅，等．低收缩混杂纤维桥面高性能混凝土的应用研究［J］．混凝土世界，2022（8）：53-59.

[6] 王赵源．结构混凝土收缩试验研究［J］．混凝土世界，2023（4）：52-55.
[7] 丁向群，陈灿，赵丽佳，等．膨润土对混凝土抗渗透性能影响的研究［J］．混凝土，2021（1）：102-106.
[8] 蒋林华，王涛，丁国庆，等．膨润土水泥砂浆性能及机理研究［J］．新型建筑材料，2012，39（4）：48-53.
[9] 黄伟．聚丙烯纤维增强补偿收缩砂浆力学性能试验［J］．长江大学学报（自然科学版），2019，16（7）：100-103＋108.
[10] 陈坤，程金龙，陈小军，等．无机聚合物防水砂浆性能的研究［J］．混凝土世界，2022（12）：18-20.

地面瓷砖铺贴工艺及痛点初探

徐小龙[1]　麦观水[1]　王　平[1]　刘　敏[1]
1. 德高（广州）建材有限公司　广州市　510000

摘　要　针对中大规格的地面瓷砖铺贴，分别用传统半干法及新兴的硬底薄贴法对地面瓷砖铺贴的工艺和痛点开展了初步探究。结果表面：考虑性价比，室内半干法铺贴规格小于 918 的地砖推荐预拌砂浆标准中室内Ⅰ型瓷砖胶搭配双组分背胶使用，同时半干砂浆压实抹平待干固后进行薄贴的效果同样理想；针对硬底法薄贴工艺，地面找平砂浆的施工效率和效果是关键影响因素，铺贴工艺方面推荐短边平行双面刮齿薄贴法、地面刮齿或砖背薄批薄贴法。对于小于 918 的大规格瓷砖，可选用 C2 级瓷砖胶或者双组分背胶搭配 C1 级瓷砖胶使用；使用解耦垫可降低地面裂纹带来的铺贴风险。

关键词　地面瓷砖铺贴工艺；硬底薄贴法；C1 级瓷砖胶；C2 级瓷砖胶

Research on the Technology and Pain Points of Floor Tile Laying

Xiaolong Xu[1]　Guanshui Mai[1]　Ping Wang[1]　Min Liu[1]
1. SikaDavco (Guangzhou) Co., Ltd.　Guangzhou　510220

Abstract　For the large size of the floor tile paving paste, the process and pain points of the floor tile paving of large and medium size are initially explored from the traditional semi-dry method and the emerging method of thin paving of hard base. Research shows that if the cost performance is considered, the indoor semi-dry tile paving for specifications of tiles less than 918 can be recommended to use indoor tile adhesive of Ⅰ grade by standard of Ready-mixed mortar with two-component back glue, while the semi-dry mortar is compacted and smooth until dry and then thin paving that the effect is also ideal. Secondly, for the thin paving of hard base process, the construction efficiency and effect of ground screed mortar is the key influence factor. In terms of paving process, the short side parallel and double-sided scraping thin paving method, or the ground scraping and the brick back thin batch thin paving method is recommended. For large specifications of tiles less than 918, the tile adhesive of C2 grade, or the two-component back glue was matched with tile adhesive of C2 grade can be used. Finally, for the ground with the risk of cracking, the test shows that the effect is good while the popular decoupling pad to match the tile paving.

Keywords　Floor tile paving process; Method of thin paving of hard base; Tile adhesive of C1 grade; Tile adhesive of C2 grade

---

第一作者简介：徐小龙（1988—　），男，工学学士，研究方向：水泥基特种砂浆的推广应用。E-mail：xiaolong.xu@davco.cn

引言

瓷砖是重要的建筑装饰材料，其中住宅是陶瓷砖的主要下游应用场景，占瓷砖需求的近60%，其中约50%用于地面砖。陶瓷地砖因具有面层薄、质量轻、造价低、美观耐磨、色彩多、装饰效果好、耐污染、易清洗等优点被广泛用于地面装饰[1]。家装地面瓷砖铺贴是一个非常传统和常见的装修场景，随着中大规格瓷砖应用的流行和普及推广，地面瓷砖铺贴的可靠性受到越来越多的关注和思考。由于地砖高密度、低吸水性的特点，传统的半干砂浆+水泥油的施工方案显然无法确保地面瓷砖安装的整体质量；随着专业的铺贴材料瓷砖胶的普及率和成熟度的不断提升，越来越多的工地接受并认可瓷砖胶在地面瓷砖铺贴上的应用。近年来，在环保趋严、地产竣工景气下滑的背景下，瓷砖行业面临产能过剩问题，产量连续负增长。数据显示，2018年我国陶瓷砖产量跌破100亿m^2；2021年为81.74亿m^2，同比下降3.54%。2022年全国陶瓷砖产量73亿m^2，同比2021年下降10.7%，预计2023年全年也会同比有所下降[2]（目前无统计数据）。根据中国建筑卫生陶瓷协会的数据分析，尽管近年受大环境影响，瓷砖整体产量有所衰减，但中板、大/薄/岩板等较大规格的瓷砖产量同比是有较明显的增长，同时随着大规格瓷砖的普及推广，地面瓷砖铺贴研究空间和潜力巨大！

建筑陶瓷墙地砖行业分类见表1。

表1　建筑陶瓷墙地砖行业分类

分类依据	类别
按成型方法	挤压成型/干压成型；按吸水率分为瓷质砖（$E \leqslant 0.5\%$）、炻瓷砖（$0.5\% < E \leqslant 3\%$）、细炻砖（$3\% < E \leqslant 6\%$）、炻质砖（$6\% < E \leqslant 10\%$）和陶质砖（$E > 10\%$）
按有无釉面	釉面砖/无釉砖，其中，有釉地砖主要用于卫生间、厨房的地面装饰，与内墙砖配套使用
按应用特性	陶瓷锦砖、釉面内墙砖、陶瓷墙地砖
按使用部位	墙砖、地砖

目前，地砖的铺贴工艺主要有两种，一种是传统半干法铺贴，另一种是硬底薄贴法铺贴。根据一线施工师傅的抽样统计数据，整体而言，地面瓷砖胶的应用不足20%。目前地砖铺贴较为通用的方法仍为传统半干法铺贴[3]，主要是先用半干砂浆进行找平，再使用水泥油或瓷砖胶在砖背进行抹面后铺贴；而硬底薄贴法铺贴则是先对基层进行硬底找平，如使用流动性找平砂浆或水泥基自流平砂浆等，干固后使用瓷砖胶进行铺贴。两种工艺各有优缺点，见表2。

表2　建筑陶瓷墙地砖行业分类

铺贴工艺	优缺点	
传统半干法	优点	成本低，接受度高，平整度好把控，一次成型及不易开裂
	缺点	工作强度大，配合比要求高、占空间、有空鼓风险，比较依赖师傅经验
硬底薄贴法	优点	强度高、粘结力好、安全耐久、收缩小、不易空鼓、节省空间
	缺点	成本高、二次成型、对基面要求高

与墙面瓷砖铺贴一样，地面瓷砖铺贴同样面临着诸多问题，主要有平整度差、边角空鼓、地砖损坏、接缝高低差等问题，见表3。

表3　地砖铺贴质量问题调查表[4]

序号	质量问题调查项目	检查点数（点）	不合格频数（点）	不合格频率（%）
1	平整度差	50	9	26.47
2	间隙宽窄不一	50	6	17.65
3	边角空鼓	50	4	11.76

续表

序号	质量问题调查项目	检查点数（点）	不合格频数（点）	不合格频率（%）
4	板面有色差	50	4	11.76
5	拼缝顺直度差	50	3	8.82
6	地砖损坏	50	3	8.82
7	色斑、裂纹等	50	3	8.82
8	接缝高低差	50	2	5.88
	合计	400	34	100

鉴于地砖铺贴工艺的种种问题，本文针对地砖铺贴的不同工艺开展研究，并且将对地面贴大规格瓷砖的几个痛点进行分析探讨，旨在完善地砖铺贴工艺，研究出更具保障和可靠性的铺贴工艺及相关配套材料、工具。

1 材料与方法

1.1 试验原材料

水泥（P·P 32.5R），砂子（普通河沙），室内Ⅰ型瓷砖胶，C1级瓷砖胶，C2级瓷砖胶，双组分瓷砖背胶，普通型垫层砂浆，高流动度找平砂浆，水泥基垫层自流平砂浆，600mm×1200mm、吸水率$E \leqslant 0.5\%$瓷砖（下统称“612瓷砖”），750mm×1500mm、吸水率$E \leqslant 0.5\%$瓷砖（下统称“715瓷砖”）。

1.2 试验方法

环境温度：室外$T-15\sim40$℃。

环境相对湿度：室外RH= 35%～95%。

在上述施工条件下，每个方案贴砖$2m^2$以上，施工完后持续观察6个月以上，拉伸粘结强度参照JGJ/T 110—2017《建筑工程饰面砖粘结强度检验标准》进行测试，测试时间横跨全年。

1.3 试验方案

首先探讨不同材料搭配方案配套半干砂浆贴砖的对比，并探讨半干砂浆上贴大板的风险；其次探讨不同硬底薄贴工艺对大板铺贴效果的影响及如何提高地面找平效率，最后对比半干法与硬底法的贴砖工艺并对大规格瓷砖地面施工的痛点进行分析。

1.3.1 瓷砖胶+半干法工艺进行地砖铺贴

水泥与河砂按照1∶3的比例混合成半干砂浆，用半干砂浆对地面进行边找平边铺贴，其中找平后对砂浆面浇水泥浆料（以下统称“泼浆”）。设计三种方案对瓷砖背面批刮上瓷砖胶进行铺贴，见表4～表6。

表4 试验方案一：半干砂浆与不同瓷砖胶搭配方案工艺匹配性测试

编号	基层	粘结材料
1	半干砂浆	砖背刮室内Ⅰ型瓷砖胶，刮齿
2	半干砂浆	砖背刮C1级瓷砖胶，刮齿
3	半干砂浆	砖背用双组分背胶处理后，刮室内Ⅰ型瓷砖胶，刮齿

表5 试验方案二：传统半干法贴大砖对空鼓率和稳定性的影响验证方案

编号	基层	粘结材料
1	半干砂浆+715瓷砖/玻璃	砖背用双组分背胶处理后，刮C1级瓷砖胶，刮齿
2		砖背刮C2级瓷砖胶，刮齿

表 6 试验方案三：半干法延伸工艺贴大砖方案

编号	基层	粘结材料
1	半干砂浆打底＋地面垫层砂浆收面 基层硬化后贴砖	砖背刮 C1 级瓷砖胶，刮齿
2	半干砂浆打底＋提浆收面 基层硬化后贴砖	砖背刮 C1 级瓷砖胶，刮齿
3	半干砂浆拍实硬化	砖背及砂浆层刮 C1 级瓷砖胶，刮齿

1.3.2 硬底薄贴法工艺进行瓷砖铺贴

首先用地面找平砂浆对地面进行找平，等待硬化后，再行使用瓷砖胶对瓷砖面和砂浆面进行处理，铺贴当前流行的 612 瓷砖。探究在找平砂浆上不同贴砖工艺对地面贴砖效果的影响，见表 7～表 9。

表 7 试验方案四：自流平砂浆找平基层上不同铺贴工艺对满浆率和粘结强度的影响测试

编号	铺贴方式	粘结材料
1	双面上浆＋平行刮齿	C2 级瓷砖胶
2	双面上浆＋交叉刮齿	C2 级瓷砖胶
3	基层刮齿＋砖背双组分背胶	C2 级瓷砖胶
4	基层双组分背胶＋砖背刮齿	C2 级瓷砖胶
5	基层刮齿＋砖背薄批	C2 级瓷砖胶
6	基层薄批＋砖背刮齿	C2 级瓷砖胶

表 8 试验方案五：垫层找平砂浆基层上不同铺贴工艺对满浆率和粘结强度的影响测试

编号	铺贴方式	粘结材料
1	双面上浆＋短边平行刮齿	C1 级瓷砖胶
2	双面上浆＋交叉刮齿	C1 级瓷砖胶
3	基层刮齿＋砖背双组分背胶	C1 级瓷砖胶
4	基层刮齿＋砖背薄批	C2 级瓷砖胶

表 9 试验方案六：流动性找平砂浆基层上砖背用双组分背胶处理对粘结强度的影响测试

编号	铺贴方式	粘结材料
1	双面上浆＋平行刮齿	室内Ⅰ型瓷砖胶
2	砖背双组分背胶处理＋双面上浆＋平行刮齿	室内Ⅰ型瓷砖胶
3	双面上浆＋平行刮齿	C1 级瓷砖胶
4	砖背双组分背胶处理＋双面上浆＋平行刮齿	C1 级瓷砖胶

2 结果与分析

2.1 瓷砖胶＋半干法工艺进行地砖铺贴

2.1.1 半干砂浆与不同瓷砖胶搭配方案工艺匹配性测试

图 1 为半干砂浆与不同瓷砖胶搭配方案工艺瓷砖粘结强度。由图 1 可知，通过切割拉拔，使用 C1 级瓷砖胶与使用室内Ⅰ型瓷砖胶，在粘结强度上差异不大，而对砖背做了双组分背胶界面处理后，粘结强度有了提升。另外，将半干砂浆拍实再薄贴，粘结强度比在传统半干砂浆上贴砖更高，且用空鼓锤检查均无空鼓现象。

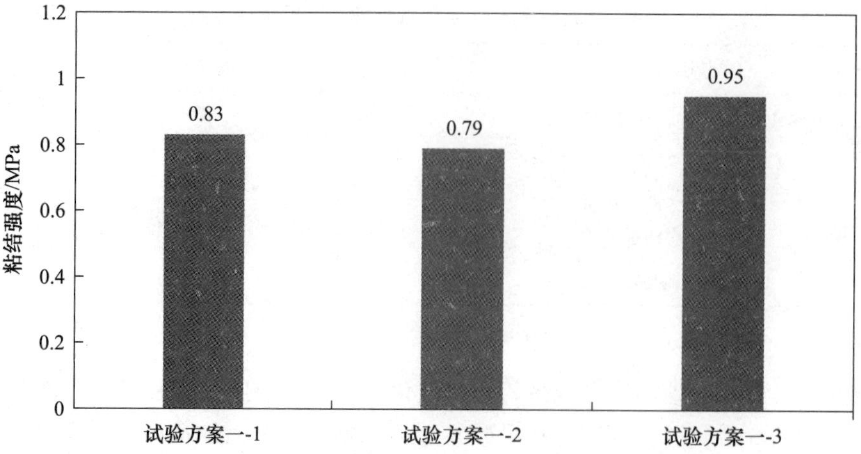

图 1　半干砂浆与不同瓷砖胶搭配方案工艺瓷砖粘结强度

2.1.2　传统半干法贴大砖对空鼓率和稳定性的影响验证

图 2 为贴砖 6 个月后瓷砖情况，用空鼓锤检查均无空鼓。尽管半干砂浆比较依赖师傅的施工经验，但在半干砂浆上无论是直接批刮瓷砖胶进行瓷砖铺贴，还是用双组分背胶处理再批刮瓷砖胶进行 715 瓷砖铺贴，室外养护观察 6～12 个月后，未发现有明显异常，说明半干砂浆工艺铺贴规格为 715 瓷砖的风险较小。分析认为：传统半干法工艺铺贴地砖空鼓界面主要出现在砂浆和瓷砖界面，现引入瓷砖胶和双组分背胶等专业的粘结材料起到很好的粘结作用，而作为垫层的半干砂浆因为其本身的结构特点，表现出收缩小、体积稳定性较好等特点，使该工艺整体表现良好。

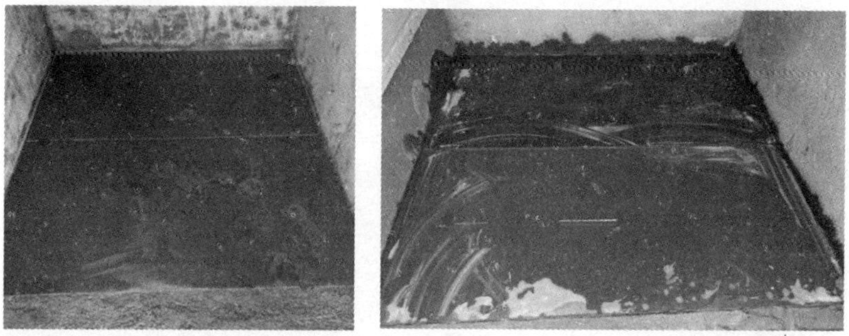

图 2　贴砖 6 个月后瓷砖情况

2.1.3　半干法延伸工艺贴大砖方案

图 3 为不同方案半干法贴砖粘结强度。由图 3 可知，当使用普通砂浆做打底，再用地面垫层砂浆进行找平后铺贴时，粘结强度大于 0.4MPa，证明此方案对于小于 918 规格的瓷砖铺贴可行性高。另外，当使用半干砂浆拍实找平后，等待硬化再行使用瓷砖胶铺贴，此方案同样理想。

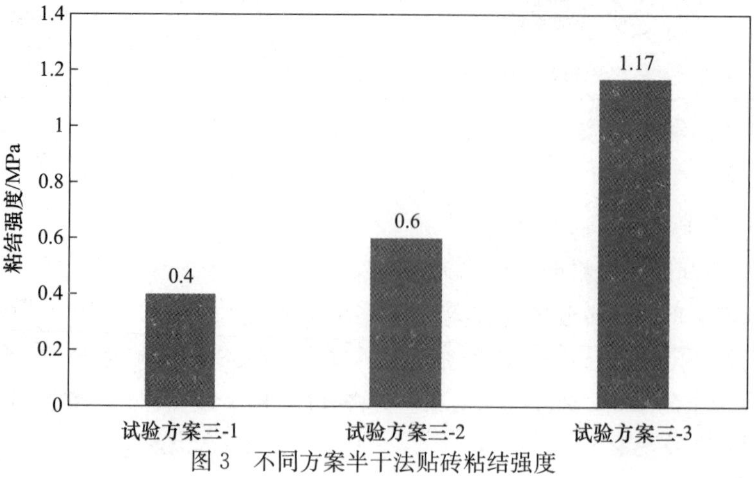

图 3　不同方案半干法贴砖粘结强度

2.2 硬底薄贴法工艺进行瓷砖铺贴

2.2.1 几种不同找平工艺的对比

表 10 为不同找平工艺对比。由表 10 可知，硬底薄贴前的基层找平是一个关键的环节，不同的材料和工艺对工人要求、施工效率和施工成本均不一样，找平质量对于后续的瓷砖铺贴有直接影响，选择何种工艺主要取决于项目质量要求、施工人员情况及项目成本的整体控制。整体来看，在人工成本逐渐高企以及环保日益严苛的当下，选择成品砂浆及提高地面找平的施工效率或许是现在亟待突破的方向。

表 10 几种不同找平工艺的对比

找平工艺	水泥基自流平	半流动找平砂浆＋快速冲筋找平	普通找平砂浆＋传统冲筋找平
工人要求	团队＋专业	团队＋经验	熟练工＋经验
施工效率	高	高	低
施工成本	高	中	低
平整度和强度	高	较高	较高

2.2.2 自流平砂浆找平基层上不同铺贴工艺对满浆率和粘结强度的影响

图 4 为自流平砂浆找平基层上不同铺贴工艺的粘结强度。由图 4 可以看出，当基面平整时，上浆时用双面平行刮齿施工更易确保满浆率及粘结强度，但交叉法优点是空鼓不明显。当工艺为单面刮齿时，则建议地面刮齿，砖背进行瓷砖胶薄批或使用双组分背胶对砖背进行处理。

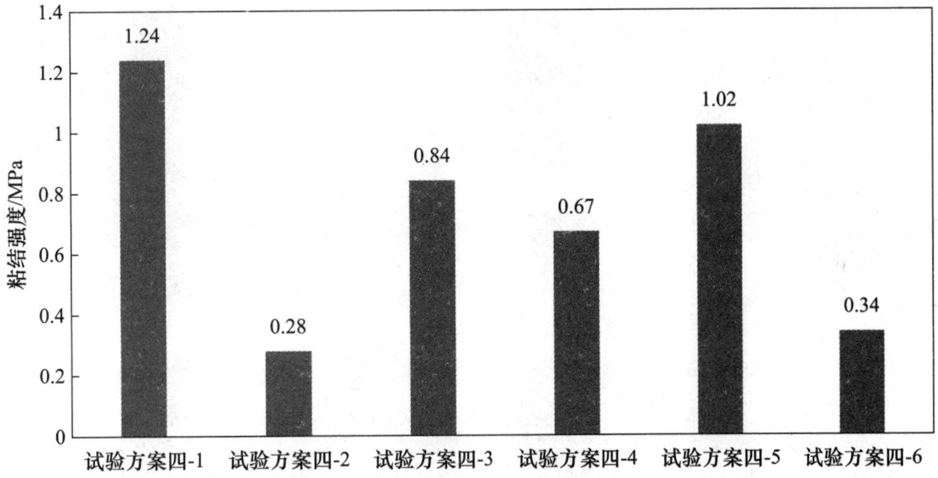

图 4 自流平砂浆找平基层上不同铺贴工艺的粘结强度

2.2.3 垫层找平砂浆基层上不同铺贴工艺对满浆率和粘结强度的影响

图 5 为垫层找平砂浆基层上不同铺贴工艺的粘结强度。由图 5 可知，平行刮浆铺贴时，满浆率和粘结强度最高；更建议采用双面平行刮浆的方式铺贴，可确保更易达到满浆效果。另外，C1 级瓷砖胶搭配双组分背胶和单独采用 C2 级瓷砖胶铺贴，在切割拉拔的粘结强度方面表现接近，更推荐用基层刮齿搭配砖背双组分背胶处理的方案。

2.2.4 流动性找平砂浆基层上砖背用双组分背胶处理对粘结强度的影响

图 6 为流动性找平砂浆基层上双组分背胶处理后的粘结强度。由图 6 可知，室内Ⅰ型瓷砖胶和 C1 级瓷砖胶贴地砖时，切割拉拔的粘结强度差异不大，且当砖背使用双组分背胶进行处理后，其粘结强度要比只用瓷砖胶的高，且用空鼓锤检查均无空鼓现象。分析认为：针对地面这一应用场景，短期内选用室内Ⅰ型瓷砖胶或 C1 瓷砖胶的粘结表现或许没那么明显，但可以确定的是配套双组分背胶作为瓷砖砖背的界面处理后，无论是用室内Ⅰ型瓷砖胶还是 C1 瓷砖胶来进行铺贴，对于

粘结强度或铺贴质量都可以起到明显的正面作用。另外，在普通找平砂浆或半流动性找平砂浆找平后进行硬底薄贴工艺中，突破效率的关键在于如何快速地冲筋找平，借助快速冲筋找平工具将有效提升地面瓷砖铺贴效率。

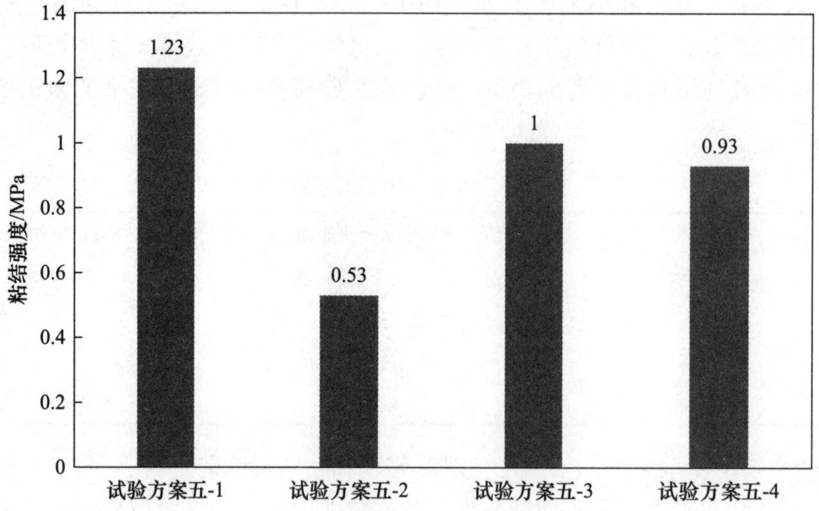

图 5　垫层找平砂浆基层上不同铺贴工艺的粘结强度

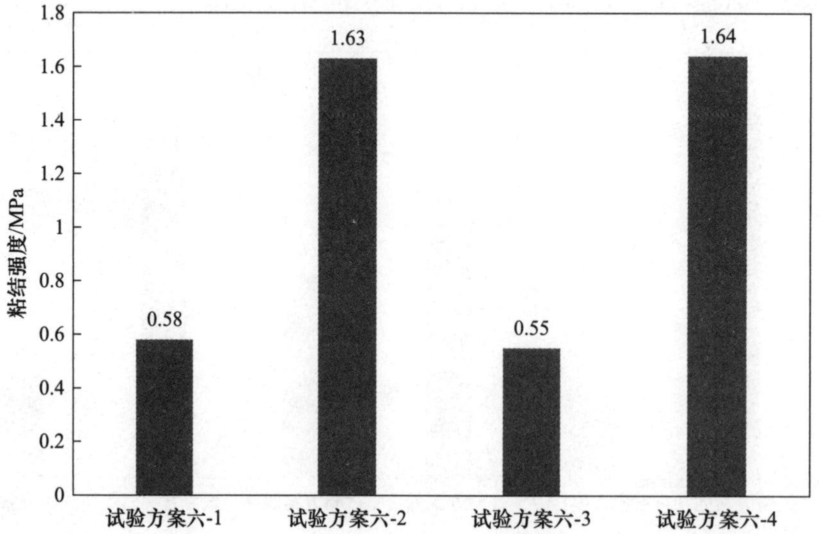

图 6　流动性找平砂浆基层上双组分背胶处理后的粘结强度

2.3　关于地面大规格瓷砖铺贴工艺痛点的思考

2.3.1　地面刮浆

龙大云[5]等提出了一种新型地砖铺贴施工技术，同传统地砖铺贴工艺相比，其改进之处在于将胶浆拌和好后不再使用齿形抹刀将胶浆铲至地砖铺贴处，再用抹刀找平划出肋状条纹（图 7），而是通过一个带齿的新型布料器将胶浆均匀等厚地铺贴至基层上，再将地砖铺贴于胶浆上。采用硬底薄贴工艺法铺贴大规格瓷砖时，地面批刮瓷砖胶的面积比较大，使用常规的齿形刮板工具难以顺利完成上浆刮齿动作，往往十分费力。因而开发并借助新型布料＋刮齿一体器等工具，对于瓷砖铺贴上浆工序效率的提升会有明显的帮助。

图 7　地面瓷砖铺贴刮浆工具及操作

2.3.2 不用齿形刮板的差异

选用4种相同齿深、不同造型的齿形刮板，分别为方形、三角形、梯形和矩形，在相同施工方案和条件下铺贴瓷砖，测试瓷砖铺贴后的满浆率，如图8所示。使用梯形和三角形的齿形刮板，更容易使瓷砖胶满浆率达到较高水平。

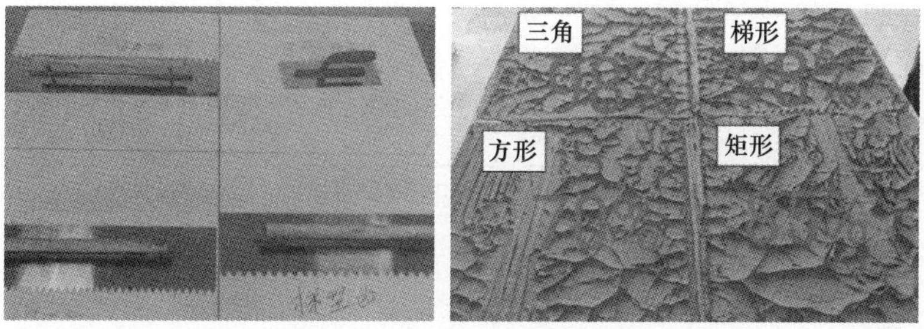

图8 不同齿形刮板外观及施工后满浆率差异

2.3.3 瓷砖拐角处开裂的预防

对于大规格瓷砖地面贴砖时拐角处容易开裂的问题，现行流程的做法是拐角处先开圆孔，且在瓷砖拐角处加固等方法来缓解应力。我们也设计了一些试验，暂时没有找到完全避免开裂风险的解决方案，并且拐角处开裂与瓷砖本身的质量以及基层和粘结砂浆的稳定性也有较大关系。如果实在没有很可靠的方案，建议瓷砖沿“7”字形切断，然后用一砖一色进行填缝。

2.3.4 地面开裂导致瓷砖空鼓问题

影响的因素有很多，如基面清理和处理，是否合理设置分隔缝，材料质量、级配、配合比，施工厚度及气候因素，结构不均匀沉降等。我们模拟了在基面开裂的地面上用不同的施工工艺进行瓷砖铺贴，地砖的空鼓情况见表11。

表11 开裂地面上不同的贴砖工艺对比

序号	选用瓷砖类型	方案	空鼓率
1	800mm×800mm 地砖	瓷砖胶薄贴	80%
2		解耦垫＋瓷砖胶薄贴	30%
3		半干砂浆＋水泥油	100%
4		半干砂浆＋瓷砖胶	0%

最终研究发现，使用解耦垫搭配瓷砖胶薄贴或者使用半干砂浆搭配瓷砖胶铺贴，对于避免瓷砖空鼓能起到比较正面的预防作用，分析认为解耦垫的柔性隔离层及半干砂浆内部的空隙对于基层裂纹应力的传导能起到一定的消解作用，因此对瓷砖铺贴的牢固安全性有正面作用。

2.4 铺贴方法的比较

2.4.1 半干法铺贴工艺优劣势及比较

（1）直接半干法和半干找平法性价比比较见表12。由表12可以看出，当以半干法作为主铺贴工艺时，推荐的高性价比方案为“砖背双组分背胶处理＋室内Ⅰ型瓷砖胶”；

（2）半干法工艺铺贴规格为715瓷砖的可行性高；

（3）地面半干砂浆压实抹平干固后可直接用瓷砖胶薄贴法施工。

表12 直接半干法和半干找平法性价比比较

序号	方案	粘结强度/MPa	效率	成本
1	半干砂浆＋瓷砖胶	0.81	10～20m^2	低
2	半干砂浆铺平干固＋薄贴	1.17	2道工 20～40m^2 综合较快	与方案1相比，多出找平工费

2.4.2 半干法与硬底薄贴法成本及工期对比

表13为半干法与硬底薄贴法成本及工期对比。由表13可看出，硬底薄贴法成本偏高，其推荐的主要应用场景为做好的地暖上贴砖、精装修翻新、规格大于900mm×1800mm的地砖。

表13　成本及工期对比

工艺	半干法			硬底薄贴法		
项目	人工/元	材料/元	周期/d	人工/元	材料/元	周期/d
地砖715	80	20+10	10	30+80	20+20	13

注：以100m^{2}地面面积算，沙子约为7m^2×200元/m^2，水泥用量约为25包×25元/包。

结论

本研究聚焦瓷砖胶等专业铺贴材料在家装地砖铺贴常见工艺（半干法和硬底薄贴法）中的应用效果及痛点，有助于推动瓷砖胶应用的普及和提升地面中大规格瓷砖的铺贴质量，通过不同方案的对比分析，优选出高性价比的地面瓷砖铺贴方案和工艺，从而推动地面中大规格瓷砖铺贴成熟度的不断提升。经研究，得出以下结论：

（1）室内地面半干法是目前地面贴砖的主流，追求性价比推荐室内Ⅰ型瓷砖胶配双组分背胶使用。

（2）半干砂浆压实抹平待干固后进行薄贴效果很好。

（3）对于小于900mm×1800mm的大规格瓷砖，目前来看半干法也暂无明显异常，可选用C2级瓷砖胶，或者双组分背胶搭配C1级瓷砖胶使用。

（4）快速冲筋工具对于硬底薄贴的推动有进一步的作用。

（5）硬底薄贴法推荐：在地面平整的基础上，开发省工省力的地面刮浆工具；推荐短边平行双面刮齿薄贴法，或者地面刮齿、砖背薄批薄贴法。

（6）对于有开裂风险的地面，解耦垫确实对于地砖防裂会有一定帮助，但极限测试效果不理想；半干砂浆搭配瓷砖胶效果不错。

参考文献

[1] 牟常林，孙恩禹．地砖铺贴质量分析［J］．辽宁科技大学学报，2009，32（5）：494-496.

[2] 华经产业研究院．2023年中国陶瓷砖产能、产量、进出口及重点企业分析［EB/OL］．华经情报网，2023. https：//baijiahao. baidu. com/s? id＝1766761877132318497&wfr＝spider&for＝pc.

[3] 余家滨．楼地面大规格抛光砖施工质量控制［J］．福建建筑，2007（10）：74-76.

[4] 李花．浅谈如何提高室内大面积地砖铺贴质量合格率［J］．中华建设科技，2017（6）：160-161.

[5] 龙大云，刘天森．一种新型地砖铺贴施工技术［J］．四川建材，2021，47（2）：115-116.

瓷砖背胶地面铺贴应用效果研究

王　涵[1]　邹　蜜[1]　戴小明[1]
1. 德高（广州）建材有限公司　广州　510289

摘　要　为了研究瓷砖背胶在地面铺贴中的应用效果，本文模拟地面铺贴应用场景、地暖高温环境应用场景，通过对比测试，研究了不同背胶的施工操作性能、粘结性能以及高温下的粘结性能。结果表明：瓷砖背胶的黏度是影响其施工操作性能的主要因素，背胶感观上的“造毛效果”并不能决定粘结强度；采用瓷砖胶搭配背胶铺贴地面瓷砖，粘结强度有显著提高；在高温环境下，使用C1、C2型瓷砖胶搭配双组分背胶粘结强度优于单独使用C2ES1型瓷砖胶；另外，“即批即帖”的使用方式，会降低膏状背胶和双组分背胶的粘结强度。

关键词　背胶；地面铺贴；粘结强度；施工性能

Research on the Application Effect of Tile Back Glue on the Ground

Han Wang[1]　Mi Zou[1]　Xiaoming Dai[1]
1. SIK ADavco (Guangzhou) Co., Ltd.　Guangzhou 510289

Abstract　In order to study the application effect of tile back glue in the ground paving, this paper simulated the application scene of the ground paving and the application scene of the high temperature environment of the floor heating, and studied the construction operation performance, bonding performance and bonding performance under high temperature of different back glue through comparative tests. The results show that the viscosity of ceramic tile back glue is the main factor affecting its construction performance, the visual roughness of the tile back glue cannot determine the bonding strength; using ceramic tile adhesive with ceramic tile back glue to paste the ground ceramic tile, the bonding strength will be significantly improved; in the high temperature environment, the bonding strength of C1 and C2 ceramic tile adhesive combined with two-component back glue is better than that of C2ES1 ceramic tile adhesive alone; in addition, the use of “paste immediately after batch scraping” will reduce the bonding strength of paste and two-component back glue.

Keywords　Tile back glue; Ground paving; Bonding strength; Construction performance

---

第一作者简介：王涵（1988—　），男，工程师，本科，研究方向：建筑装修材料研究。E-mail：han.wang@davco.cn

引言

背胶是一种界面处理材料，涂覆于瓷砖背面，搭配使用合适的粘结材料时，可有效提高瓷砖粘结体系的粘结强度，提高安全性，使空鼓、掉砖情况得到很大改善，近几年在瓷砖铺贴领域获得大量的推广和应用[1-2]。市面上最为普遍的是乳液型单组分背胶，但单组分背胶耐水性与耐热性能相对较差[3-4]，使其使用环境受限，无法适应地面贴砖的应用需求，特别是有地暖高温环境下的地面贴砖需求。

目前，在实际施工中使用单组分背胶铺贴地砖后大面积空鼓、脱落的问题时有发生，各大厂家都推出了适用于地面瓷砖铺贴的背胶产品，主要为由乳液和水泥基无机胶凝材料组成的双组分背胶和膏状背胶。但行业内对瓷砖背胶的研究绝大多数集中在墙面铺贴领域，很少涉及地面铺贴应用，对背胶在地面瓷砖铺贴中的应用效果亟待做进一步研究。

本文研究了不同背胶的施工操作性能、搭配不同粘结材料的粘结性能以及高温下的粘结性能；为了更贴近施工应用，本文模拟地面铺贴场景，实际铺贴 750mm×1500mm 规格瓷砖，同时参照 JGJ/T 110—2017《建筑工程饰面砖粘结强度检验标准》采用切割拉拔的方式测试粘结强度。

1 材料与方法

1.1 试验原材料

水泥：用于采用 P·O 42.5 级水泥，其主要力学性能指标符合 GB 175—2023《通用硅酸盐水泥》要求。

砂：采用中粗天然河砂，细度模数 2.7，含水量小于 1.5%，含泥量小于 1%。

瓷砖：尺寸 750mm×1500mm，吸水率小于 0.5%，性能符合 GB/T 4100—2015《陶瓷砖》附录 G 中 BⅠa 类的要求。

瓷砖胶粘剂：采用市售知名品牌瓷砖胶 C1 型、C2 型、C2ES1 型，符合 JC/T 547—2017《陶瓷砖胶粘剂》对应级别瓷砖胶性能要求。不同等级瓷砖胶拉伸粘结强度见表 1。

表 1 不同等级瓷砖胶拉伸粘结强度 MPa

瓷砖胶等级	拉伸粘结强度	浸水后拉伸粘结强度	热老化后拉伸粘结强度
C1	1.3	0.8	0.7
C2	1.3	1.5	1.1
C2ES1	1.7	1.2	1.2

瓷砖背胶：采用四款不同品牌市售背胶产品，编号为 B1、B2、B3、B4。其中 B1、B2、B3 为双组分瓷砖背胶，性能符合 JC/T 907—2018《混凝土界面处理剂》中Ⅰ型要求；B4 为单组分膏状背胶，性能符合 T/CBMF 93—2020《陶瓷砖用膏状背胶》要求。各背胶拉伸粘结强度见表 2。

表 2 不同背胶拉伸粘结强度 MPa

背胶编号	未处理	浸水处理后	耐热处理后
B1	1.4	0.9	1.2
B2	1.3	1.0	1.1
B3	0.9	0.8	0.7
B4	0.9	1.1	0.8

高温试验用瓷砖尺寸 300mm×300mm，由前述 750mm×1500mm 瓷砖切割而成，基材使用混凝土板，符合 JC/T 547—2017《陶瓷砖胶粘剂》中的 40cm×40cm 混凝土标准板要求。

1.2 试验方法

（1）在瓷砖砖背滚涂不同背胶，自然环境下干固，对比背胶B1、B2、B3、B4施工操作性能。

（2）常规应用环境下粘结性能测试：采用不同铺贴材料组合，分别在室内地面铺贴750mm×1500mm玻化砖，自然养护，测试切割拉拔粘结强度。具体制样情况见表3。

表3 试样编号及不同铺贴材料组合

编号	铺贴材料组合	编号	铺贴材料组合
1	水泥砂浆粘结，不使用背胶	7	C1瓷砖胶粘结，使用背胶B4
2	水泥砂浆粘结，使用背胶B1	8	C1瓷砖胶粘结，使用背胶B1（即批即贴）
3	C1瓷砖胶粘结，不使用背胶	9	C1瓷砖胶粘结，使用背胶B4（即批即贴）
4	C1瓷砖胶粘结，使用背胶B1	10	C2瓷砖胶粘结，使用背胶B1
5	C1瓷砖胶粘结，使用背胶B2	11	C2ES1瓷砖胶粘结，不使用背胶
6	C1瓷砖胶粘结，使用背胶B3		

注：8、9试样为"即批即贴"，砖背滚涂背胶后随即进行瓷砖铺贴；其余试样为滚涂背胶后晾置12h，完全干固之后进行瓷砖铺贴。

具体试验步骤：基层界面处理→瓷砖砖背清理→砖背涂刷背胶→砖背批刮粘结材料→铺贴至地面（同时留缝、调平）→自然养护→测试粘结强度。

基层为混凝土地面，满足GB 50327—2001《住宅装饰装修工程施工规范》要求，试验前清理至干净状态，无浮尘、油污，界面处理采用市售渗透型界面处理剂，滚涂两遍晾干。砖背均匀涂刷背胶，厚度1mm左右，砖背批刮粘结材料，水泥砂浆采用灰刀布料，瓷砖胶采用齿形刮板梳理齿条，铺贴至地面正常敲击、揉压，采用插片式找平器正常留缝、调平，粘结强度测试按照JGJ/T 110—2017《建筑工程饰面砖粘结强度检验标准》进行。

（3）模拟测试地暖高温环境下的粘结性能：采用不同铺贴材料组合，在标准混凝土板上铺贴300mm×300mm玻化砖（由750mm×1500mm瓷砖切割制备），自然环境下干固7d，放入70℃烘箱7d，测试切割拉拔粘结强度。具体制样情况见表4。

表4 高温试验试样编号及不同铺贴材料组合

编号	铺贴材料组合	编号	铺贴材料组合
12	水泥砂浆粘结，不使用背胶	15	C1瓷砖胶粘结，使用背胶B1
13	水泥砂浆粘结，使用背胶B1	16	C2ES1瓷砖胶粘结，不使用背胶
14	C1瓷砖胶粘结，不使用背胶	17	C2瓷砖胶粘结，使用背胶B1

具体试验步骤：基材混凝土板预处理→瓷砖砖背清理→砖背涂刷背胶→砖背批刮粘结材料→铺贴至基材混凝土板→自然环境下干固7d→70℃烘箱高温处理7d→测试粘结强度。

基材混凝土板按照标准方式养护，砖背均匀涂刷背胶，厚度1mm左右，晾置12h，完全干固之后进行瓷砖铺贴，贴砖后自然环境下干固7d，再放入烘箱处理，粘结强度测试按照JGJ/T 110—2017《建筑工程饰面砖粘结强度检验标准》进行。

2 结果与分析

2.1 不同背胶施工操作性能

背胶作为瓷砖砖背的界面处理材料，其施工性能优劣对瓷砖镶贴工人而言尤为重要，表5为不同背胶施工性能。由表5可知，不同品牌背胶施工操作性能有明显差异。

表 5　不同背胶施工操作性能

编号	浆料状态	黏度/（mPa·s）	施工手感	颜色外观	造毛效果	表干时间/h
B1	易搅拌，均匀、静置 2h 无分层，可正常操作	12843	爽滑、顺畅	灰白，均匀无色差	光滑，基本无毛刺效果	3
B2	易搅拌，均匀、静置 2h 无分层，可正常操作	19057	略生涩、不顺滑	灰色，明显泛白且不规则	凸起明显、毛刺均匀	3
B3	易搅拌，均匀、静置 2h 无分层，可正常操作	16326	爽滑、顺畅	深灰，均匀无色差	毛刺不均匀，有较大凸起	3
B4	均匀、50℃放置 14d 无分层，可正常操作	44451	爽滑、顺畅	黄色，均匀无色差	光滑、无造毛效果	2

从浆料状态看，三种双组分背胶 B1、B2、B3 粉料及液料易搅拌均匀，无结块，混合均匀后的浆料静置 2h 无分层、沉淀，可正常滚涂操作，能够满足实际施工应用需求。膏状背胶 B4，在 50℃环境下放置 14d 无分层，储存稳定性良好。

背胶 B2 浆料黏度最高，导致 B2 在施工手感上不够顺滑、滚涂时有一定生涩感，大面积使用会影响施工效率；同时，较高的浆料黏度，保证了 B2 在砖背良好的造毛效果，毛刺明显且大小均匀，凸起处厚度在 2mm 以内，为四款背胶中最优。各背胶在瓷砖砖背干固状态如图 1 所示。背胶 B1 黏度最低，滚涂施工爽滑顺畅，干固后涂膜厚度 1mm，整体外观均匀、表面较光滑，基本无毛刺感，造毛外观效果不明显。B3 干固后造毛不均匀，背胶在局部聚集成大小不等的条状凸起，厚度 2～4mm，部分凸起长度甚至超过 50mm，局部涂膜过厚、尺寸过大，效果不理想；B4 具备良好操作性能，为膏状背胶，黏度明显高于三款双组分背胶浆料，因其性状不同，使用时不需添加无机粉料组分，所以无造毛效果。

(a)背胶B1　(b)背胶B2　(c)背胶B3　(d)背胶B4

图 1　各背胶干固状态

由表 5 和图 1 可知，浆料黏度对双组分背胶施工操作性能有显著的影响，黏度过高不利于滚涂施工，黏度过低不利于在砖背的造毛效果；另外，背胶材料的性状和组成也会影响其施工性能。

2.2　不同铺贴材料组合的粘结性能

背胶作为砖背的界面处理材料，是瓷砖铺贴材料中重要的一环，其粘结性能直接影响整个铺贴体系的安全性，常规应用环境下各试样 14d 粘结强度测试结果如图 2 所示。

由图 2 中 1～4 号粘结强度可知，当粘结材料为水泥砂浆和 C1 型瓷砖胶时，使用背胶 B1 做砖背界面处理后粘结强度分别提升了 0.07MPa 和 0.3MPa，增长幅度在 31.8%和 44.8%。B1 作为一款双组分背胶，可以在瓷砖背面形成一层无机胶凝和聚合物的复合涂膜，起到良好的桥接作用，形成牢固的化学和物理粘结力，显著提高粘结强度[5]。同时由 1 号、2 号可知，水泥砂浆本身粘结强度有限，在使用双组分背胶后粘结强度仅达到 0.29MPa，不足 0.4MPa，所以在地面铺贴低吸水率玻化砖时，建议使用双组分背胶搭配瓷砖胶。

由 4～7 号粘结强度可知，当粘结材料为同款 C1 型瓷砖胶时，6 号粘结强度为 0.81MPa，是因为背胶 B3 干固后表面状态不均匀，局部涂膜过厚、凸起尺寸过大，引起应力分布不均匀，造成数据离散和结果偏低。而 4 号、5 号、7 号粘结强度结果接近，均在 0.96～0.97MPa，同时，结合 2.1 中背胶 B1、B2、B4 在砖背造毛状态的明显差异，证明在保证涂膜均匀性的前提下，背胶外观上的“造毛效果”并不能决定其粘结强度。

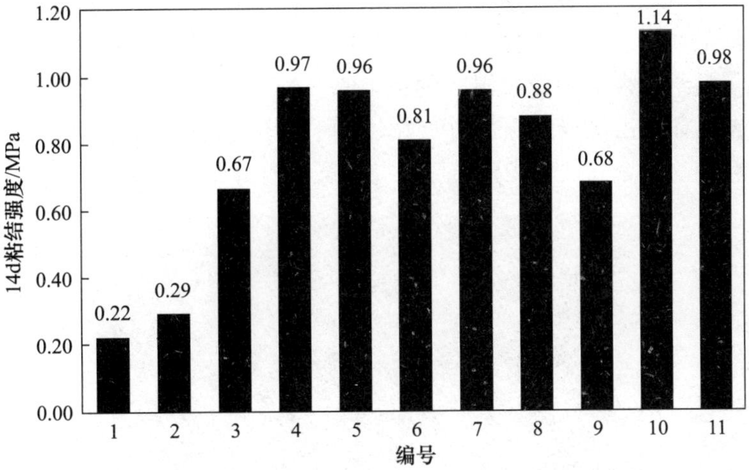

图 2　常规环境下各试样 14d 粘结强度

由 4 号、7～9 号粘结强度可知，以“即批即贴”的方式使用背胶 B1 和 B4，粘结强度分别下降 0.09MPa 和 0.28MPa，且 B4 降幅 29.2%明显大于 B1 的 9.3%。这是因为背胶干固速度和收缩率与粘结材料不同，在干固过程中两种材料间会产生应力，背胶作为砖背界面处理材料，涂膜早期强度发展相对缓慢，“即批即贴”时背胶层有更大机率因强度不足而产生缺陷[6]，且有机物含量更高的膏状背胶表现越加明显。虽然膏状背胶 B4 在产品说明中明确注明可以“即批即贴”使用，但从试验结果看，“即批即贴”的方式显然会降低背胶的粘结强度；所以从铺贴安全的角度上看，无论是双组分背胶还是单组分的膏状背胶，均建议在背胶完全干固后进行贴砖操作。

由 4 号、10 号、11 号粘结强度可知，使用 C2 型的瓷砖胶搭配背胶 B1 粘结强度 1.14MPa，超过单独使用 C2ES1 型瓷砖胶的强度，而使用 C1 型瓷砖胶搭配背胶 B1 粘结强度为 0.97MPa，与单独使用 C2ES1 型瓷砖胶的强度相当。这说明对于 C1 型、C2 型瓷砖胶，搭配使用双组分背胶对粘结强度的提升作用超过瓷砖胶材料柔性 S1 所带来的提升。

2.3　不同铺贴材料高温下的粘结性能

住宅安装使用地暖后的高温环境，是地面瓷砖铺贴遇到的特有应用场景，经过高温处理后，各试样的粘结强度如图 3 所示。

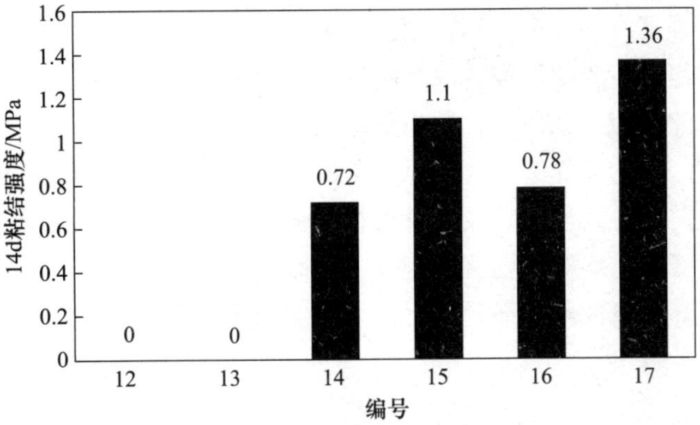

图 3　高温下各试样的粘结强度

图 3 中 12 号、13 号以水泥砂浆作为粘结材料，在烘箱 70℃高温环境下处理后，瓷砖与水泥砂浆已出现明显空鼓，测试切割拉拔粘结强度时瓷砖整体与水泥砂浆剥离脱落（图 4），已无强度；而 14 号试样使用 C1 型瓷砖胶粘结，在高温处理后，粘结强度为 0.72MPa，C1 瓷砖胶搭配背胶 B1 的 15 号试样强度达到 1.1MPa；说明水泥砂浆粘结强度不足，且无法承受高温情况下的温度应力，导致瓷砖脱落，即使搭配使用双组分背胶，也无法有效改善。试验中的 C1 型瓷砖胶，因为有胶粉等聚合物的引入，不仅粘结强度有明显提升，同时具备一定抵抗温度应力的能力，双组分背胶的使用，进一步提升了铺贴体系抵抗温度应力的能力[1]。所以，在地暖等高温环境下铺贴地砖，不建议选用水泥砂浆作为粘结材料，建议使用瓷砖胶，并搭配双组分背胶使用。

图 4　高温处理后瓷砖与水泥砂浆剥离脱落

由 15～17 号试样粘结强度对比可知，C1、C2 型瓷砖胶搭配背胶铺贴，在高温处理后的粘结强度均明显高于单独使用 C2ES1 型瓷砖胶，特别是 17 号试样，强度达到 16 号的 1.74 倍，所以在地暖等高温环境下铺贴地砖，相比于单独使用带柔性 S1 的瓷砖胶，更建议选用非柔性瓷砖胶搭配双组分背胶的方案。

结论

本文通过模拟地面铺贴场景，通过测试切割拉拔等方式，研究了不同背胶的施工操作性能，搭配不同粘结材料的粘结性能以及高温下的粘结性能，得到如下结论：

（1）不同背胶施工性能差异明显，黏度对双组分背胶施工操作性能有显著的影响，黏度过高不利于滚涂施工，黏度过低不利于在砖背的造毛效果。

（2）水泥砂浆粘结强度有限，在使用双组分背胶后仍不足 0.4MPa，所以在地面铺贴低吸水率玻化砖时，建议使用双组分背胶搭配瓷砖胶。特别是在地暖等高温环境下铺贴地砖，不建议选用水泥砂浆作为粘结材料，建议使用瓷砖胶，并搭配双组分背胶使用。

（3）在保证涂膜均匀性的前提下，背胶感观上的“造毛效果”并不能决定粘结强度。

（4）以“即批即贴”的方式使用背胶会降低粘结强度，从铺贴安全的角度上说，无论是双组分背胶还是单组分的膏状背胶，均建议在背胶完全干固后进行贴砖操作。

（5）在地暖等高温环境下铺贴地砖，相比于单独使用带柔性 S1 的瓷砖胶，更建议选用非柔性瓷砖胶搭配双组分背胶的方案。

参考文献

[1]　徐振东，陈兵，苏思维．单组分瓷砖背胶及粘结剂体系与玻化砖粘结强度试验研究［J］．新型建筑材料，

2023，10 (4)：57-61.

［2］ 李光球，陈晓龙，郭一锋．瓷砖背胶在瓷砖铺贴系统中的应用研究［J］．新型建筑材料，2016，43 (9)：69-72.

［3］ 李政兴，黎长珍，汪焕彬，等．瓷砖背胶的研究及应用［J］．广东建材，2017 (10)：28-30.

［4］ 丁天华，马文家，李文杰．单组分瓷砖背胶性能分析及应用研究［J］．广东建材，2019，35 (7)：30-32.

［5］ 林杰赐，陈明毅，陈炳耀，等．瓷砖背胶在不同环境下的粘结强度研究［J］．粘结，2023，50 (7)：12-15.

［6］ 林杰赐，陈明毅，陈炳耀，等．无机改性瓷砖背胶粘结强度的研究［J］．粘结，2023，50 (12)：58.

瓷砖背胶铺贴体系安全性的评估方法研究

王鸿博[1]　王文江[1]　周碧平[1]
1. 德高（广州）建材有限公司　广州市　510288

摘　要　为合理评估瓷砖背胶铺贴体系的安全性，针对该铺贴体系的高柔性特点，通过铺贴体系的剪切粘结试验，建立评估体系安全性的剪切粘结应力-应变曲线，确立采用“剪切势能”作为体系安全性的评估指标，并与瓷砖胶直接铺贴体系进行加速耐久性对比，验证了将该指标作为体系安全性评估具有较好的合理性。

关键词　瓷砖背胶；剪切势能；安全性

The Research on Safety Evaluation Method of Tiling System With Back Glue

Hongbo Wang[1]　Wenjiang Wang[1]　Biping Zhou[1]
1. Davco (Guangzhou) Co., Ltd.　Guangzhou　510288

Abstract　To evaluate the safety of tiling system with back gule, the thesis builds the stress-strength curve of shearing bonding according to shearing bonding experiment. The shearing potential energy has been set to be the index of tiling system safety. Meanwhile, the durability acceleration experiment of tiling system with back glue has been conducted, comparing to the system without back gule. The conclusion shows that the shearing potential energy can be the sensible index of safety evaluation of tiling system with backgule.

Keywords　Back gule; Shearing potential energy; Safety

引言

瓷砖铺贴是家庭厨卫装修的主流工艺。近年来，随着瓷砖的吸水率越来越低，瓷砖的尺寸越来越大，瓷砖铺贴时广泛用到乳液型背胶产品（以下简称背胶），通过对瓷砖背面进行界面处理，提高瓷砖铺贴体系的安全性[1]。背胶属于高柔性乳液，在瓷砖铺贴体系中起到分散粘结界面剪切应力的作用[2]，其机理与瓷砖胶通过高粘结力提高铺贴体系安全性存在较大差异。因此当瓷砖铺贴体系引入高柔性的背胶后，目前瓷砖铺贴体系安全性的判断标准即 JGJ/T 110—2017《建筑工程饰面砖粘结强度检验标准》采用的拉拔粘结测试法，已不足以作为有效评估方法。而目前瓷砖背胶铺贴体系的安全性，尚无有效可靠的数字化评价方法。因此本文通过瓷砖背胶铺贴体系的剪切粘结试验，建

第一作者简介：王鸿博（1981—　），男，中级工程师，硕士研究生，研究方向：水泥基特种砂浆的推广应用。E-mail: hongbo.wang@davco.cn

立瓷砖背胶铺贴体系的剪切粘结曲线，并采用“剪切势能”指标，作为体系安全性的主要评估指标。此外，本文通过将瓷砖背胶铺贴体系与瓷砖胶直接铺贴体系进行加速耐久性试验对比，进一步验证将“剪切势能”指标作为瓷砖背胶铺贴体系安全评估的有效性。

1 材料与方法

1.1 试验原材料

试验采用低吸水率玻化砖，产品符合 GB/T 4100—2015《陶瓷砖》中挤压陶瓷砖（$E \leqslant 0.5\%$ AⅠa类）。

试验采用德高 TTBⅡ大砖瓷砖胶、德高岩板瓷砖胶、德高全效瓷砖背胶。产品性能指标见表1～表3。

表1 德高 TTBⅡ大砖瓷砖胶的拉伸粘结强度 MPa

序号	检测项目	指标要求	检测结果
1	拉伸粘结强度	≥0.5	1.3
2	浸水后拉伸粘结强度	≥0.5	0.8
3	热老化后拉伸粘结强度	≥0.5	0.7
4	冻融循环后拉伸粘结强度	≥0.5	0.8
5	晾置时间≥20min，拉伸粘结强度	≥0.5	0.7

注：检测参照 JC/T 547—2017《陶瓷砖粘结剂》C1 等级。

表2 德高岩板瓷砖胶的性能

序号	检测项目	指标要求	检测结果
1	拉伸粘结强度/MPa	≥1.0	1.7
2	浸水后拉伸粘结强度/MPa	≥1.0	1.2
3	热老化后拉伸粘结强度/MPa	≥1.0	1.2
4	冻融循环后拉伸粘结强度/MPa	≥1.0	1.4
5	晾置时间≥20min，拉伸粘结强度/MPa	≥0.5	0.9
6	加长晾置时间≥30min，拉伸粘结强度/MPa	≥0.5	0.8
7	横向变形/mm	≥2.5	3.4

注：检测参照 JC/T 547—2017《陶瓷砖粘结剂》C2ES1 等级。

表3 德高全效瓷砖背胶的粘结强度 MPa

序号	检测项目	指标要求	检测结果
1	7d 原始粘结强度	≥0.5	0.9
2	14d 浸水粘结强度	≥0.4	0.5
3	14d 热老化粘结强度	≥0.5	0.6

注：检测参照 Q/DGJC 9—2021《陶瓷砖界面处理剂》Ⅲ类。

1.2 试验方法

（1）拉伸粘结试验。采用 JC/T 547—2017《陶瓷砖粘结剂》中的拉伸粘结试验方法，分别制作德高 TTBⅡ大砖瓷砖胶＋德高背胶的瓷砖背胶铺贴玻化砖的样块（简称 C1＋BG），以及德高岩板瓷砖胶直接铺贴玻化砖的样块（简称 C2ES1），开展拉伸粘结试验，以评估两者铺贴大板的基础安全性。

（2）剪切粘结试验。采用 JC/T 547—2017《陶瓷砖粘结剂》中的剪切粘结试验方法，分别制作德高 TTBⅡ大砖瓷砖胶＋德高背胶的瓷砖背胶铺贴玻化砖的样块（简称 C1＋BG），以及德高岩板瓷砖胶直接铺贴玻化砖的样块（简称 C2ES1），开展剪切粘结试验并绘制剪切粘结应力-应变曲线。

（3）加速耐久性试验。按照瓷砖胶标准薄贴工艺，分别制作 TTBⅡ大砖瓷砖胶＋德高背胶的瓷砖背胶铺贴 900mm×1800mm 陶瓷大板（简称 C1＋BG），以及德高岩板瓷砖胶直接铺贴 900mm×1800mm 陶瓷大板（简称 C2ES1）。采用外墙外保温耐候性检测装置（生产厂家：沈阳紫微恒检测设备有限公司，规格型号：WQ-NH3021，控温范围：－25～75℃）进行冷热循环耐久性测试。其中，加热阶段时间设定为 960min，温度设定为 50℃，冷却阶段时间设定为 480min，温度设定为－15℃，一个加热阶段与一个冷却阶段作为一次循环，试验循环次数设定为 60 次。

2 结果与分析

2.1 瓷砖背胶铺贴体系的拉伸粘结试验

图 1 是 C1＋BG 与 C2ES1 瓷砖铺贴体系的拉伸粘结强度对比，表 4 是与图 1 对应的瓷砖铺贴体系拉伸粘结强度对比数据。由图 1 及表 4 可以做出如下分析：C2ES1 铺贴大板，较 C1＋BG 具有更高的拉伸粘结强度，但两者都能满足贴砖的基础安全性要求，即 JC/T 547—2017《陶瓷砖粘结剂》中的 C1 等级（拉伸粘结强度≥0.5MPa）。

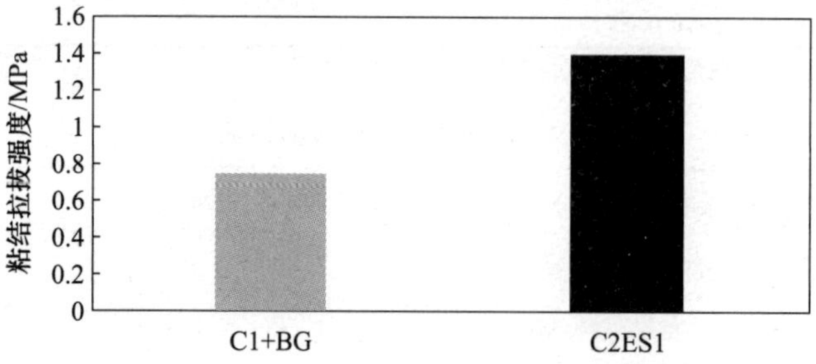

图 1 瓷砖背胶铺贴体系的拉伸粘结强度对比图

表 4 瓷砖背胶铺贴体系的拉伸粘结强度对比表

铺贴系统指标	图示	C1＋BG	C2ES1
拉伸粘结强度/MPa	瓷砖铺贴体系的基础安全性	0.75	1.4

注：测试方法参照 JC/T 547—2017《陶瓷砖粘结剂》。

2.2 瓷砖背胶铺贴体系的剪切粘结试验

图 2 是 C1＋BG 与 C2ES1 瓷砖铺贴体系的剪切粘结应力-应变曲线，表 5 是根据图 2 制作的瓷砖铺贴体系特征分析表。

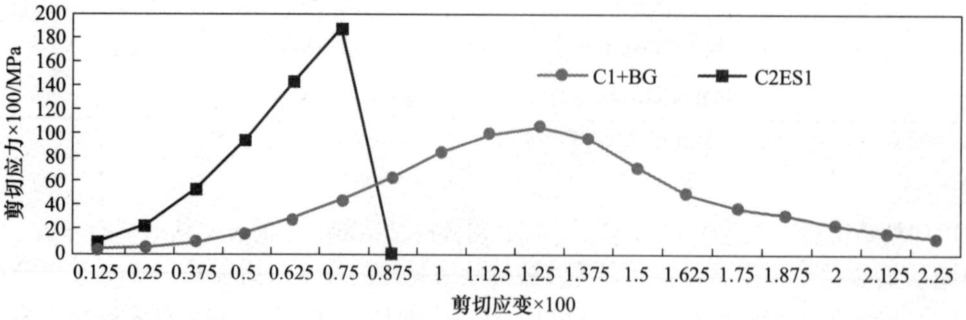

图 2 瓷砖背胶铺贴体系的剪切粘结应力-应变曲线

表 5　瓷砖背胶铺贴体系的剪切应力-应变曲线特征分析表

铺贴系统指标	图示	C1+BG	C2ES1
剪切模量 E_r/（N/m²）	曲线的初始斜率	85	250
安全应变 $\varepsilon_{max}\times100$	体系最大安全应变（C1+BG 在峰值应力 2/3 处）	1.5	0.75
剪切势能 E_p/J	曲线下方安全区包络面积	90	70

注：测试方法参照 JGJ/T 110—2017《建筑工程饰面砖粘结强度检验标准》。

由图 2 及表 5 可以做出如下分析：

（1）曲线的初始斜率，表征瓷砖铺贴体系的柔性，斜率越小，体系的柔性越高，因此可定义为剪切模量 E_r。从表 5 可以看出，C1+BG 的体系柔性明显高于 C2ES1 体系柔性，说明瓷砖背胶铺贴体系为柔性铺贴体系。在铺贴体系内外环境因素作用下，柔性铺贴体系内部产生的剪切应力越小，体系越安全。

（2）曲线的最大应变，表征瓷砖铺贴体系可承受的最大变形能力，可定义为安全应变 ε_{max}（不妨设 C1+BG 体系的安全应变设置在峰值应力 2/3 处）。ε_{max}越高，体系的变形能力越强。从表 5 可以看出，C1+BG 的安全应变明显高于 C2ES1，说明瓷砖背胶铺贴体系在内外环境因素作用下的综合变形能力更强。

（3）曲线下方安全区包络面积，表征铺贴体系的吸能效果，面积越大，体系的吸能效果越好，因此可定义为剪切势能 E_p。从表 5 可以看出，C1+BG 体系的剪切势能高于 C2ES1 体系，说明瓷砖背胶铺贴体系抵抗内外部环境因素综合作用的吸能效果更强，体系更加稳定安全。

从图 2 及表 5 可以看出，瓷砖背胶铺贴体系的柔性、最大变形能力及吸能效果，均明显高于瓷砖直接铺贴体系。因此，C1+BG 是高柔性铺贴体系，对体系材料变形的吸能效果更强，安全性更好。

2.3　瓷砖背胶铺贴体系的耐久性加速老化试验

图 3 是 C1+BG 与 C2ES1 瓷砖铺贴体系冷热循环前后粘结力损失对比，表 6 是根据图 3 制作的瓷砖铺贴体系冷热循环前后粘结强度衰减对比数据表。

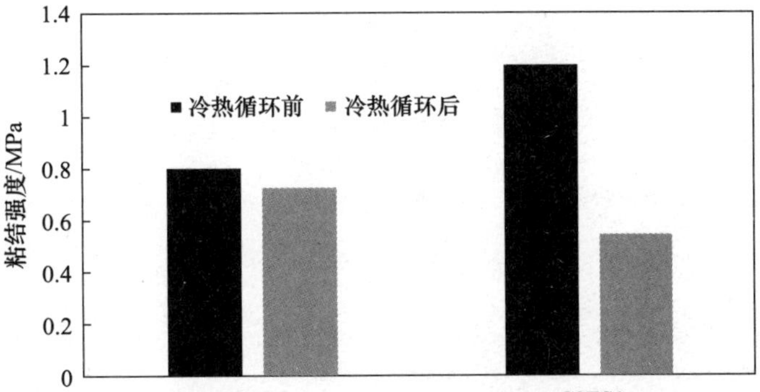

图 3　瓷砖背胶铺贴系统冷热循环前后粘结强度衰减对比图

表 6　瓷砖背胶铺贴系统冷热循环前后粘结强度衰减对比数据表

铺贴系统	标养 28d 后的粘结强度/MPa	60 次冷热循环后的粘结强度/MPa	粘结强度衰减/%
C1+BG	0.8	0.72	10
C2ES1	1.2	0.54	55

由图 3 及表 6 可以做出如下分析：

（1）C1+BG 体系经冷热循环后，其粘结拉拔强度仅损失 10%。这是由于其为柔性铺贴体系，在冷热循环作用下，虽然体系不同材料之间因变形系数差异而产生位移差，进而产生不利于粘结的界面剪切应力，但由于背胶的应力吸收作用，有效分散应力的破坏作用，因此体系的安全性保持良好。

（2）C2ES1 体系经冷热循环后，其粘结拉拔强度损失 55%。这是由于较瓷砖背胶铺贴体系，其为偏刚性铺贴体系，在冷热循环作用下，体系不同材料之间因变形系数差异而产生位移差，进而产生不利于粘结的界面剪切应力，而瓷砖胶无法吸收或分散应力，因此体系的安全性损失明显。

以上对比测试表明：C1＋BG 大板铺贴体系，较 C2ES1 适应温度变化能力更强，体系具有更加稳定的粘结效果。该结论与图 2 及表 5 中瓷砖铺贴体系的剪切应力-应变曲线特征一致，说明采用“剪切势能”指标作为瓷砖背胶铺贴体系安全评估的有效性具有较强的合理性。

结论

本文通过对瓷砖背胶铺贴体系进行剪切粘结试验，建立了数字化表征体系安全性的方法与评价指标，对瓷砖背胶铺贴体系的应用实践具有较好的指引作用。本文得出如下结论：

（1）背胶的应用，显著提高了瓷砖铺贴体系的柔性、最大变形能力及吸能效果，瓷砖铺贴体系具有更好的安全性。

（2）瓷砖背胶铺贴体系的剪切粘结应力-应变曲线，可以较为完整地描述铺贴体系的安全性。其中“剪切势能”指标表征体系的吸能效果，可作为瓷砖背胶铺贴体系安全性的重要评价指标。

（3）在加速耐久性对比测试下，与瓷砖直接铺贴体系相比，瓷砖背胶铺贴体系的粘结力保持更加稳定，该体系具有更好的稳定性与安全性。

参考文献

[1] 胡乾，王纯利，张英杰．单组分背胶在瓷砖铺贴系统中耐候性研究［C］．//郭晞，王培铭，张泳东．中国建筑材料联合会预拌砂浆分会．2022’第十届中国国际预拌砂浆生产应用技术研讨会论文集．北京：中国建材工业出版社，2022.

[2] 丁天华，马文家，李文杰．单组分瓷砖背胶性能分析及应用研究［J］．广东建材，2019（7）：30-32.

技术解析

建筑外保温体系中砂浆产品绿色建材认证技术研究

王祎玮[1]　白静国[2]　房　跃[1]　徐一飞[1]
1. 天津市贰拾壹站检测技术有限公司　天津　300381
2. 北京环科环保技术有限公司　北京　100041

摘　要　本文针对建筑外保温体系中砂浆产品（粘结砂浆、抹面砂浆）进行了绿色建材认证体系的深入分析研究，依据科学性、有效性、系统性、可操作性、先进性的原则，结合现行绿色建材评价系列标准，从生产企业的角度，在环保、安全、生产工艺、产品要求等方面，选取定性要求，从产品生命周期的角度在产品品质、能源利用、环境影响、资源节约的方面，选取可验证、可检测、可量化的定量指标，建立了粘结砂浆、抹面砂浆的绿色建材认证技术体系，有助于其评价标准的编制工作，助力其绿色建材认证工作的推广，不断提升和改善建筑外保温体系安全质量和节能效果。
关键词　粘结砂浆；抹面砂浆；绿色建材；认证；生命周期

Research on Green Building Material Certification Technology of Mortar Products in Building External Insulation System

Yiwei Wang [1]，Jingguo Bai [2]，Yue Fang[1]，Yifei Xu[1]
1. Tianjin Ershiyizhan Inspection Technology Co.，Ltd.　Tianjin　300381
2. Beijing Huanke Environ. Prot. Tech. Co. Ltd.　Beijing　100041

Abstract　This paper conducts in-depth analysis and research on the green building materials certification system for mortar products (bonded mortar，coating mortar) in the building external thermal insulation system. Based on the principles of scientific，effective，systematic，operable and advanced nature，combined with the current green building materials evaluation series standards，from the perspective of production enterprises，in terms of environmental protection，safety，production technology，product requirements，etc. By selecting qualitative requirements and selecting verifiable，detectable and quantifiable quantitative indicators from the perspective of product life cycle in terms of product quality，energy utilization，environmental impact and resource conservation，the green building materials certification technical system of bonded mortar and plaster mortar is established，which is conducive to the preparation of its evaluation standards and the promotion of its green building materials certification. Continuously enhance and improve the safety quality and energy saving effect of building external insulation system.
Keywords　Bonding mortar；Coating mortar；Green building materials；Certification；Life cycle

---

第一作者简介：王祎玮（1989—　），男，高级工程师，硕士研究生，从事绿色建材认证及检测相关工作。E-mail：764283319@qq.com

引言

随着环境污染问题的日益严重以及全球气候的剧烈变化，我国在2020年做出承诺“将力争2030年前实现碳达峰、2060年前实现碳中和”。作为碳减排重点领域之一，我国的建材行业应承担起相应减碳责任。绿色建材产品认证作为我国在建材工业领域落实“双碳”目标的具体行动，大力发展不仅有利于节能降耗、清洁生产，而且是健全绿色建材市场体系，增加绿色建材产品供给，提升绿色建材产品质量，促进建材工业转型升级的有效途径，同时，绿色建材作为支撑绿色建筑的有效保障，有利于城乡建设领域实现“双碳”目标。

从20世纪90年代末期开始，我国在各种建设项目中采用了建筑外保温系统，它是我国建筑行业所提倡的一种新型的建筑节能措施，是由三步节能逐渐过渡到五步的一种有效方法。而粘结砂浆和抹面砂浆是这一系统的基本原料，它们的品质将影响到建筑外保温工程的安全性和实用性。同时，在“双碳”目标的大背景下，粘结砂浆和抹面砂浆的绿色属性也会得到行业的广泛关注，绿色建材认证作为有效识别绿色属性的重要手段，实施绿色建材认证不仅有利于实现建筑外保温的“双碳”目标，还可以有效提升建筑外保温工程的质量水平。

目前，砂浆产品涉及的绿色建材认证依据主要有T/CECS 10048—2019《绿色建材评价 预拌砂浆》、T/CECS 10049—2019《绿色建材评价 石膏装饰材料》，但其中并不包含建筑外保温体系中应用的粘结砂浆、抹面砂浆产品，无法有效指导绿色建材认证工作。因此，加快研究粘结砂浆、抹面砂浆绿色建材认证技术，建立科学有效的绿色建材认证体系意义重大，有利于提升建筑外保温体系中砂浆产品的绿色化水平，有效保障工程建设的质量水平，为建筑节能乃至“双碳”目标提供技术支撑。

1 绿色建材认证技术思路

现行绿色建材认证技术体系，主要依据中国工程建设标准化协会发布的绿色建材评价系列标准，根据标准中评价要求的不同，将绿色建材分为一星级、二星级、三星级，星级越高，要求越严格。同时，运用符合性评估法，当评价要求的各项指标都达到相应评定级别的标准时，则判定符合相应评定级别的标准。

在现行《绿色建材评价》系列标准中，将其技术要求划分为两个大类，一个是一般要求，另一个是指标要求，在这两个部分中，一般要求是指产品基本要求、环保、安全、生产工艺等方面，并分为必选要求和可选要求（星级条件）。必选要求为企业必须符合的要求，如果任何一项不满足标准规定则判定为不符合，可选要求（星级条件）为企业自主选择的要求，可根据实际情况选择其中的部分要求。

区别于一般要求，指标要求则设置能源、资源、品质、环境这四个指标，并选取可验证、可检测、可量化的指标划分不同星级的基准值。其中，“资源性”体现在“原材料选择”阶段，其重点是“资源节约”。能量属性体现在生产环节，其重点是在生产流程中的能耗和物料的运输。而环境属性则以生产和使用阶段为重点，重点研究其在全寿命周期内所产生的环境效应。质量属性以应用为重点，着重产品的健康、安全和高品质表现。

综上所述，在进行建筑外保温体系中砂浆产品（粘结砂浆、抹面砂浆）的绿色建材认证技术研究时，一般要求应从生产企业的角度进行定性评价，指标要求则应从产品生命周期的角度进行定量评价。同时，尽可能选取可量化、可检测、可验证的指标，且应体现科学性、有效性、系统性、可操作性、先进性的原则。

2 绿色建材认证技术要求

根据上述绿色建材认证技术思路，结合现行砂浆产品的绿色建材评价标准T/CECS 10048—

2019《绿色建材评价 预拌砂浆》、T/CECS 10049—2019《绿色建材评价 石膏装饰材料》，对建筑外保温体系中砂浆产品（粘结砂浆、抹面砂浆）的绿色建材认证技术要求进行研究。

粘结砂浆、抹面砂浆的组成主要包括高分子聚合物材料、水泥基胶凝材料以及助剂、添加料，其生产过程都是各种物料按比例通过计量螺旋经计量秤计量后，依次进入搅拌主机，充分搅拌合格后，通过包装机包装成袋进行袋装发运，涉及使用能源类型为电能、柴油。在用途方面，粘结砂浆主要是在外墙上固定保温材料，抹面砂浆主要是与耐碱玻纤网共同组成抹面层。

2.1 一般要求

从粘结砂浆、抹面砂浆生产企业的角度出发，结合行业现状，选取如下要求对粘结砂浆、抹面砂浆产品的“绿色”进行基本定性评价：

2.1.1 必选要求

（1）近三年（含成立不足三年）无较大及以上安全、环保和质量等事故。

（2）采取封闭措施控制无组织颗粒物排放，颗粒物等主要大气污染物排放应进行集中收尘。配备必要的清洗、清扫设施。

（3）工作场所环境符合 GBZ 2.1—2019《工作场所有害因素职业接触限值 第1部分：化学有害因素》和 GBZ 2.2—2007《工作场所有害因素职业接触限值 第2部分：物理因素》中的要求。

（4）严禁使用国家明令淘汰或禁止的用能设备、生产工艺及相关物质。

（5）按照 GB/T 19001—2016《质量管理体系 要求》、GB/T 24001—2016《环境管理体系 要求及使用指南》和 GB/T 45001—2020《职业健康安全管理体系 要求及使用指南》建立并运行质量管理体系、环境管理体系和职业健康安全管理体系。

（6）一般固体废弃物的收集、贮存、处置应符合 GB 18599—2020《一般工业固体废物贮存和填埋污染控制标准》的相关规定。危险废物的贮存应符合 GB 18597—2023《危险废物贮存污染控制标准》的相关规定，并移交具有从事危险废物处理资质的企业处理。

（7）产品符合 GB/T 30595—2014《挤塑聚苯板（XPS）薄抹灰外墙外保温系统材料》、GB/T 29906—2013《模塑聚苯板薄抹灰外墙外保温系统材料》等相应的国家、地方、行业标准要求。

2.1.2 可选要求（星级条件）

不同等级符合项数要求，一星级无要求，二星级至少符合1项，三星级至少符合2项。

（1）安全生产标准化满足 GB/T 33000—2016《企业安全生产标准化基本规范》要求。

（2）建立并运行能源管理体系，符合 GB/T 23331—2020《能源管理体系 要求及使用指南》。

（3）具有近一年内第三方机构出具的绿色工厂评价报告。

（4）具有近一年内第三方机构出具的碳足迹、环境产品声明（EPD）报告。

2.2 指标要求

依据现行砂浆产品的绿色建材评价标准 T/CECS 10048—2019《绿色建材评价 预拌砂浆》、T/CECS 10049—2019《绿色建材评价 石膏装饰材料》，从粘结砂浆、抹面砂浆产品的生命周期考虑，针对资源、能源、环境、品质这4类属性，选取如下要求对产品的“绿色”进行定量评价：

2.2.1 资源属性

该类指标的选取主要针对原材料、报废砂浆、固体废弃物等资源的消耗与利用。

（1）原材料运输消耗。

累计运输半径≤200km的原材料质量比例≥90%；累计运输半径>200km的原材料采用铁路、水路运输的质量比例≥90%。

（2）报废砂浆产生率≤0.5%。

（3）报废砂浆回收利用率≥90%。

（4）生产过程产生废弃物回收利用率为100%。

2.2.2 能源属性

该类指标的选取主要针对电、柴油等能源的消耗及计量。

（1）单位产品生产能耗：

一星级：自行烘砂时≤9.50kgce/t，自行破碎制砂时≤1.50kgce/t，外购干砂时≤1.45kgce/t。

二星级：自行烘砂时≤8.00kgce/t，自行破碎制砂时≤1.30kgce/t，外购干砂时≤1.20kgce/t。

三星级：自行烘砂时≤6.50kgce/t，自行破碎制砂时≤1.00kgce/t，外购干砂时≤0.85kgce/t。

（2）三星级：按照 GB 17167—2006《用能单位能源计量器具配备和管理通则》要求配备、使用和管理能源及资源的计量器具和装置，并进行分类计量。

2.2.3 环境属性

该类指标的选取主要针对产品对环境的影响，并考虑到所用原材料。

放射性比活度 I_{Ra}≤0.6、I_r≤0.6。

2.2.4 品质属性

该类指标的选取主要针对拉伸粘结强度、聚合物有效成分含量等方面，并考虑到良好的粘结力与抗变形性。

（1）拉伸粘结强度：

一星级：实测值与设计值比值≥1.15，且破坏界面在保温材料或防火隔离带内。

二星级：实测值与设计值比值≥1.20 且≤1.8，且破坏界面在保温材料或防火隔离带内。

三星级：实测值与设计值比值≥1.30 且≤1.8，且破坏界面在保温材料或防火隔离带内。

（2）聚合物有效成分含量：

一、二星级：粘结砂浆≥2.0%；抹面砂浆≥3.0%。

三星级：粘结砂浆≥2.5%；抹面砂浆≥3.5%。

（3）产品连续 10 个批次拉伸粘结强度的离散系数≤10%。

结语

综上所述，本文针对建筑外保温体系中砂浆产品（粘结砂浆、抹面砂浆）进行了绿色建材认证体系的深入分析研究，建立了粘结砂浆、抹面砂浆绿色建材认证技术体系，有助于其评价标准的编制工作。随着建筑节能工作的推进以及“碳达峰、碳中和”行动的强势开展，粘结砂浆、抹面砂浆的绿色建材认证工作将开启加速模式，应尽快制定粘结砂浆、抹面砂浆的绿色建材评价标准，助力其绿色建材认证工作的推广，不断提升和改善建筑外保温体系安全质量和节能效果。

参考文献

［1］ 冯文静，李保金，田源，等．砂浆产品绿色认证现状及发展趋势分析［J］．混凝土世界，2023（12）：80-84.

［2］ 张倩．墙体保温工程中绿色建筑材料的应用［J］．散装水泥，2023，5（5）：14-16.

［3］ 路瑞娟，郭晞，苟洪珊，等．预拌砂浆实施绿色建材产品认证的研究与探讨［J］．混凝土世界，2022（5）：69-72.

［4］ 张澜沁，国爱丽，冯秀艳，等．预拌砂浆行业绿色工厂绩效计算问题研究与探讨［J］．建筑科学，2020，36（S2）：418-421.

［5］ 王力鹏，雷立争，刘彤．利用微观分析手段对外墙外保温系统用胶粘剂、抹面胶浆进行质量控制［J］．研究探索，2013，31（2）：59-61.

景观造型砂浆产品质量控制研究

王羽佳[1]　祝海龙[1]　张丹武[1]　牟德凤[1]　樊海龙[1]　李　赫[1]
1. 中国国检测试控股集团股份有限公司　北京　100024

摘　要　景观造型砂浆广泛应用在主题公园、游乐场等的景观造型中。调研景观造型砂浆应用情况及存在问题，确定产品质量控制项目，研发可雕刻时间和抗下垂性测试方法，提出各项目的建议指标要求，为砂浆质量控制提供保障。

关键词　景观造型砂浆；产品质量控制；可雕刻时间；抗下垂性；测试方法

Research on Product Quality Control of Landscape Theme Mortar

Yujia Wang[1]　Hailong Zhu[1]　Danwu Zhang[1]　Defeng Mou[1]　Hailong Fan[1]　He Li[1]
China Testing & Certification International Group Co., Ltd.　Beijing　100024

Abstract　Landscape theme mortar is widely used in the landscape modeling of theme park, amusement park. Research its application and problems. Programs of product quality control are identified. Test method of landscape time and sag resistance are studied. We propose recommended index requirements for each item to provide assurance of mortar quality control.

Keywords　Landscape theme mortar; Product quality control; Landscape time; Sag resistance; Test method

引言

景观造型砂浆也称雕刻砂浆，在主题公园、游乐场等都有广泛应用。在过去很长一段时间，受行业发展水平限制，通常将普通水泥砂浆作为景观造型砂浆使用。普通砂浆可雕刻时间短，艺术表现力差、造型效果不真实、易收缩导致造型开裂，雕刻不出复杂的景观造型[1-3]。随着国内广州长隆主题公园、上海迪士尼乐园、北京环球影城等一大批大型主题公园的兴起，人们对景观造型砂浆质量的要求越来越高。

近年来，我国景观造型砂浆产业发展迅猛，据不完全统计，近三年年均使用量已超过 1.1 万 t。越来越多的企业也加入到该品类砂浆的研发和生产中。控制砂浆质量，对引导生产企业研发方向、提升企业产品质量具有重要意义。

第一作者简介：王羽佳（1996—　），女，助理工程师，本科，从事砂浆检测工作。E-mail：wangyujia@ctc.ac.cn

1 景观造型砂浆质量控制研究现状

1.1 产品标准发展现状

制定景观造型砂浆产品标准是控制产品质量的主要手段，目前我国尚无该产品的建材行业标准，仅有两项团体标准发布，其中 T/ZAQ 10108—2022《雕塑砂浆》（未出版）的技术要求包含保水性、抗下垂性、抗压强度、抗折强度、粘结强度，收缩率和可操作时间，T/SBMIA 001—2021《造型砂浆》[5]的技术要求包含对保水性、抗下垂性、抗折强度、抗压强度、粘结强度、收缩率、稠度损失率、塑性抗开裂、可造型时间、毛细孔吸水率、抗水渗性能、抗氯离子侵蚀性能、氯离子含量。除团体标准外，另有部分生产企业制定了企业标准，控制指标仅包含抗折强度、抗压强度、粘结强度等基本性能。

1.2 产品发展现状及主要问题

目前工程现场使用的景观造型砂浆主要分为普通面层、精细面层和底层三大类，其中精细面层对砂浆品质要求最高。长期以来，景观造型砂浆尤其是精细面层的供应商以国外品牌为主。近年来开始出现部分国内品牌，但由于起步较晚，技术水平较低，同时很多艺术表现力差的普通砂浆长期扰乱市场。没有统一的技术要求，工程现场会出现各种问题，具体包括：收缩率过大以及强度不足导致的开裂，粘接强度不足导致的脱落，可雕刻时间不足导致无法雕刻出细腻的纹理，施工性差导致无法批刮或喷涂，抗下垂性差导致雕刻出的作品变形甚至脱落等。因此，为了保证景观砂浆质量，需要对可雕刻时间、抗下垂性、施工性、抗折强度、抗压强度、收缩率、粘结强度以及影响产品性能发挥的保水性、凝结时间、抗冻性、初期干燥抗裂性等指标进行控制。

1.3 测试方法研究现状

针对常规的物理性能，目前试验方法是较为成熟并已经形成测试方法的国家标准或行业标准。目前较为常用的常规性能的试验方法见表 1。

表 1 砂浆常规性能试验方法

项目	现有方法
保水性	JGJ/T 70—2009 中第 7 章、GB/T 28627—2023 中 7.5
凝结时间	JGJ/T 70—2009 中第 8 章、GB/T 1346—2011
抗折强度	GB/T 17671—2021、GB/T 29756—2013 中第 10 章
抗压强度	GB/T 17671—2021、GB/T 29756—2013 中第 10 章
收缩率	JGJ/T 70—2009 中 12 章、GB/T 29756—2013 中第 14 章、JC/T 603—2004
粘结强度	JGJ/T 70—2009 中第 10 章、GB/T 29756—2013 中第 12 章
初期干燥抗裂性	JG/T 24—2018 中 7.8、JC/T 2084—2011 中 7.10

调研现有砂浆类产品的施工性检测方法后发现，对于景观造型砂浆的施工性试验方法，均是参考产品实际施工的实际操作建立的试验方法，景观砂浆有独特的施工方法（图 1），因此现有可参考的试验方法并不适用，需要根据景观造型砂浆工程现场的试验方法进行测试。

景观造型砂浆除需要满足基本物理性能外，其抗下垂性和可雕刻时间也是该产品特征指标，两个项目目前尚无成熟的测试方法。本文重点对抗下垂和可雕刻时间进行测试方法研究，同时对其他项目进行验证，提出可参考的技术指标建议。

图 1 景观造型砂浆施工后留下齿形条纹

2 试验方法和技术要求

2.1 可雕刻时间试验方法

2.1.1 试验装置

可雕刻时间是表征景观造型砂浆进行造型、雕刻时间长短的指标。景观造型砂浆由于要进行艺术造型，需要较长的可操作时间。为了模拟现场施工人员的操作，减小手工试验的误差，需要研发能够充分模拟施工现场的试验装置。

现场调研发现，雕刻师用到的雕刻工具有100多种，图2为较为常用的雕刻工具。其中最具有代表性的为柳叶刀（图3）。因此本文所用试验装置，选用柳叶刀刀头作为雕刻刀。

图2 工程现场常用的雕刻工具

图3 柳叶刀

为避免测试人员操作速度产生差异，采用电动装置，以一定速度操作雕刻刀进行雕刻，本装置雕刻刀滑动速度为0.02m/s。

通过支架等其他装置的配合，最终形成的试验装置示意图如图4所示。

雕刻刀尺寸有具体规定，如图5所示。启动装置后，雕刻刀可以在砂浆上完成一次刻画。

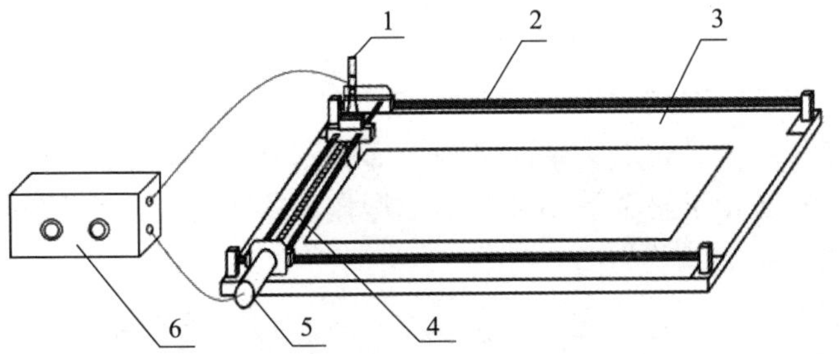

图4 可雕刻时间测定示意图

1—雕刻刀；2—支架；3—底座；4—螺杆；5—驱动装置；6—控制器

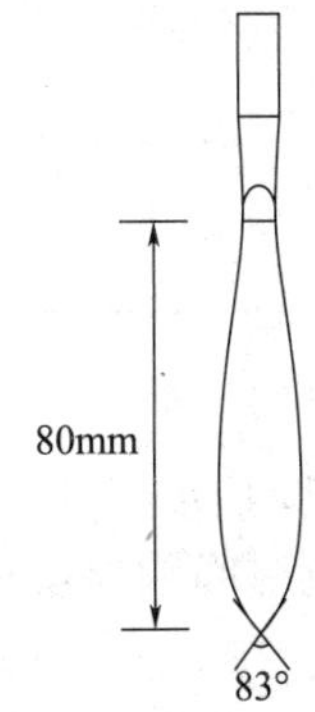

图5 雕刻刀示意图

2.1.2 试验方法

现场调研并总结雕刻师在雕刻过程中的手法。确定试验中雕刻刀没入砂浆深度为10mm，通过观察砂浆表面划痕是否完整，判断该时刻的砂浆是否可雕刻。为了避免相邻划痕相互影响，划痕间距应不少于15mm。可雕刻时间通常需要几个小时，因此将每次刻画的时间间隔定为30min。如砂浆不可刻画或产生了影响雕刻效果的现象，如掉块、有裂缝等，则认为不可雕刻。

2.1.3 试验步骤

具体试验按以下步骤进行：

(1) 刻画前，需要在400mm×200mm×40mm的混凝土板表面施工一层厚度约20mm的景观造型砂浆，砂浆表面应抹平。将测试装置放在混凝土板上。

（2）刻画时，调整雕刻刀位置，使雕刻刀没入试样10mm，雕刻刀刀面与划痕方向平行。启动仪器，雕刻刀在成型面上进行一次刻画，刻画完成后清理雕刻刀上残留试样。雕刻刀滑动轨迹如图6所示。

（3）第一次刻画应在加水后2h开始测定，之后每隔30min测定一次，两次划痕间距不小于15mm。刻画后试件如图7所示，刻画后如出现开裂（图8）、掉块（图9）等，则认为不可雕刻，上次刻画的时间即为可雕刻时间。

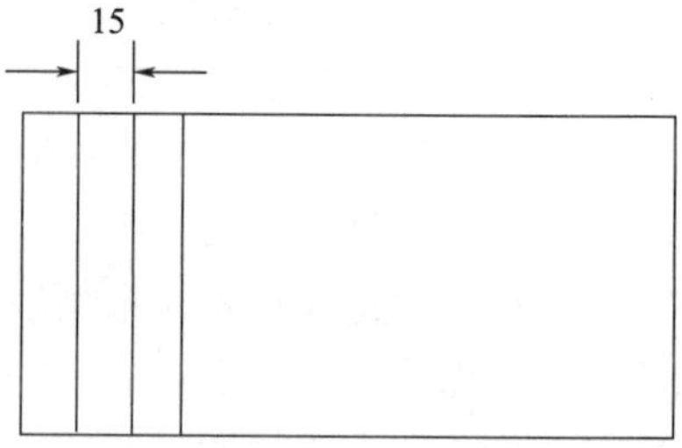

图6　雕刻刀轨迹示意图

图7　可雕刻时间试验试样刻画图

图8　刻画后开裂

图9　刻画后掉块

2.1.4　试验结果

收集工程现场11个样品进行测试，试验结果见表2。

表2　可雕刻时间测试结果　h

编号	1#	2#	3#	4#	5#	6#	7#	8#	9#	10#	11#
可雕刻时间	5	5	5	6	6	4	4	4	4	6	5

试验证明，市场上的产品均能按照此方法进行测试，测试结果能够较好展现出景观造型砂浆可雕刻时间的技术性能。根据施工现场的调研，了解了雕刻师在实际操作中所需的可雕刻时间，给出可雕刻时间的建议值为普通面层≥3.0h，精细面层为≥4.0h。

2.2　抗下垂性试验方法

景观造型砂浆通常施工于竖直基面或倾斜基面上，施工厚度可达100mm，对其抗下垂性能要求远高于普通抹灰砂浆。调研发现，目前没有针对同类砂浆的抗下垂性测试方法，可参考的测试方法有JC/T 2474—2018《机械喷涂抹灰石膏》[6]中的方法，该标准中未对测试过程做出详细说明，且测试样板施工面较大，无法有效体现景观造型砂浆对抗下垂性的要求。本文对抗下垂性试验方法进行不同施工面积、施工厚度等的验证，最终确定如下试验方法。

2.2.1　试验方法

试验基材选用上表面为400mm×200mm混凝土板，景观造型砂浆在混凝土板上的施工面积为370mm×170mm，厚度为20mm。通过垂直放置混凝土板，测量砂浆下垂的距离，来表征其抗下垂性。

2.2.2　试验步骤

具体操作按以下步骤进行：

(1) 平行于混凝土板 400mm 边，在混凝土板画 3 道竖线，使其平均分为 4 等份。

(2) 将内框尺寸为 370mm×170mm×20mm 的成型框放置在混凝土板上，成型框一条短边与混凝土板短边对齐，另一短边距离混凝土板短边应不少于 10mm。将拌和好的试样填入模框内，抹平后去除成型框（图 10）。

(3) 用钢直尺测量样品底端与竖线的交点到混凝土板底端的距离。

(4) 缓慢将混凝土板立于水平台面上，使混凝土板与台面垂直，20min 后立即将混凝土板水平放置，测量样品底端与竖线的交点到混凝土板底端的距离。距离差值即为抗下垂性试验结果。

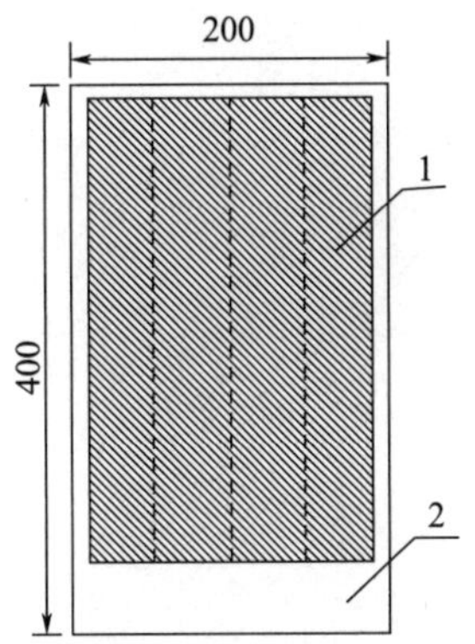

图 10　下垂度测试试件成型示意图

1—抹灰区域；2—混凝土板

2.2.3　试验结果

收集工程现场 16 个样品进行试验验证，测试结果见表 3。

表 3　抗下垂性测试结果　　mm

编号	1#	2#	3#	4#	5#	6#	7#	8#
抗下垂性	4.2	4.8	6.7	4.9	4.8	4.5	5.3	≥10
编号	9#	10#	11#	12#	13#	14#	15#	16#
抗下垂性	2.7	3.9	3.4	5.2	4.5	≥10	3.0	2.9

由以上试验结果可以看出，该试验方法较好地表征了各个样品的抗下垂性能，各产品均有不同程度的下垂，其中 8# 样品与 14# 样品的砂浆层已经下垂至试验台面，不具备抗下垂能力。抗下垂性对景观造型效果的呈现影响很大，故建议较为严格地要求抗下垂性指标，建议值为底层 ≤5.0mm，普通面层和精细面层 ≤6.0mm。

2.3　其他技术要求

除可雕刻时间和抗下垂性能，本文充分考虑景观造型砂浆施工和长期使用过程中的温湿度环境特点，对景观造型的其他性能进行了试验方法选取和试验验证。其中施工性的测试，通过使用工程现场的齿形抹刀在混凝土板上进行梳齿，进行测试表征。保水性和凝结时间采用 JGJ/T 70—2009《建筑砂浆基本性能试验方法标准》[7] 中规定的测试方法，尺寸变化率、粘结强度、抗折强度和抗压强度采用 GB/T 29756—2013《干混砂浆物理性能试验方法》[8] 中规定的测试方法，初期干燥抗裂性采用 JC/T 2084—2011《挤塑聚苯板薄抹灰外墙外保温系统用砂浆》[9]，具体情况见表 4。

收集工程现场 16 个样品进行试验验证，测试结果见表 4。

表 4　其他性能测试结果

<table>
<tr><th>编号</th><th>施工性</th><th>保水性/%</th><th>凝结时间</th><th>初期干燥抗裂性</th><th>尺寸变化率/%</th><th>粘结强度/MPa</th><th>抗折强度/MPa</th><th>抗压强度/MPa</th></tr>
<tr><td>1#</td><td rowspan="16">梳齿无障碍</td><td>91.2</td><td>7h</td><td rowspan="16">无裂纹</td><td>−0.14</td><td>0.3</td><td>5.7</td><td>18.7</td></tr>
<tr><td>2#</td><td>97.0</td><td>10h</td><td>−0.11</td><td>0.4</td><td>4.9</td><td>18.1</td></tr>
<tr><td>3#</td><td>99.1</td><td>7h</td><td>−0.13</td><td>0.5</td><td>3.5</td><td>10.8</td></tr>
<tr><td>4#</td><td>98.7</td><td>11h</td><td>−0.11</td><td>1.0</td><td>3.7</td><td>13.9</td></tr>
<tr><td>5#</td><td>98.9</td><td>5h</td><td>−0.12</td><td>0.5</td><td>4.0</td><td>12.0</td></tr>
<tr><td>6#</td><td>96.2</td><td>8h</td><td>−0.11</td><td>0.2</td><td>2.6</td><td>5.9</td></tr>
<tr><td>7#</td><td>99.1</td><td>11h</td><td>−0.13</td><td>0.7</td><td>5.4</td><td>13.8</td></tr>
<tr><td>8#</td><td>97.4</td><td>14h</td><td>−0.10</td><td>0.5</td><td>4.1</td><td>11.5</td></tr>
<tr><td>9#</td><td>98.1</td><td>9h</td><td>−0.11</td><td>0.4</td><td>4.1</td><td>11.7</td></tr>
<tr><td>10#</td><td>95.8</td><td>6.5h</td><td>−0.14</td><td>0.4</td><td>4.5</td><td>11.9</td></tr>
<tr><td>11#</td><td>98.7</td><td>5h</td><td>−0.14</td><td>0.5</td><td>4.2</td><td>10.8</td></tr>
<tr><td>12#</td><td>99.2</td><td>10h</td><td>−0.19</td><td>0.2</td><td>4.5</td><td>19.8</td></tr>
<tr><td>13#</td><td>97.3</td><td>12h</td><td>−0.14</td><td>0.3</td><td>4.3</td><td>12.3</td></tr>
<tr><td>14#</td><td>95.8</td><td>9h</td><td>−0.13</td><td>0.5</td><td>2.9</td><td>6.7</td></tr>
<tr><td>15#</td><td>97.1</td><td>6h</td><td>−0.12</td><td>0.1</td><td>4.1</td><td>12.9</td></tr>
<tr><td>16#</td><td>94.1</td><td>12h</td><td>−0.15</td><td>0.1</td><td>3.8</td><td>13.0</td></tr>
</table>

由表 4 可以看出，所选试验方法能够对各样品的各项性能进行测试，且能对各个样品有所区分。本试验选择的样品已经在公园、游乐场等施工项目中得到应用，并有较好的使用反馈，故根据表 4 所得数据，综合长远发展的角度考量，给出技术指标建议。

3　技术指标建议

结合景观造型砂浆的指标要求、已知试验方法与验证试验结果，本文推荐景观造型砂浆按照底层、普通面层和精细面层分别确定技术指标要求，具体见表 5。

表 5　其他性能测试结果技术指标建议

<table>
<tr><th>项目</th><th>底层</th><th>普通面层</th><th>精细面层</th></tr>
<tr><td>可雕刻时间</td><td>不要求</td><td>≥3.0h</td><td>≥4.0h</td></tr>
<tr><td>抗下垂性</td><td>≤5.0mm</td><td colspan="2">≤6.0mm</td></tr>
<tr><td>施工性</td><td colspan="3">梳齿无障碍</td></tr>
<tr><td>保水性</td><td colspan="3">≥95.0%</td></tr>
<tr><td>凝结时间</td><td>4～12h</td><td colspan="2">≤12h</td></tr>
<tr><td>抗裂性</td><td colspan="3">无裂纹</td></tr>
<tr><td>尺寸变化率</td><td colspan="3">−0.15%～+0.15%</td></tr>
<tr><td>粘结强度</td><td colspan="3">≥0.4MPa</td></tr>
<tr><td>抗折强度</td><td colspan="3">≥3.0MPa，可根据实际需求适当提高</td></tr>
<tr><td>抗压强度</td><td colspan="3">≥10.0MPa，可根据实际需求适当提高</td></tr>
</table>

本文建议按照表 5 中技术指标要求控制产品质量，用于特殊环境如高温、水下及严寒地区，可按照具体情况增加耐水、耐热和抗冻性等测试。

结语

本文通过市场调研、工程现场考察和资料收集，确定景观造型砂浆质量控制需要测试的项目，并推荐选用了试验方法和指标要求。对于没有成熟测试方法的抗下垂性和可雕刻时间，研发检测方法并进行验证，健全了景观造型砂浆所有检测项目的检测方法，为景观造型砂浆质量控制提供有力支撑。

参考文献

[1] 张剑，赵希娟，邓宽，等．景观造型材料在主题公园建造工程中的应用［C］//2021 年工业建筑学术交流会论文集（中册）．北京：工业建筑杂志社，2021：381-384.

[2] 葛倩华．装饰行业中水泥直塑工艺的应用［J］．上海建设科技，2014（2）：41-43.

[3] 盛金龙，刘环．水泥基材料室外景观产品的装配式设计研究［J］．城市建筑空间，2023，30（5）：47-49.

[4] 邢义杰，郑伊航，边巍，等．建筑材料：水泥在造型设计中的应用［J］．艺术与设计（理论），2016，2（7）：111-112.

[5] 上海市建筑材料行业协会．造型砂浆：T/SBMIA 001—2021［S］．上海：同济大学出版社，2023.

[6] 中华人民共和国工业和信息化部．机械喷涂抹灰石膏：JC/T 2474—2018［S］．北京：中国建材工业出版社，2019.

[7] 中华人民共和国住房和城乡建设部．建筑砂浆基本性能试验方法标准：JGJ/T 70—2009［S］．北京：中国建筑工业出版社，2019.

[8] 中华人民共和国国家质量监督检验检疫总局，中国国家标准化管理委员会．干混砂浆物理性能试验方法：GB/T 29756—2013［S］．北京：中国标准出版社，2013.

[9] 中华人民共和国工业和信息化部．挤塑聚苯板薄抹灰外墙外保温系统用砂浆：JC/T 2084—2011［S］．北京：中国建材工业出版社，2012.

预拌砂浆绿色建材评价指标修订分析与探讨

谷　岩[1]　郝进秀[1]　张　晋[1]　孙志强[1]
1. 北京国建联信认证中心有限公司　北京　100831

摘　要　为促进预拌砂浆行业绿色低碳发展，推动绿色评价类标准的完整有序、优化组合，提高预拌砂浆绿色建材评价标准的科学性、准确性、先进性，本文以典型预拌砂浆绿色评价类标准为基础，通过绿色评价指标的比较分析，基于预拌砂浆行业绿色发展要素，对影响预拌砂浆产品的绿色指标进行了研究与探讨；结合我国绿色产品认证、绿色设计产品评价、绿色建材产品认证指标体系的构建，以及相关标准的制修订进展，指出预拌砂浆绿色建材评价标准在实施应用中存在的若干问题，并围绕标准适用范围、一般要求、评价指标进行探讨，提出了对 T/CECS 10048—2019《绿色建材评价 预拌砂浆》的修订建议和思路。
关键词　绿色建材评价；预拌砂浆；标准修订；认证

Analysis and Discussion on Indicators Revision of Green Building Materials Assessment of Ready-mixed Mortar

Yan Gu[1], Jinxiu Hao[1], Jin Zhang[1], Zhiqiang Sun[1]
1. Beijing Guojian Lianxin Certification Center　Beijing　100831

Abstract　In order to promote the green and low-carbon development of the ready-mixed mortar industry, to promote the complete, orderly and optimized combination of green assessment standards, to make the assessment standards for green building materials of ready-mixed mortar more scientific, more accurate and more advanced, the paper takes the typical green assessment standards of ready-mixed mortar as the basis, compares and analyzes the green assessment indicators. On the basis of the green development elements of the ready-mixed mortar industry, the green indicators affecting ready-mixed mortar are studied and discussed; combined with the construction of green product certification, eco-design product assessment and green building material product certification indicators system in China, as well as the progress of the revision of relevant standards, this paper points out some problems existing in the implementation and application of the green building material assessment standard of ready-mixed mortar, and discusses the scope of application of the standard, general requirements and assessment indicators. The revised suggestions and ideas for T/CECS 10048-2019 "Green Building Materials Assessment-Ready-mixed Mortar " are put forward.
Keywords　Green building materials assessment; Ready-mixed mortar; Standard revision; Certification

第一作者简介：谷岩（1989—　　），男，高级工程师，硕士研究生，从事绿色建材课题研究及认证管理。E-mail：guy@gj-c.cn

引言

绿色低碳是我国建筑行业的发展方向和行动指南，绿色建材是践行“宜业尚品、造福人类”行业目标的关键内容。推广绿色建材是我国“十四五”期间完善新型城镇化战略、提升城镇化发展质量的重要举措之一，同时也是建材行业碳达峰行动的组成部分之一[1]。预拌砂浆作为建筑施工、家庭装饰装修不可或缺的一类材料，行业企业积极探索和推动预拌砂浆行业绿色低碳高质量发展，2023 年 2 月中国建筑材料联合会预拌砂浆分会牵头，联合行业企业共同发布《预拌砂浆行业低碳宣言》，预示着行业将以绿色、低碳、可持续发展为指引，主动扛起建设生态文明的责任与担当，践行高质量发展之路。

T/CECS 10048—2019《绿色建材评价 预拌砂浆》作为绿色建材产品认证的技术依据之一，为促进我国绿色建材标准体系建设，推动绿色建材产品市场供给等方面起到了至关重要的作用。截至 2024 年 1 月底，全国绿色建材采信应用数据库显示，全国共计颁发 445 张砂浆产品绿色建材产品认证证书，其中一星级 116 张、二星级 127 张、三星级 202 张。2024 年 1 月 10 日，工业和信息化部等十部门联合发布《绿色建材产业高质量发展实施方案》，明确提出要以加强科技创新、标准建设、认证支撑为路径，持续开展绿色建材产品认证，完善标准体系，制修订绿色建材评价标准。目前，绿色建材产品认证已在全国广泛推广，实践发现绿色建材评价标准中部分指标的适宜性及评价方法的可操作性仍有待进一步完善，因此研究制定统一、科学、合理的评价标准体系，已成为亟待解决的问题。

1　绿色评价类标准

预拌砂浆行业绿色评价类标准可以划分为基础通用类、绿色产品类、绿色工厂类、绿色设计产品类、绿色建材产品类以及核算类，典型标准详见表 1。随着砂浆行业生产方式的绿色转型，为不断提升行业绿色发展质量、适应绿色低碳发展要求，国家标准 GB/T 31245—2014《预拌砂浆术语》作为基础标准，在修订过程中首次对砂浆绿色工厂、砂浆绿色产品、砂浆绿色建材产品提出了专业定义。其中，砂浆绿色建材产品是指在全生命周期内可减小对天然资源消耗和减轻对生态环境影响，具有“节能、减排、安全、便利和可循环”特征的预拌砂浆，按评价等级由低到高分为一星级、二星级和三星级。术语标准的完整性、先进性、兼容性是砂浆绿色高质量发展的基础，为产品绿色化指明了方向。

表 1　预拌砂浆绿色评价类典型标准

序号	标准名称	体系位置	类别	当前进展
1	预拌砂浆术语	基础通用	国家标准	修订中
2	绿色工厂评价通则	绿色工厂	国家标准	已发布
3	预拌砂浆行业绿色工厂评价要求	绿色工厂	行业标准	已发布
4	绿色产品评价通则	绿色产品	国家标准	修订中
5	绿色产品评价 装饰装修用预拌砂浆	绿色产品	国家标准	制定中
6	生态设计产品评价通则	绿色设计产品	国家标准	已发布
7	绿色设计产品评价技术规范 预拌砂浆	绿色设计产品	行业标准	已发布
8	绿色建材产品评价通则	绿色建材产品	团体标准	已发布
9	绿色建材评价 预拌砂浆	绿色建材产品	团体标准	修订中
10	产品碳足迹 产品种类规则 预拌砂浆	核算	行业标准	制定中

对于具体评价标准，按照评价对象分为绿色工厂、绿色产品、绿色设计产品、绿色建材产品 4 种类别，每种类别包括通则标准和专业标准，为行业绿色低碳水平综合评价工作的有序开展提供了

技术依据。目前国家标准《绿色产品评价通则》正在修订中，本次修订拟在评价指标中增加低碳属性，针对预拌砂浆产品，拟增加产品碳排放强度的低碳水平指标。由于我国国家和地区层面的碳排放核算方法并未完全统一，目前行业正在加速研制产品碳足迹等核算类标准，为行业建立统一规范的核算体系提供技术指导，从而促进评价类标准中低碳属性指标的建立。

目前国内针对预拌砂浆产品的绿色指标体系已基本建立。对比 T/CECS 10048—2019《绿色建材评价 预拌砂浆》、JC/T 2693—2022《绿色设计产品评价技术规范 预拌砂浆》以及正在编制的国家标准《绿色产品评价 装饰装修用预拌砂浆》等主流绿色评价标准，不同标准基本遵循 GB/T 33761—2017《绿色产品评价通则》给出的指标体系框架，但是在标准适用范围、基本要求/一般要求、二级评价指标的设置上存在比较明显的差异。

为促进绿色评价类标准的完整有序、优化组合，提高标准体系的规范性、完整性、协调性，本文在预拌砂浆绿色建材产品认证应用实践的基础上，通过各类绿色评价指标的比较分析，基于预拌砂浆行业绿色发展要素，对 T/CECS 10048—2019《绿色建材评价 预拌砂浆》的修订方向和技术内容进行探索，旨在推动预拌砂浆行业建立更为科学、准确、适宜的绿色建材评价体系。

2 标准适用范围

T/CECS 10048—2019《绿色建材评价 预拌砂浆》适用于 GB/T 25181—2019《预拌砂浆》直接规定以及间接规定的砂浆品种，共计 16 种砂浆产品[2]。产品标准直接规定的砂浆品种是指 GB/T 25181—2019《预拌砂浆》明确提出具体性能指标的产品，包括湿拌砌筑砂浆、湿拌抹灰砂浆、湿拌地面砂浆、湿拌防水砂浆、干混砌筑砂浆、干混抹灰砂浆、干混地面砂浆、干混普通防水砂浆、干混陶瓷砖粘结砂浆以及干混界面砂浆；产品标准间接规定的砂浆品种是指 GB/T 25181—2019《预拌砂浆》仅通过引用其他产品标准从而规定性能要求的产品，包括干混聚合物水泥防水砂浆、干混自流平砂浆、干混耐磨地坪砂浆、干混填缝砂浆、干混饰面砂浆以及干混修补砂浆。

在实践应用中，生产企业反映因大量砂浆产品未纳入绿色建材评价标准适用范围，造成无法申请绿色建材产品认证，导致产品无法被界定为“绿色建材”。因此针对评价标准的适用范围，可从以下方面考虑进一步扩大标准的产品覆盖维度。

第一，与预拌砂浆术语的一致性。目前市场上砂浆的产品名称比较混乱，这种名称的不统一对砂浆的标准化工作产生了不利的影响。从砂浆产品的使用以及生产方式、组成等特点分析，将其统一称为预拌砂浆更具有科学性，因此正在修订的国家标准《预拌砂浆术语》将预拌砂浆定义为“由专业生产厂生产的湿拌砂浆或干混砂浆”，将干混砂浆定义为“由专业生产厂生产，采用胶凝材料、干燥细骨料、填料、矿物掺合料、外加剂以及根据性能确定的其他组分，按一定比例经计量、混合而成的干态混合物，在使用地点按规定比例加水或配套组分拌和使用。加水和/或配套组分充分混合后，在可操作时间范围内使用的预拌砂浆”。根据上述术语并参考近年来新发布的产品标准，预拌砂浆中干混砂浆的产品类别应不仅仅局限于 GB/T 25181—2019《预拌砂浆》所规定的产品。

第二，与预拌砂浆绿色评价类标准的一致性。JC/T 2693—2022《绿色设计产品评价技术规范 预拌砂浆》的基本要求规定“预拌砂浆及所用各种原材料应满足对应国家或行业产品标准要求”[3]，标准适用于包括石膏砂浆在内的所有预拌砂浆产品。正在编制的国家标准《绿色产品评价 装饰装修用预拌砂浆》拟在资料性附录中列出部分预拌砂浆的产品执行标准，包括 GB/T 20473—2021《建筑保温砂浆》、GB/T 25181—2019《预拌砂浆》、GB/T 28627—2023《抹灰石膏》等国家标准，以及 JC/T 547—2017《陶瓷砖胶粘剂》、JC/T 984—2011《聚合物水泥防水砂浆》、JC/T 2326—2015《建筑用找平砂浆》等行业标准。JC/T 2616—2021《预拌砂浆行业绿色工厂评价要求》针对产品特性描述为“工厂应生产符合绿色建材产品相关要求的预拌砂浆产品”[4]，在标准适用范围中，未对产品执行标准进行额外限制。经对比分析，上述 3 项绿色评价类标准均未将适用的砂浆品种局限于

GB/T 25181—2019《预拌砂浆》规定的产品范围内。

第三，与原绿色建材评价的一致性。2015年住房城乡建设部、工业和信息化部开展绿色建材评价工作，其主要技术文件为国家部委发布的《绿色建材评价技术导则》，文件中针对预拌砂浆产品执行标准的规定为，普通砂浆、干混陶瓷砖粘结砂浆的性能应满足GB/T 25181—2019《预拌砂浆》的要求，EPS外墙外保温系统用粘结砂浆、EPS外墙外保温系统用抹面砂浆的性能应满足GB/T 29906—2013《模塑聚苯板薄抹灰外墙外保温系统材料》的要求，其他预拌砂浆的性能应符合国家现行有关标准的规定。该评价活动所界定的预拌砂浆产品也不仅限于符合GB/T 25181—2019《预拌砂浆》的产品。

2020年市场监管总局、住房城乡建设部、工业和信息化部开展的绿色建材产品认证活动，是原绿色建材评价工作的继承和发展。考虑到预拌砂浆产品种类众多，第一批发布的绿色建材评价标准中仅将符合GB/T 25181—2019《预拌砂浆》的产品纳入标准适用范围。目前绿色建材产品认证制度已趋于成熟，且绿色设计产品、绿色工厂等评价活动也积累了大量的数据和经验，考虑到市场需求，可将预拌砂浆绿色建材评价标准的适用范围进一步扩大，涵盖GB/T 25181—2019《预拌砂浆》以外的其他砂浆产品。

3 一般要求规定

3.1 产品基本性能

为便于认证评价，评价标准中一般要求部分需明确产品性能应符合的具体产品标准，上文提及评价标准拟进一步增加标准适用范围，考虑到砂浆生产技术不断创新，相关专用砂浆标准不断发布，如透水砂浆、隔声砂浆等，鉴于绿色建材评价标准无法详细列举所有产品标准，因此针对产品质量水平建议修订为，预拌砂浆产品基本性能应符合GB/T 25181—2019《预拌砂浆》、JC/T 2326—2015《建筑用找平砂浆》等国家标准和行业标准的规定。

3.2 评价等级的基础规定

不同于中国工程建设标准化协会发布的多数绿色建材评价标准，T/CECS 10048—2019《绿色建材评价 预拌砂浆》除了在评价指标部分提出分级要求外，在一般要求部分也提出了关于星级评价的规定，即在进行资源、能源、环境、品质属性指标的符合性评价前，在基础要求中提前规定了企业申请绿色建材评价的星级准入门槛。

表2为T/CECS 10048—2019《绿色建材评价 预拌砂浆》一般要求中申请不同评价等级的生产企业应满足的规定[5]，具体分为安全生产标准化、能源管理体系、环境产品声明和产品碳足迹、清洁生产审核，申请企业可按照地方规定及实际需求选择其中的部分要求开展相关工作并进行符合性评价。在上述4个选项中，评价标准明确规定了安全生产标准化和能源管理体系的依据标准，与之相比，对于环境产品声明和产品碳足迹、清洁生产审核的要求及界定则有待进一步完善。

表2 一般要求中的涉及申请不同评价等级的规定

具体规定	不同评价等级符合项数要求		
	一星级	二星级	三星级
安全生产标准化满足GB/T 33000要求 按照GB/T 23331建立并运行能源管理体系 具有第三方机构出具的环境产品声明（EPD）和碳足迹报告 通过清洁生产审核	—	至少符合1项	至少符合2项

3.3 环境产品声明和产品碳足迹

评价标准需进一步明确环境产品声明和产品碳足迹的依据标准。区别于第一批绿色建材评价标准，中国工程建设标准化协会于2022年12月20日发布的第二批绿色建材评价标准中，将环境产品声明和产品碳足迹的技术要求调整为，按 GB/T 24025—2009《环境标志和声明 Ⅲ型环境声明 原则和程序》提交环境产品声明和碳足迹报告。

经调查，目前第三方机构出具的预拌砂浆环境产品声明和产品碳足迹的依据标准见表 3。结果显示，暂未发现按照 GB/T 24025—2009《环境标志和声明 Ⅲ型环境声明 原则和程序》出具的碳足迹报告。因此，若按照第二批绿色建材评价标准的描述方式对预拌砂浆环境产品声明和碳足迹报告进行规定，仍存在歧义。上文提及行业标准《产品碳足迹 产品种类规则 预拌砂浆》正处于编制阶段，鉴于该标准后续将作为预拌砂浆行业碳足迹核算的主要依据之一，充分考虑评价标准与相关标准的兼容性，可将上述要求修订为“按 GB/T 24025—2009《环境标志和声明 Ⅲ型环境声明 原则和程序》等适用标准出具的预拌砂浆环境产品声明（EPD）和碳足迹报告”。

表 3 环境产品声明和产品碳足迹的依据标准

标准名称	环境产品声明	产品碳足迹
GB/T 24025—2009《环境标志和声明 Ⅲ型环境声明 原则和程序》	√	—
T/CBMF 33—2018《产品生命周期评价技术规范 预拌混凝土和湿拌砂浆》	√	√
T/CBMF 32—2018《产品生命周期评价技术规范 干混砂浆》	√	√
ISO 14067：2018《温室气体 产品碳足迹 量化的要求和指南》	—	√
PAS 2050：2011《商品和服务在生命周期内的温室气体排放评价规范》	—	√

3.4 清洁生产审核

评价标准需进一步明确针对清洁生产审核的要求。清洁生产审核属于我国政策性要求，其主要依据为《清洁生产审核办法》和《清洁生产审核评估与验收指南》。

《清洁生产审核办法》明确了“清洁生产审核”定义，清洁生产审核是指按照一定程序，对生产和服务过程进行调查和诊断，找出能耗高、物耗高、污染重的原因，提出降低能耗、物耗、废物产生以及减少有毒有害物料的使用、产生和废弃物资源化利用的方案，进而选定并实施技术经济及环境可行的清洁生产方案的过程，具体包括审核实施、评估、验收三个环节。《清洁生产审核评估与验收指南》规定了清洁生产审核评估与验收工作的具体程序与要求，清洁生产审核评估和验收的定义详见表 4。

表 4 清洁生产审核评估和验收的定义

环节	定义
清洁生产审核评估	企业基本完成清洁生产无/低费方案，在清洁生产中/高费方案可行性分析后和中/高费方案实施前的时间节点，对企业清洁生产审核报告的规范性、清洁生产审核过程的真实性、清洁生产中/高费方案及实施计划的合理性和可行性进行技术审查的过程
清洁生产审核验收	按照一定程序，在企业实施完成清洁生产中/高费方案后，对已实施清洁生产方案的绩效、清洁生产目标的实现情况及企业清洁生产水平进行综合性评定，并做出结论性意见的过程

评价标准针对清洁生产审核的要求仅描述为“通过清洁生产审核”，由于未明确至具体环节，易产生歧义。考虑到该项要求设置的目的与意义，可将上述内容修订为“通过清洁生产审核验收”，明确清洁生产审核工作需具体到验收环节，提供相应验收材料可证明符合该项要求，提高了认证评价的可操作性。

4 绿色评价指标

4.1 资源属性

预拌砂浆产品所消耗的资源主要包括三类：一是胶凝材料如水泥；二是细骨料如机制砂；三是功能性添加剂如聚合物、结合剂等。对于室外建设工程用砂浆产品，可以通过工艺改良消纳部分脱硫石膏、粉煤灰等固体废物，对于大部分装饰装修用砂浆产品，为确保室内环境的健康、环保，原材料中通常较少使用甚至不使用固体废物。综合考虑这一现状，需对资源属性中“固体废弃物掺加量”指标重新进行论证。

2018年5月15日，工业和信息化部发布《工业固体废物资源综合利用评价管理暂行办法》和《国家工业固体废物资源综合利用产品目录》，在政策文件中明确界定了工业固体废物种类。为此，JC/T 2616—2021《预拌砂浆行业绿色工厂评价要求》在废物资源化指标中对固体废物综合利用率提出了具体的评价要求，正在编制的国家标准《绿色产品评价 装饰装修用预拌砂浆》也对固体废物综合利用率提出了指标要求。为便于认证评价，确保评价标准与上述文件及标准的协调一致，建议将评价标准中“固体废弃物掺加量”指标名称调整为“固体废物综合利用率”，固体废物的确定可按照GB 34330—2017《固体废物鉴别标准 通则》执行，并且在评价标准中进一步明确该项指标仅适用于湿拌砂浆，以及室外建设工程用的干混砌筑砂浆、干混抹灰砂浆、干混地面砂浆和干混普通防水砂浆，不适用于室内装饰装修用的砂浆产品。

4.2　能源属性

能源属性通过单位产品能耗指标进行考核，这也是现行主流绿色评价类标准中对于能耗考核的主要指标。对于湿拌砂浆，单位产品生产能耗主要参照GB 36888—2018《预拌混凝土单位产品能源消耗限额》进行指标设置，与国家标准《绿色产品评价 装饰装修用预拌砂浆》中相关指标的设置原则一致。考虑到GB 36888—2018《预拌混凝土单位产品能源消耗限额》适用范围为预拌混凝土生产能耗的计算、考核，并未明确指出适用于湿拌砂浆，因此预拌砂浆绿色建材评价标准在基准值设置中引用GB 36888—2018《预拌混凝土单位产品能源消耗限额》的能耗级别作为指标要求存在一定技术瑕疵，不利于标准的正确理解及应用。建议评价标准直接引用GB 36888—2018《预拌混凝土单位产品能源消耗限额》中1级、2级的具体能耗数据，并明确计算方法按照GB 36888—2018《预拌混凝土单位产品能源消耗限额》执行，从而增加标准的准确性。对于干混砂浆，生产消耗的能源种类主要为电力，由于智能化水平的提升在一定程度上会造成单位产品电耗的增加，因此评价标准除按照有、无烘砂工艺及破碎制砂工艺分别设置能耗指标外，需继续保留针对能耗基准值的修正原则。

4.3　环境属性

砂浆产品中有害物质限量是消费者最为关心的限值要求，尤其对于室内装饰装修用砂浆产品，可溶性重金属等指标与消费者健康及室内环境息息相关，是砂浆绿色建材产品的重要特征指标。原评价标准中针对可溶性重金属的基准值及检验方法主要参照GB 18582—2008《室内装饰装修材料 内墙涂料中有害物质限量》进行设置。目前上述强制性国家标准已发生更新，与GB 18582—2008《室内装饰装修材料 内墙涂料中有害物质限量》相比，GB 18582—2020《建筑用墙面涂料中有害物质限量》删除了可溶性铅的限值要求及检验方法，增加了总铅含量的相关要求。为确保评价标准与检验标准的协调一致，环境属性的指标设置需根据GB 18582—2020《建筑用墙面涂料中有害物质限量》的变化进行调整。总铅含量是由于产品中掺加固体废物等带入相关风险而设置的指标，相较于可溶性铅，将总铅含量引入绿色评价指标，可以视为对产品中有害物质限量的加严，将有助于发挥评价标准的绿色引领作用。

4.4　品质属性

品质属性同样是消费者选购砂浆产品所关注的核心指标。除了产品自身质量性能满足使用要求外，消费者更为关心的是产品在使用功能上是否能够具备更优异的效果。基于上述原则，同时结合国内其他砂浆绿色评价指标体系，经研究，将“实测值与设计值的比值”中下限值作为评价指标具有一定的科学性。但是对于上限值设置的必要性，建议重新予以评估论证。

基于对绿色建材性能的分析和当前技术发展的考虑，“实测值与设计值的比值”作为评价建材性能的重要指标，曾经在保障建材质量、提高能效方面发挥了重要作用。然而，随着科技的发展和研究的深入，每类砂浆产品的特性和应用环境具有显著的独特性，近年来，砂浆产品呈现多元化，新的产品标准也不断发布。过分强调统一的比值要求可能会限制某些具有优良性能，但不符合传统比值要求的新型产品的应用。从生产企业主动控制成本的角度分析，生产企业一般不会生产物理性能富余量过高的产品，因此，可考虑删除“实测值与设计值的比值”中上限值要求，避免给生产企业制造非必要的技术负担与壁垒。

5 其他修订建议

对于标准适用范围、一般要求以及具体评价指标的修订，是后续预拌砂浆绿色建材评价标准的主要修订方向，除上述内容外，在修订过程中建议对以下问题同时予以考虑，以便进一步完善绿色建材评价标准与其他基础标准间的协调一致性。

第一，增加 GB/T 31245《预拌砂浆术语》所界定术语和定义的引用。正在修订的国家标准《预拌砂浆术语》对行业内具有代表性的、容易发生歧义的、需要规范的术语进行了重新定义，并同时兼顾与国内已发布国家及行业标准的一致性。鉴于上文提及绿色建材评价标准的适用范围将进一步扩大，考虑到砂浆产品有关的术语较多，为确保一致性，建议在标准中明确 GB/T 31245《预拌砂浆术语》界定的术语和定义适用于评价标准，并删除对预拌砂浆、干混砂浆、湿拌砂浆的重复定义。

第二，增加“固体废物”术语。绿色建材评价标准中多次出现“固体废物”一词，为便于理解，增加评价标准在应用实践中的可操作性，可考虑增加固体废物术语。GB 34330—2017《固体废物鉴别标准 通则》给出了“固体废物”的准确定义，固体废物是指在生产、生活和其他活动中产生的丧失原有利用价值或者虽未丧失利用价值但被抛弃或者放弃的固态、半固态和置于容器中的气态的物品、物质以及法律、行政法规规定纳入固体废物管理的物品、物质。建议将上述内容纳入评价标准中的术语和定义，提高标准的易读性。

第三，删除评价方法中生产企业需提供近一年内的第三方环境检测报告和工作场所职业病危害因素检测报告的要求。上述检验报告是生产企业按照 GB/T 24001—2016《环境管理体系 要求及使用指南》和 GB/T 45001—2020《职业健康安全管理体系 要求及使用指南》建立并有效运行环境管理体系和职业健康安全管理体系的合规性要求。考虑到绿色建材评价标准已在一般要求部分明确提出了对于生产企业管理体系的要求，为减少重复性检查，建议在评价方法中删除这部分内容。

结语

预拌砂浆作为继混凝土之后的又一新型绿色建筑材料，由于具有节约资源、保护环境、确保建筑工程质量、实现资源再利用等方面的优势，已成为绿色建材和绿色建筑产业之间的重要纽带。绿色建材评价标准的科学性、准确性、先进性是砂浆绿色建材产品供给的重要基础，标准中评价指标的适宜性以及评价方法的可操作性也不断在绿色建材产品认证的应用实践中得到验证。目前，相关技术机构正在组织对 T/CECS 10048—2019《绿色建材评价 预拌砂浆》的评估和修订工作。预拌砂浆产品种类众多，分类方式多样，再加上新材料、新配方的层出不穷，这些因素给绿色建材评价标准的修订工作带来了不小的难度和挑战。本文重点关注评价标准中适用范围、一般要求以及二级评价指标设置的合理性，结合各类砂浆绿色评价类标准，提出绿色建材评价标准亟待解决的主要问题及修订思路。在下一步的修订过程中，研究人员将重点解决标准协调性以及产品覆盖面的广度问题，通过预拌砂浆绿色建材评价指标的不断完善，为开展绿色建材产品认证等专项工作提供更加科学合理的实施依据。

参考文献

［1］ 张晋，孙志强，陈华龙，等．基于生命周期理论的预拌砂浆绿色产品指标分析与讨论［C］．//郭晞，王培铭，张泳东．2022’第十届中国国际预拌砂浆生产应用技术研讨会论文集．北京：中国建材工业出版社，2022.

［2］ 路瑞娟，郭晞，苟洪珊，等．预拌砂浆实施绿色建材产品认证的研究与探讨［J］．混凝土世界，2022（5）：69-72.

［3］ 中华人民共和国工业和信息化部．绿色设计产品评价技术规范 预拌砂浆：JC/T 2693—2022［S］．北京：中国建筑工业出版社，2023.

［4］ 中华人民共和国工业和信息化部．预拌砂浆行业绿色工厂评价要求：JC/T 2616—2021［S］．北京：中国建材工业出版社，2021.

［5］ 中国工程建设标准化协会．绿色建材评价 预拌砂浆：T/CECS 10048—2019［S］．北京：中国标准出版社，2020.

GB/T 28627—2023《抹灰石膏》标准解读

柳建峰[1] 张 威[2]

1. 圣戈班高科技材料（上海）有限公司 上海 201201

2. 河南建筑材料研究设计院有限责任公司 郑州 450002

摘 要 本文结合国内抹灰石膏实践案例、验证试验结果和国外先进标准情况，介绍 GB/T 28627—2023《抹灰石膏》的修订背景和主要修订内容，对新旧标准的主要技术差异等内容进行详细解读。标准对于规范抹灰石膏产品的生产、施工和质量监控具有重要意义，同时为建筑行业的标准化工作提供参考。

关键词 抹灰石膏；国家标准；修订内容；验证试验；国外标准

Standard Interpretation of GB/T 28627—2023 Gypsum Plaster

Jianfeng Liu[1], Wei Zhang[2]

1. Saint-Gobain High-Tech Material (Shanghai) Co., Ltd. Shanghai 201201

2. Henan Building Materials Research and Design Institute Co. Ltd. Zhengzhou 450002

Abstract This paper introduces the revision background and main revisied contents of GB/T 28627—2023 *plastering gypsum*, based on the domestic plastering gypsum practice cases, verification test results and foreign advanced standards, The main technical differences between the new and old standards are interpreted in detail. The standard is of great significance for standardizing the production, construction and quality monitoring of plastering gypsum products, which provide reference for the standardization work of the construction industry.

Keywords Gypsum plaster; National standard; Revised content; Verification test; Foreign standards

引言

抹灰石膏是以半水石膏（$CaSO_4 \cdot 1/2H_2O$）、Ⅱ型无水石膏（AⅡ-$CaSO_4$）单独或两者混合后作为主要胶凝材料，掺入集料和外加剂制成的用于建筑物室内墙面和顶棚基底抹灰找平用的石膏砂浆。抹灰石膏作为建筑材料，起源于欧洲文艺复兴时期。使用石膏作为室内墙面和天花板的抹灰材料，发达国家抹灰石膏用量已达到抹灰砂浆用量的50%，甚至高达70%。我国首条粉刷石膏生产线

第一作者简介：柳建峰（1972— ），男，高级工程师，硕士，主要从事抹灰石膏、石膏自流平和纸面石膏板等石膏建材、楼板隔声系统、建筑节能保温、双碳及 ESG 等领域的研究及应用。E-mail：Jianfeng. liu@saint-gobain. com

于1992年5月在宁夏中卫新型建筑材料厂正式投产[1]。与水泥砂浆相比，抹灰石膏具有和易性佳、绿色低碳、节能环保、保温防火、收缩率低、节材节水、施工快捷、粘结力强、高效防空鼓、防开裂、防脱落等显著优点，可广泛适用于室内干燥区域的混凝土、砖、砌块、条板等多种墙和柱基层，以及混凝土、轻钢龙骨纸面石膏板等顶棚基层[2-4]。随着建筑行业的快速发展和建筑技术的不断创新，抹灰石膏作为建筑装饰和修缮中不可或缺的材料，其质量和性能已成为行业关注焦点。

1993年河南建筑材料研究设计院负责制定我国第一个抹灰石膏行业标准JC/T 517—1993《粉刷石膏》，后修订为JC/T 517—2004《粉刷石膏》，2012年升级为国家标准GB/T 28627—2012《抹灰石膏》（以下简称原标准）。这些标准的发布实施对规范我国抹灰石膏行业起到积极的引导作用。尤其是近年来随着轻质抹灰石膏的高速发展和机械喷涂工艺的快速推广，抹灰石膏发展成为一种比较成熟的建筑材料，2020年抹灰石膏的用量已达600万t。抹灰石膏产品在应用过程中的质量问题也日益突出，包括脱落、泛黄、发霉、起砂、快凝、慢凝、锈蚀、开裂等问题。GB/T 28627—2012在实际应用中已经出现了一些不足，无法完全适应现代建筑的需求，因此亟须对抹灰石膏标准进行更新和完善。

1 修订过程

为指导抹灰石膏生产，稳定产品质量，规范市场应用，2019年12月国家标准化管理委员会下达GB/T 28627《抹灰石膏》的修订计划（计划号：20194092-T-609），由河南建筑材料研究设计院有限责任公司、圣戈班高科技材料（长兴）有限公司、江苏尼高科技有限公司等单位负责修订。编制组先后收集国内外标准和技术文献等，广泛调研河南、上海、江苏、湖北、贵州等地生产、应用企业，共收集到来自29家生产企业的42个样品，其中包括27个轻质抹灰石膏，10个重质抹灰石膏，2个面层抹灰石膏，3个保温层抹灰石膏。经验证试验和风险评价，编制组识别出影响抹灰石膏质量的关键因素，重新界定了抹灰石膏的技术指标，正本清源，使抹灰石膏既能满足最终用户需求，又不低于国外相关标准。同时充分考虑我国以工业副产建筑石膏为主的国情，增加了环保、安全等方面的技术指标。GB/T 28627—2023《抹灰石膏》（以下简称新标准）于2023年3月17日发布，2023年10月1日实施。新标准的实施将进一步规范抹灰石膏的生产和应用，推动行业技术进步，对降低室内污染、保护身体健康具有积极的意义。

2 主要修订内容

与原标准相比，除结构调整和编辑性改动外，主要技术变化如下：删除了面层抹灰石膏、保温层抹灰石膏及相关技术要求；更改了抹灰石膏的定义、分类和标记、一般要求、技术要求、保水率和拉伸粘结强度试验方法，增加了硫酸钙含量、pH值、放射性核素限量指标及试验方法。底层抹灰石膏更改为重质抹灰石膏、轻质底层抹灰石膏更改为轻质抹灰石膏。其主要内容包括范围、规范性引用文件、术语和定义、分类和标记、一般要求、技术要求、试验方法、检验规则、包装、标志、运输和贮存以及附录A。

2.1 范围

与原标准一致，适用于在建筑物室内墙面和顶棚基底找平用的石膏砂浆抹灰材料。抹灰石膏本是石膏砂浆的一种，国家、地方有关税务部门在实施固废综合利用税收优惠政策时界定的是“石膏砂浆”，因此新标准中又称抹灰石膏砂浆。

2.2 规范性引用文件

随着抹灰石膏行业的快速发展，基于原有性能指标和质量要求提高，引用GB/T 5484—2012《石膏化学分析方法》作为硫酸钙含量的检测方法，引用GB 6566—2016《建筑材料放射性核素限量》作为放射性核素限量的检测方法，引用GB 8624—2012《建筑材料及制品燃烧性能分级》对有机物含量进行规定。同时删除面层抹灰石膏和保温层抹灰石膏引用的相关标准。

2.3 术语与定义

删除了面层抹灰石膏和保温层抹灰石膏，更改了抹灰石膏、轻质抹灰石膏和重质抹灰石膏的术语和定义。经广泛调研，市场上以轻质抹灰石膏和重质抹灰石膏产品为主，轻质抹灰石膏占比达80%以上，面层抹灰石膏和保温层抹灰石膏生产应用少，基本已退出抹灰石膏市场。全国面层抹灰石膏年产量仅1万t，且石膏腻子可替代面层抹灰石膏，新标准将面层抹灰石膏删除。保温层抹灰石膏属保温砂浆，运输过程中易分层，施工搅拌时易将轻集料打碎，影响其保温性能，质量不稳定，被国内多地禁用或限用，新标准将保温层抹灰石膏删除。

2.4 分类和标记

更改了分类和标记，不再沿用原标准按用途分类。抹灰石膏按集料种类和主要胶凝材料品种进行分类，各品种及代号见表1。

表1 新标准中抹灰石膏品种及代号

品种	集料种类	主要胶凝材料品种	代号
轻质抹灰石膏	轻集料	半水石膏（$CaSO_4 \cdot 1/2H_2O$）	LA
		Ⅱ型无水石膏（AⅡ-$CaSO_4$）	LB
		半水石膏（$CaSO_4 \cdot 1/2H_2O$）与Ⅱ型无水石膏（AⅡ-$CaSO_4$）混合料	LC
重质抹灰石膏	砂等集料	半水石膏（$CaSO_4 \cdot 1/2H_2O$）	HA
		Ⅱ型无水石膏（AⅡ-$CaSO_4$）	HB
		半水石膏（$CaSO_4 \cdot 1/2H_2O$）与Ⅱ型无水石膏（AⅡ-$CaSO_4$）混合料	HC

2.5 一般要求

删除了原标准所包含产品释放的有害物质应符合相关国家标准与规范的要求，抹灰石膏产品的生产和使用应不致对人体、生物与环境造成有害影响。

增加了抹灰石膏用半水石膏（$CaSO_4 \cdot 1/2H_2O$）的具体要求，应符合GB/T 9776—2022《建筑石膏》的规定。目前国内的抹灰石膏大多以半水石膏（$CaSO_4 \cdot 1/2H_2O$）为主要胶凝材料，Ⅱ型无水石膏（AⅡ-$CaSO_4$）或两者混合的产品相对较少，且国家尚未发布Ⅱ型无水石膏相关标准，因此仅对半水石膏进行必要的规定。Ⅲ型无水石膏（AⅢ-$CaSO_4$）过高易造成抹灰石膏墙面开裂等问题，规定含量应不大于8%[5-6]。根据GB 8624—2012《建筑材料及制品燃烧性能分级》标准对材料耐火性能的要求，增加了直接认为燃烧性能满足A_1级的要求，其有机物含量不超过1%（质量分数或体积分数）。

2.6 技术要求

删除了面层抹灰石膏、保温层抹灰石膏的相关技术要求。更改了保水率技术要求，增加了硫酸钙含量、pH值、放射性核素限量指标。技术要求比较详见表2。

表2 技术要求比较

项目		GB/T 28627—2023	GB/T 28627—2012
凝结时间	初凝时间	≥60min	≥1h
	终凝时间	≤480min	≤8h
保水率/%		轻质抹灰石膏≥70，重质抹灰石膏≥80	轻质底层抹灰石膏≥60，底层抹灰石膏≥75

续表

项目		GB/T 28627—2023	GB/T 28627—2012
体积密度/（kg/m³）		轻质抹灰石膏≤1000	轻质底层抹灰石膏≤1000
强度/MPa	抗折强度	轻质抹灰石膏≥1.0，重质抹灰石膏≥2.0	轻质底层抹灰石膏≥1.0，底层抹灰石膏≥2.0
	抗压强度	轻质抹灰石膏≥2.5，重质抹灰石膏≥4.0	轻质顶层抹灰石膏≥2.5，底层抹灰石膏≥4.0
	拉伸粘结强度	轻质抹灰石膏≥0.3，重质抹灰石膏≥0.4	轻质底层抹灰石膏≥0.3，底层抹灰石膏≥0.4
硫酸钙含量/%		轻质抹灰石膏≥60，重质抹灰石膏≥30	未规定
pH值		≥7	未规定
放射性核素限量		内照射指数 I_{Ra}≤1.0，外照射指数 I_r≤1.0	未规定

抹灰石膏的凝结时间应反映其是否符合施工操作的要求，因此初凝时间必须满足实际施工的可操作性，同时终凝时间也不宜太长，否则会影响施工进度和工程质量。凝结时间单位从原来的h改为min，更直观，更方便记录。新标准规定抹灰石膏初凝时间≥60min，终凝时间≤480min。验证试验中轻质抹灰石膏合格数为23个，合格率为85.2%；重质抹灰石膏合格数为10个，合格率为100%。

保水率是指抹灰石膏浆体保持水分而不易流失的一种特性。良好的保水性能使抹灰石膏料浆中的水分不易被基底吸去，有利于施工，有利于抹灰石膏本身的水化和硬化，并提高其自身的强度、抗裂性和与基底的粘结性，是一项重要的技术指标。随着轻质抹灰石膏的大量应用，施工中经常会出现墙面不洒水或漏洒水现象，因此需要提高保水率来保证质量，新标准中轻质抹灰石膏保水率由≥60%提高至≥70%，重质抹灰石膏保水率由≥75%提高至80%。验证试验中轻质抹灰石膏合格数为26个，合格率为96.3%；重质抹灰石膏合格数为10个，合格率为100%。

轻质抹灰石膏已广泛应用于各种工程，是国际主流的抹灰石膏种类，更是已占据70%以上的抹灰石膏市场份额。新标准规定其体积密度不大于1000kg/m³，与原标准保持一致。轻质抹灰石膏合格数为27个，合格率为100%。为优化技术指标和改善施工性能，重质抹灰石膏常同时添加砂等集料和轻集料，因此新标准对重质抹灰石膏的体积密度不再设限制指标。

抹灰石膏的强度分为抗折强度、抗压强度、拉伸粘结强度，国外标准如美国、日本、欧盟等均规定了抗折、抗压强度，仅欧盟标准同时规定拉伸粘结强度。原标准规定抹灰石膏的抗折、抗压强度指标基本上均达到甚至超过世界工业先进国家同类产品的强度指标。因此抗折、抗压强度与原标准保持一致。一般说来，抹灰石膏对大多数基底界面都具有良好的粘结作用，极少会产生抹灰层空鼓和脱落现象，抹灰石膏也经受住了国内超过20亿m²大量的工程实际上墙粘结效果检验。新标准参考欧盟BS EN 13279—2：2004《石膏胶结料和石膏灰泥 第二部分：试验方法》及我国JGJ/T 70—2009《建筑砂浆基本性能试验方法标准》等标准，规定轻质抹灰石膏拉伸粘结强度≥0.3MPa，重质抹灰石膏≥0.4MPa，与原标准保持一致，高于欧盟标准的拉伸粘结强度指标。验证试验中轻质抹灰石膏合格数为13个，合格率为48.1%；重质抹灰石膏合格数为8个，合格率为80.0%。因磷石膏基和硬石膏基轻质抹灰石膏的拉伸粘结强度较低，部分结果仅为0.1～0.2MPa，导致总体强度合格率较低。

增加硫酸钙含量：抹灰石膏的主要胶凝材料是半水石膏和无水石膏，为保证抹灰石膏产品质量，有必要对主要胶凝材料含量进行规定。同时市场上部分抹灰石膏添加水泥等来提高强度，其性能的稳定性存在问题，极有可能带来工程隐患，影响抹灰石膏行业的健康发展。美国、日本和欧盟等国外标准均对硫酸钙石膏成分进行规定，因此新标准增加硫酸钙含量要求，轻质抹灰石膏的硫酸钙含量应不小于60%，重质抹灰石膏的硫酸钙含量应不小于30%。验证试验中轻质抹灰石膏合格数为23个，合格率为85.2%；重质抹灰石膏合格数为6个，合格率为60%。

增加pH值：因矿山安全和生态保护，天然石膏已逐步禁采，脱硫石膏、磷石膏等工业副产石膏在抹灰石膏中的应用越来越广泛。其中如磷石膏、氟石膏、柠檬酸石膏等均呈酸性，如预处理不充分，极易使产品仍保持一定的酸性。呈酸性的抹灰石膏应用后出现墙体发霉、长毛等现象，为此新标准规定产品的pH值不小于7。验证试验中轻质抹灰石膏合格数为21个，合格率为77.8%；重质抹灰石膏合格数为10个，合格率为100%。

增加放射性核素限量：作为直接应用于建筑工程室内的终端产品，特别是利用工业副产石膏生产的抹灰石膏，有必要对其放射性指标加以限制，否则将影响抹灰石膏产品生产和应用，并对人体产生有害的影响。参照GB 6566—2010《建筑材料放射性核素限量》中装饰装修材料中天然放射性核素镭-226、钍-232、钾-40的放射性比活度同时满足$I_{Ra}\leqslant 1.0$和$I_r\leqslant 1.0$的要求，抹灰石膏应满足建筑主体材料要求。验证试验中放射性核素限量合格率为100%。

2.7 试验方法

试验仪器与设备、试样及试样条件一致，试验方法尽量采用现行国家标准与行业标准规定的方法，并尽可能细化，以便减小试验误差，提高试验结果的复验性与准确性。

凝结时间与原标准一致，新标准描述更为准确。按GB/T 17669.4—1999《建筑石膏 净浆物理性能的测定》的规定进行，测定的时间间隔为5min。钢针下沉首次不接触底板所经历的时间，为初凝时间；首次下沉深度不大于2mm所经历的时间，为终凝时间。取两次测定结果的平均值，精确至1min。保水率操作步骤与原标准一致，但原标准中的中速定性滤纸张数（一张）修改为两张，在负压作用下一张滤纸容易抽破，导致试验无效；同时除原标准中的保水率测定装置外，也可采用市售的保水率测定仪。体积密度、强度中抗折强度、抗压强度的试验方法与原标准一致。拉伸粘结强度测试按JGJ/T 70—2009《建筑砂浆基本性能试验方法标准》规定的方法进行测定。基于拉伸粘结强度数据离散性大，在数据处理时采用了四种方法处理数据，其差异在0.02～0.04，最后确定采用截尾平均数法即去掉两个最大值和两个最小值后其余6个试件测定值的算术平均值，以消除极端值对拉伸粘结强度值的影响。

增加硫酸钙含量的测试方法，其中硫酸钡重量法作为仲裁法。对LA和HA型抹灰石膏，其硫酸钙含量按附录A规定的两种方法任选其一进行；对其他类型抹灰石膏，按GB/T 5484—2012《石膏化学分析方法》中第11章硫酸钡重量法测定三氧化硫（SO_3）含量，然后乘以系数1.7即为硫酸钙含量。当对附录A测试结果有争议时，应采用硫酸钡重量法进行检验。对于主要胶凝材料为半水石膏（$CaSO_4\cdot 1/2H_2O$）的A型抹灰石膏，硫酸钙含量按附录A规定的试验方法进行。由于Ⅱ型无水石膏（AⅡ-$CaSO_4$）水化时间长，按附录A的方法浸泡24h不能保证其完全水化，对于主要胶凝材料为Ⅱ型无水石膏（AⅡ-$CaSO_4$）或混合料时，应采用硫酸钡重量法进行检验。因抹灰石膏中的部分外加剂加热过程中也可能发生质量变化，当对附录A测试结果有争议时，应采用硫酸钡重量法作为仲裁法。

增加pH值和放射性核素限量指标，为工业副产石膏的应用提供依据，因此增加相应的检测方法。pH值按GB/T 5484—2012《石膏化学分析方法》第25章规定的方法进行，放射性核素限量按GB 6566—2010《建筑材料放射性核素限量》规定的方法进行。

2.8 检验规则

出厂检验、型式检验和判定与原标准一致。抹灰石膏生产和使用大幅提高，批量增加为以连续生产的同品种500t产品为一批，不足500t产品时也以一批计，可快速、直观地评判产品质量。

2.9 包装、标志、运输与贮存

与原标准一致。

2.10 附录 A

增加了附录 A（规范性）硫酸钙含量的测定——干燥插值法，半水石膏加水水化全部转化生成二水石膏，用烘箱或水分测定仪加热将二水石膏脱水变成无水石膏，利用二水石膏失去结晶水的含量折算出硫酸钙含量。

结语

GB/T 28627—2023《抹灰石膏》充分考虑我国抹灰石膏原料的持续改进、生产工艺进步、相关标准提高等情况，扬长避短，有的放矢，主要更改了分类和标记、技术要求，增加了硫酸钙含量、pH 值、放射性核素限量等指标及相应的试验方法，符合建材行业低碳、绿色、安全环保、可持续发展的政策导向，内容聚焦、指标合理，达到国际先进水平。借助加强标准宣传贯彻、完善检测手段、加强质量控制、推动技术创新和加强行业协作等措施，相信能够有效促进抹灰石膏行业的发展，提高产品质量，为构建绿色低碳的建材行业贡献力量。

GB/T 28627—2023《抹灰石膏》与 JC/T 2474—2018《机械喷涂抹灰石膏》、T/CECS 594—2019《抹灰石膏应用技术规程》、JC/T 60005—2020《抹灰石膏应用技术规程》等一系列相关标准的陆续发布实施，抹灰石膏受到房地产行业和建材行业的高度关注。随着碳达峰碳中和目标的确定，抹灰石膏作为低碳、绿色、安全的建筑材料，应用前景十分广阔。

参考文献

[1] 况金蓉，李虹，张凌燕．“八五”期间石膏资源开发应用新成果［J］．矿产保护与利用，1998（4）：38-41.

[2] 李永鑫，朱海霞，杨福成，等．抹灰石膏的市场发展与技术进展［J］．新型建筑材料，2016，43（4）：49-54.

[3] 王肇嘉，郭晞，王培铭，等．2021 年中国预拌砂浆行业发展报告［J］．混凝土世界，2022（10）：9-37.

[4] 纪小敏，朱宝贵，蒋文，等．轻质抹灰石膏砂浆的应用研究进展［J］．江苏建材，2022（2）：11-13.

[5] 杨福成，朱海霞，魏磊，等．陈化对建筑石膏及抹灰石膏性能的影响［J］．新型建筑材料，2018，45（1）：101-104，108.

[6] 吴超，杨林，李玮，等．轻质抹灰磷建筑石膏性能影响机制研究［J］．硅酸盐通报，2021，40（2）：565-572.

预拌砂浆行业绿色工厂创建要点

李保金[1] 冯文静[1] 张 晋[1] 赵 敦[1] 孙双权[1]
1. 北京国建联信认证中心有限公司 北京市 100831

摘 要 创建绿色工厂是推动工业可持续发展和绿色低碳转型发展的关键举措。本文对行业标准 JC/T 2616—2021《预拌砂浆行业绿色工厂评价要求》进行了深入解读，结合预拌砂浆行业的生产企业特点、行业特性，从基础设施、管理体系、能源与资源投入、产品、环境排放、综合绩效等六个方面提出了绿色工厂创建的要点，为预拌砂浆行业生产企业创建绿色工厂提供技术指导。

关键词 预拌砂浆；绿色工厂；评价

Key Points of Establishing Green Factory in Ready-mixed Mortar Industry

Baojin Li[1] Wenjing Feng[1] Jin Zhang[1] Dun Zhao[1] Shuangquan Sun[1]
Beijing GJC Certification Center Co.，Ltd. Beijing 100831

Abstract Creating green factories is a key measure to promote sustainable industrial development and green and low-carbon transformation. This article provides an in-depth interpretation of the industry standard *Green Factory Evaluation Requirements for Ready-Mixed Mortar Industry* (JC/T 2616—2021)，combined with the characteristics of production enterprises and industry characteristics of the ready-mixed mortar industry，from the perspective of infrastructure，management system，energy and resources. The key points for the creation of green factories are put forward from six aspects：input，products，environmental emissions，and comprehensive performance，and provide technical guidance for production companies in the ready-mixed mortar industry to create green factories.

Keywords Ready-mixed mortar；Green factories；Assessment

引言

实施绿色制造工程，推进产品全生命周期绿色管理，构建绿色制造体系已经成为推动企业绿色低碳转型发展的战略选择。2015 年 5 月 8 日，国务院印发的《中国制造 2025》文件中，首次提出要“坚持把可持续发展作为建设制造强国的重要着力点，构建绿色制造体系，走生态文明的发展道路，建设绿色工厂，实现厂房集约化、原料无害化、生产洁净化、废物资源化、能源低碳化”[1]。为

第一作者简介：李保金（1966— ），男，高级工程师，本科，研究方向：建筑材料。E-mail：libj@gj-c.cn

积极推动企业创建“绿色工厂”，我国相继发布了一系列政策文件，制定了若干项国家、行业和团体标准，并先后开展了八批国家级绿色工厂的评选工作，旨在鼓励和引导企业积极采用环保技术和生产方式，减少能源消耗和污染物排放，提高资源利用效率。

预拌砂浆作为近年来快速发展的新兴建材产品，是土木建筑工程中不可或缺的建筑材料，其在建筑领域的用量与使用范围仅次于混凝土。随着我国大规模的房地产和基础设施建设的深入推进，预拌砂浆行业迎来了前所未有的发展机遇，截至“十三五”末，全国预拌砂浆总产量已经超1亿t。与此同时，随着砂浆行业的快速增长，能源、资源消耗以及污染物排放问题越来越多地得到了行业的关注。

基于此，本文旨在对行业标准JC/T 2616—2021《预拌砂浆行业绿色工厂评价要求》进行深入解读，并结合当前预拌砂浆行业的实际情况，提出预拌砂浆行业绿色工厂创建的要点，以推动预拌砂浆行业的绿色转型和可持续发展。

1 《预拌砂浆行业绿色工厂评价要求》标准解析

JC/T 2616—2021《预拌砂浆行业绿色工厂评价要求》标准中，评价指标体系包括基本要求、基础设施、管理体系、能源与资源投入、产品、环境排放和综合绩效[2]，共七项，见表1。

表1 评价指标体系

序号	一级指标	参与评分情况
1	基本要求	必选 不评分
2	基础设施	评分
3	管理体系	评分
4	能源与资源投入	评分
5	产品	评分
6	环境排放	评分
7	综合绩效	评分

基本要求是企业进行绿色工厂评价应满足的前置条件，包括基础合规性与相关方要求和基础管理职责要求，基本要求没有设置权重，也不参与评分；各一级指标下设二级指标要求，细分为必选要求和可选要求。基本要求和必选要求为要求企业应达到的基础性要求，企业达不到必选要求则不能评价为绿色工厂；可选要求为企业宜达到的要求，即提高性要求。

参与评分的内容为评价指标要求，包括基础设施、管理体系、能源与资源投入、产品、环境排放和综合绩效，共6项一级指标，其中一级指标下设置了25项二级指标，二级指标下设置了99项评价要求。一级指标权重如图1所示，评价指标打分按照评分要求，采用指标加权的方法进行综合评分。

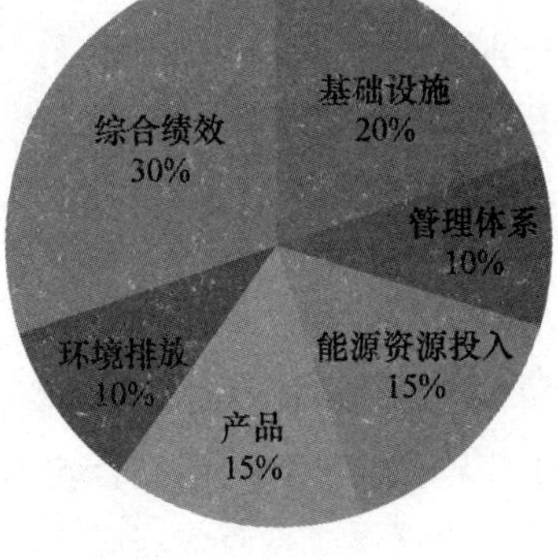

图1 一级指标权重

二级指标权重与评价要求、判定准则及分值按JC/T 2616—2021附录B。必选要求根据判定准则判定为符合或不符合，得分分值只有0分或该项满分，可选要求按照判定准则的满足程度，得分可从0分到该项分值的满分之间取值。

在满足基本要求和全部必选要求时，通过对比判定准则进行评价打分，最终计算总分数，企业的最终得分是对工厂绿色化水平的综合量化评估。

2 预拌砂浆行业绿色工厂创建要点

GB/T 36132—2018《绿色工厂评价通则》中定义的绿色工厂是指实现了用地集约化、原料无害化、生产洁净化、废物资源化、能源低碳化的工厂[3]。由 JC/T 2616—2021《预拌砂浆行业绿色工厂评价要求》标准的评价指标体系及指标权重可以看出，在创建预拌砂浆行业绿色工厂过程中，工厂首先要满足基本要求，其中包括基础合规性与相关方要求，最高管理者职责要求、工厂管理职责要求等。在满足了基本要求的基础上，绿色工厂创建工作应从基础设施、管理体系、能源与资源投入、产品、环境排放、综合绩效这六个方面系统且多维度地满足各项要求。在二级指标权重与评价要求方面，需要工厂尽可能提高满足程度。

2.1 基础设施

工厂用地应确保符合土地使用政策，满足容积率要求。厂房建筑应由具备资质的专业机构进行设计，规划布局合理。如需进行节能审查，企业应按《固定资产投资项目节能审查办法》的要求进行。原料和燃料储存、运输等设施以及生产车间采取适宜的封闭、通风、降噪、除尘等措施。其中干混砂浆生产线应满足 GB 51176—2016《干混砂浆生产线设计规范》要求，湿拌砂浆生产线满足 GB/T 10171—2016《建筑施工机械与设备 混凝土搅拌站（楼）》要求；除此之外较为重要的是，企业的全部生产线应取得环境影响评价的批复和验收文件，工厂如配备烘干系统，应设置单独车间。在预期要求中涉及工厂车间采用节能型建筑结构，无露天堆放情况、生产车间与办公场所均使用清洁能源，户外地面养护、绿化情况良好等。

工厂生产车间与办公场所的照明情况首先应符合 GB 50033—2013《建筑采光设计标准》、GB 50034—2013《建筑照明设计标准》要求的照度和照明质量要求，进而需要符合照明节能的评价指标要求。如工厂应通过生产线规划设计文件、验收文件等证明其照明、采光符合有关设计要求，生产车间、辅助建筑的一般照明不使用卤钨灯、高压汞灯。工厂宜充分利用自然光照明，在公共建筑的走廊、楼梯间、厕所等场所以及无长时间逗留采用自动感应控制照明，只进行检巡视和短时操作的工作场所配用发光二极管（LED）灯；室外公共区域照明采用太阳能等可再生照明能源，宜提高新能源照明设施及节能灯、感应装置等设备的应用比例。节能评价要求的内容分为生产车间地面照度，办公场所、实验室等水平面照度；车间照明功率密度、办公室照明功率密度等内容。具体照度标准值及照明功率密度目标值参照 GB 50034—2013《建筑照明设计标准》要求。

设备设施指标下包括四个方面的要求：（1）专用设备；（2）通用设备；（3）计量设备；（4）环保设备。专用设备应符合 GB/T 25181—2019《预拌砂浆》标准中对于干混砂浆生产线、GB/T 10171—2016《建筑施工机械与设备 混凝土搅拌站（楼）》对湿拌砂浆生产线的要求。干混砂浆生产设备符合 GB 51176—2016《干混砂浆生产线设计规范》要求。普通干混厂设计产能不低于 30 万 t/年，装饰装修用砂浆工厂不低于 10 万 t/年。湿拌砂浆工厂配置专用生产线，生产设备符合 GB/T 9142—2021《建筑施工机械与设备 混凝土搅拌机》要求，搅拌机叶片和衬板间隙小于 5mm。工厂不应采用《产业结构调整目录》、《高耗能落后机电设备（产品）淘汰目录》（第一至四批）、《部分工业行业淘汰落后生产工艺装备和产品指导目录（2010 年本）》中提到的淘汰类设备，如采用了限制类设备则应制定相应的淘汰更新计划。发展改革委修订发布《产业结构调整指导目录（2024 年本）》，自 2024 年 2 月 1 日起施行，推动制造业高端化、智能化、绿色化，巩固优势产业领先地位，其中鼓励类主要是对经济社会发展有重要促进作用的技术、装备及产品。有条件的工厂应装备 ERP 信息化管理系统，有效提高生产控制过程的自动化水平。工厂宜建设满足预拌砂浆行业要求的实验室，装饰装修用砂浆生产过程物料计量采用自动称量系统，且检测设备完备，以便提高质量控制水平。

干混砂浆生产所用能源以电、天然气等类型为主，工厂应按照 GB 17167—2006《用能单位能源计量器具配备和管理通则》、GB 24789—2022《用水单位水计量器具配备和管理通则》、GB/T 24851—2010《建筑材料行业能源计能源计量器具配备和管理要求》等标准的要求对主要用能设备加装能源计量器具，对电力、天然气或其他载能工质进行分类计量。干混砂浆生产所用能源以电、天然气等类型为主，可以通过生产报表、能耗统计表、缴费结算单据等材料证明。对供水计量区分统计公共供水和自建供水设施，用水计量区分生产用水和生活用水及生产用水，生产用水计量中辅助生产系统和附属生产系统的计量器具配备和管理按照 GB 24789—2022《用水单位水计量器具配备和管理通则》进行。

工厂应配备有噪声、大气污染物排放测量设备，以及对水体污染物的排放测量设备，并定期开展监测，颗粒物无组织排放是干混砂浆生产过程中最主要的环境排放问题，根据企业生产实际情况，建立污染物统计、记录等管理制度，大气污染物在线监测系统，对废气、噪声排放数据进行动态监测管理。应按要求设置废气净化设施、污水处理设施、泥砂分离设施、消声降噪及减震措施等。湿拌砂浆工厂应配备货运车辆冲洗设施，并设置废水清污分流设施，污水储存池、渠等进行硬化及防渗漏处理。工厂宜采用生态环境部公示的《国家先进污染防治技术目录》中示范推广的工艺技术及设备设施，含粉干物料的输送设备宜全封闭，无粉尘外溢，高效治理污染。

2.2　管理体系

管理体系指标要求主要从质量、环境、职业健康安全、能源四大管理体系以及社会责任及两化融合六个方面进行评价。工厂首先应按管理体系标准建立且运行质量、环境、职业健康安全和能源管理体系，提高企业管理体系建设的适宜性、充分性和有效性。此外，工厂宜根据 GB/T 33000—2016《企业安全生产标准化基本规范》等标准开展安全生产标准化评价。开展社会责任与信息化和工业化融合管理体系建设是管理体系的提高性要求。社会责任报告是基于与利益相关方进行社会责任沟通的需要，组织定期或不定期对外公开发布的一种展示其社会责任理念和认识，并系统披露其社会责任活动及其绩效信息的特定报告[4]。评价指标要求工厂定期向公众披露，且报告中要体现环境保护、节能及能源结构温室气体排放、产品绿色优化、资源综合利用、设计等方面的社会责任业绩。工厂宜建立满足 GB/T 23001—2017《信息化和工业化融合管理体系 要求》要求的信息化和工业化融合管理体系，通过规范两化融合过程，并使其持续受控，企业充分发挥数据要素的创新驱动潜能，推动和实现数据、技术、业务流程、组织结构四要素的互动创新和持续优化，实现创新发展、智能发展和绿色发展[5]。

2.3　能源资源投入

能源低碳化、废物资源化、采购绿色化应从能源投入、资源投入、采购与运输等方面体现。

砂浆生产过程主要消耗电力，部分带有烘砂线的工厂会用到燃煤、天然气等能源加热窑炉。砂浆行业生产工艺及设备较为简单，用能结构也较为简单，工厂应按相关标准开展用能管理，设定能源绩效目标并对节能情况进行评审，最终提高能源利用效率。工厂宜不断优化用能结构，利用清洁能源、可再生能源等代替传统化石能源，传统能源替代率不低于 50%。工厂通过建立能源管理体系，制定能源管理体系目标，开展能源评审，提高能源绩效水平，且实施能源绩效改进措施，优化生产工艺流程，提高生产效率，降低单位产品能耗。

普通干混砂浆生产的主要原材料包括骨料、粉料以及添加剂。骨料以天然砂和机制砂为主，粉料以水泥为主，添加剂包括纤维素、胶粉、减水剂、引气剂、消泡剂等[6]。在不影响使用性能的前提下，工厂可使用再生骨料、废石等再生材料替代天然原材料，固体废物的利用可以使用粉煤灰等替代粉料。

由于干混砂浆生产过程不使用水，部分辅助生产与附属生产使用少量水。湿拌砂浆工厂应符合当地的工业行业取水定额标准要求，尽量降低单位产品取水量。

工厂对于采购的控制，先要保障原材料与产品的质量，然后着重强调对于环保方面的管控，工厂在进行供方评价时应建立并实施文件化的供方评价准则，其中包括评价供方环保方面的业绩表现内容及其他评价要求等。

2.4　产品

标准中对产品特性的要求结合了预拌砂浆绿色建材评价标识的有关要求，因此，工厂应生产符合与绿色建材产品相关要求的预拌砂浆产品。预拌砂浆产品宜根据产品使用功能合理设计运输方式，普通干混砂浆散装率达到90%以上，对于袋装出厂的干混砂浆产品，采用可循环使用的包装材料。

生态设计则重点突出产品设计阶段的绿色理念，工厂宜按照 GB/T 24256—2009《产品生态设计通则》等相应标准对产品进行生态设计，并按照 GB/T 32161—2015《生态设计产品评价通则》等相应标准对产品进行生态设计评价。

减碳以碳足迹作为主要评价依据，工厂宜对其生产的预拌砂浆产品进行碳足迹核查，并且对外公布最终核查结果。通过核查结果分析预拌砂浆产品生产分工序碳足迹比例，建立改进提升方案，并且实施落地。

2.5　环境排放

工厂应符合所在地的环境排放相关法律法规和标准的要求，也要满足建设项目环境影响评价文件中允许工厂排放的种类、限值以及监测要求等内容。砂浆行业生产过程中所产生的主要污染物为大气污染物，企业首先要符合法律法规所规定的排放限值要求，工厂宜对有组织排放口进行实时监测。工厂应证明其按要求对生产废水及生活污水进行处理并合理利用，污水排放符合要求，可以通过检测报告、处理记录、处置说明等材料。湿拌砂浆工厂应配备砂泥沉淀分离设备，对沉淀分离出的生产废水和沉淀废料进行过滤处置，且循环利用。工厂应按相关标准要求，记录一般工业固体废物和危险废物的产生量、综合利用量、处置量、储存量等。工厂应选择有资质的废物处置服务供方，危险废弃物和无法自行处置的一般工业固体废弃物应交由有处置资质的单位转移处置，且制定相关处置管理规定，对于存放、转移处置等工作有迹可查，可溯源。工厂宜对噪声污染采取适当的防治措施，风机等高噪声设备应采取消声、隔声措施。单独布置的高噪声设备应使用隔声装置。

工厂需要定期开展温室气体核算，并形成温室气体排放报告。通过企业温室气体排放状况的了解与管理，砂浆生产企业可以发现潜在的减排机会，控制排放的关键节点，设定排放目标，以便达到减排目的。绿色工厂评价中温室气体评价指标尤为重要。

2.6　综合绩效

综合绩效评价指标是对企业绿色工厂创建结果的量化评价，由用地集约化、原料无害化、生产洁净化、废物资源化及能源低碳化五个方面共计 8 项指标组成，见表 2。

表 2　综合绩效指标

项目	绩效指标
用地集约化	容积率
	建筑密度
	单位用地面积产能
原料无害化	绿色物料使用率
生产洁净化	大气污染物产生量
废物资源化	废物回收利用率
	废水回用率
能源低碳化	单位产品综合能耗

本文选取 3 家企业，其中工厂 1、3 的主要产品为特种砂浆，而工厂 2 则以砌筑砂浆等大宗产品为主，分别根据其最近一年的实际情况分析了相应的绩效数据，具体情况见表 3。

表 3　综合绩效得分情况

项目	单位	权重	绩效标准				工厂 1			工厂 2			工厂 3		
			必选		可选										
			指标	分值	指标	分值	指标	得分	加权分值	指标	得分	加权分值	指标	得分	加权分值
容积率	—		0.70	15	1.40	15	1.8	30	6	0.70	15	3	0.83	17.78	3.56
建筑密度	%	20%	30	15	45	15	60	30	6	40	30	6	40.48	30	6
单位用地面积产能	t/(m^2·a)		10	20	20	20	27	40	8	10	20	4	20	40	8
绿色物料使用（率）	%	10%	—	50	20	50	0	0	0	0	0	0	1.1	52.75	5.275
单位产品颗粒物排放量	g/t		0.20		0.10		<0.10	100	35	0.10	50	17.5	<0.10	100	35
单位产品二氧化硫排放量	g/t	35%	17	50	14	50	—	—	—	—	—	—	—	—	—
单位产品氮氧化物排放量	g/t		20		16		—	—	—	—	—	—	—	—	—
固体废物回收利用率	%	20%	80	25	100	25	100	50	10	80	25	5	100	50	10
废水回收利用率	%		80	25	100	25	100	50	10	50	25	5	100	50	10
单位产品综合能耗	kgce/t	15%	1.20	50	0.85	50	1.09	84.28	12.64	1.20	50	7.5	1.36	77.14	11.57
合计								87.64			48			89.40	
一级指标加权后分值								26.29			14.4			26.82	

可以看出，从某种程度上讲，相比普通砂浆，特种砂浆因为其生产特点及相关要求，更易满足绿色工厂评价的相应绩效准则。

结语

绿色工厂示范评价自 2016 年由工业和信息化部推动开展以来，建材行业已经陆续有 100 余家企业入围。预拌砂浆作为建材行业新兴的领域，近年来积极投入绿色工厂创建，至目前已有数家工厂成为国家示范绿色工厂。

绿色工厂的创建，是砂浆行业绿色制造工作开展过程中急需的工作抓手，今后更多砂浆企业将加入到绿色工厂的创建工作中来。砂浆行业绿色低碳发展是一项长期任务，在“双碳”时代背景下，企业应紧跟绿色工厂的时代浪潮，树立绿色高质量发展目标，运用绿色管理技术，探求新技术，在绿色发展道路上持续努力，不断进取。

参考文献

[1] 中国制造 2025［OL］. https：//www. gov. cn/zhengce/content/2015-05/19/content _ 9784. htm.

[2] 国家市场监督管理总局，中国国家标准化管理委员会 . 预拌砂浆行业绿色工厂评价要求：JC/T 2616—2021［S］. 北京：中国标准出版社，2018.

[3] 国家市场监督管理总局，中国国家标准化管理委员会 . 绿色工厂评价通则：GB/T 36132—2018［S］. 北京：中国标准出版社，2018.

[4] 中华人民共和国国家质量监督检验检疫总局，中国国家标准化管理委员会 . 社会责任报告编写指南：GB/T 36001—2015［S］. 北京：中国标准出版社，2016.

[5] 中华人民共和国国家质量监督检验检疫总局，中国国家标准化管理委员会 . 信息化和工业化融合管理体系 要求 GB/T 23001—2017：［S］. 北京：中国标准出版社，2017.

[6] 赴明申，王刚，郭力功 . 干混砂浆生产线综述及技术要点（上）［J］. 建筑机械，2017（5）：20-22.